Gustavo Celiz

Ésteres de glucósidos de flavonoides cítricos. Síntesis y propiedades

Gustavo Celiz

Ésteres de glucósidos de flavonoides cítricos. Síntesis y propiedades

Estudio de la síntesis catalizada por lipasas y análisis de propiedades para usos potenciales

PUBLICIA

Impressum / Aviso legal
Bibliografische Information der Deutschen Nationalbibliothek: Die Deutsche Nationalbibliothek verzeichnet diese Publikation in der Deutschen Nationalbibliografie; detaillierte bibliografische Daten sind im Internet über http://dnb.d-nb.de abrufbar.

Información bibliográfica de la Deutsche Nationalbibliothek: La Deutsche Nationalbibliothek clasifica esta publicación en la Deutsche Nationalbibliografie; los datos bibliográficos detallados están disponibles en internet en http://dnb.d-nb.de.

Coverbild / Imagen de portada: www.ingimage.com

Verlag / Editorial:
PUBLICIA
ist ein Imprint der / es una marca de
OmniScriptum GmbH & Co. KG
Bahnhofstraße 28, 66111 Saarbrücken, Deutschland / Alemania
Email / Correo Electrónico: info@editorial-publicia.com

Herstellung: siehe letzte Seite /
Publicado en: consulte la última página
ISBN: 978-3-639-64992-5

Zugl. / Aprobado por: Salta, Universidad Nacional de Salta, Tesis doctoral 2012.

ÉSTERES DE GLUCÓSIDOS DE FLAVONOIDES CÍTRICOS. SÍNTESIS Y PROPIEDADES.

ESTUDIO DE LA SÍNTESIS CATALIZADA POR LIPASAS Y ANÁLISIS DE PROPIEDADES PARA USOS POTENCIALES

Gustavo Celiz

2016

A papá…

… desde siempre y para siempre, contigo estaré

INDICE

RESUMEN

Argentina es un importante productor mundial de cítricos, siendo el grupo de frutas más producido en el país. La región Noroeste (Tucumán, Salta, Jujuy Catamarca) concentra dos tercios de la producción nacional. Salta es el mayor productor de pomelos, Tucumán el de limones y en su conjunto la región Noroeste produce un tercio de las naranjas del país. Los desechos mayoritarios que genera esta actividad son los de precosecha y las cáscaras que quedan luego de la extracción de jugo. Estos desechos contienen elevadas concentraciones de flavonoides y por ende es interesante extraerlos y buscar alternativas para aprovecharlos. Esto no sólo colaboraría en reducir la contaminación que genera la industrialización de cítricos, sino además daría mayor valor agregado a esta actividad productiva.

Los flavonoides mayoritarios de *Citrus* son compuestos diglicósidicos (ramnosil-α-1,2 glucosa o ramnosil-α-1,6 glucosa). La potencial producción de ramnosa (molécula con valor para las industrias de alimentos y cosmética) a partir de estos flavonoides daría como subproductos los glucósidos de flavonoides. Estos glucósidos, al igual que los flavonoides, tienen actividades interesantes que podrían ser aprovechadas con fines comerciales, pero la explotación de estas propiedades está restringida ya que tienen muy baja solubilidad en matrices lipídicas lo cual podría variarse uniendo grupos hidrofóbicos en la molécula. Esta modificación podría cambiar, además de la solubilidad, otras propiedades de la molécula original siendo necesario estudiar y comparar cada propiedad de interés.

El objetivo general de la presente tesis fue aplicar transformaciones biocatalíticas al aprovechamiento de residuos de la actividad citrícola para obtener productos especiales y estudiar las propiedades de estos nuevos compuestos.

Entre los resultados más relevantes vinculados a la extracción y transformación de flavonoides, pueden mencionarse el desarrollo de una metodología a escala de laboratorio para obtener eriocitrina a partir de cáscaras de limón, el desarrollo de una metodología altamente eficiente para obtener glucósido de hesperetina por hidrólisis enzimática con pureza próxima al 100 %. Además se obtuvieron y se purificaron a escala de gramos sendos ésteres alquílicos de glucósidos de flavonoides cítricos a través reacciones de transesterificación catalizadas con lipasas en medios orgánicos. También fue de gran importancia el haber determinado la cinética de reacción de la síntesis de uno se estos ésteres, laurato de prunina.

En cuanto al análisis de propiedades de estas nuevas sustancias se pudo determinar que la incorporación de una cadena alquílica a un glucósido de flavonoide realza sustancialmente su solubilidad en matrices lipofílicas y su actividad antimicrobiana, principalmente frente a bacterias patógenas Gram-positivas. Se determinó también que la modificación estructural no altera las propiedades antioxidantes, ya sea capturando radicales libres o actuando como inhibidor de la autooxidación de grasas. Además, se estudió el comportamiento de los flavonoides naturales y esterificados frente a células humanas cancerígenas, encontrando que los ésteres de prunina y de glucósido de hesperetina fueron citotóxicos.

Se puede concluir en forma general que a través de procesos biocatalizados fue posible ampliar la potencialidad de los flavonoides de *Citrus* ya que los derivados alquílicos obtenidos poseen propiedades aplicables a la industria y pueden emplearse en matrices donde antes era imposible por sus solubilidades escasas o nulas.

ORGANIZACIÓN DEL LIBRO

En el Capítulo I se presentan en forma general los flavonoides, su descripción y las propiedades más relevantes de los mismos. Tambien se presentan las modificaciones enzimáticas más asociadas a este grupo de compuestos, dando prioridad a aquellas destinadas a modificar la solubilidad de los mismos.

En los siguientes capítulos se introducen paulatinamente las etapas relacionadas con la síntesis de ésteres alquílicos de glucósidos de flavonoides cítricos a partir de desechos cítricos:

- Capítulo II: obtención de flavonoides.
- Capítulo III: obtención de glucósidos a partir de ramnoglucósidos de flavonoides.
- Capítulo IV: síntesis de ésteres alquílicos de flavonoides.

El Capítulo V se destinó a la determinación de la cinética de la reacción de síntesis de uno de los ésteres (laurato de prunina).

Los siguientes capítulos de la tesis fueron desarrollados en pos de iniciar el conocimiento de las propiedades de los ésteres de flavonoides sintetizados. Las propiedades estudiadas fueron:

- Capítulo VI: propiedades antifúngicas.
- Capítulo VII: propiedades antimicrobianas.
- Capítulo VIII: solubilidades, termoestabilidad de los ésteres en medios acuosos, propiedades antioxidantes ya sea como capturadores de radicales líbres o como protectores de autooxidación de grasas. En esta sección también se ensayaron los compuestos en la formulación de membranas bioactivas para recubrir alimentos).

Por último, y en base a los promisorios resultados obtenidos en cuanto a la factibilidad de la síntesis y a las propiedades demostradas por los ésteres, se iniciaron estudios de citotoxicidad sobre células humanas tendientes a determinar la aplicabilidad o no de estos compuestos (Capítulo IX).

CAPÍTULO I

LOS FLAVONOIDES: DISTRIBUCIÓN, PROPIEDADES Y MODIFICACIONES ENZIMÁTICAS

1.1 DISTRIBUCIÓN Y PROPIEDADES DE FLAVONOIDES

1.1.1 Los flavonoides.

Las plantas mediante el proceso de la fotosíntesis producen las sustancias necesarias para todos los ciclos vitales de la naturaleza. Mediante intrincados y cada vez más conocidos mecanismos bioquímicos se constituyen en verdaderas industrias químicas. Son la base de la cadena alimenticia que soporta casi todas las demás formas de vida en nuestro planeta. Adicionalmente, mantienen la atmósfera en condiciones que permiten la vida tal como la conocemos. Pero además de producir sustancias como los carbohidratos, las proteínas y las grasas, que se denominan metabolitos primarios, dado que se encuentran prácticamente en todas las formas de vida y cumplen funciones básicas para la misma, producen muchas otras sustancias que no guardan relación directa con el ciclo de la vida pero que sí cumplen funciones tales que les permiten la subsistencia en el ecosistema del cual forman parte. Estas sustancias se denominan metabolitos secundarios. Como ejemplo de éstos encontramos alcaloides, carotenoides, vitaminas, esteroides, aceites esenciales, terpenoides, y por supuesto flavonoides.

Los flavonoides son compuestos exclusivos del reino vegetal. Protegen a los organismos del daño causado por agentes ambientales nocivos como los rayos UV, la polución ambiental y químicos exógenos. Actúan en plantas como antioxidantes, antimicrobianos, fotorreceptores, repelentes de insectos, atrayentes de polinizadores o presas, entre otras funciones (Iwashina, 2003; Hernández y cols., 2009).

Las especies del reino animal no producen estas sustancias protectoras pero pueden obtenerlas por ingesta de alimentos provenientes del reino vegetal (cereales, frutas, verduras) y de diversas bebidas elaboradas a partir de estas fuentes. Representan componentes sustanciales de la parte no energética de la dieta humana (Peterson y Dwyer, 1998).

Hoy se reconoce como el descubridor de los flavonoides al premio Nobel Szent-György, quien en 1930 aisló de la cáscara del limón una sustancia que denominó citrina y que regulaba la permeabilidad de capilares (Armentano y cols., 1936). Años después se comprobó que la citrina era una mezcla de flavanonas cuya sustancia mayoritaria era hesperidina (Bruckner y Szent-Gyorgyi, 1936). Los flavonoides se denominaron en un principio vitamina P (por permeabilidad) y también vitamina C2, porque tenían propiedades similares a la vitamina C. Sin embargo, el hecho de que los flavonoides fueran vitaminas no pudo ser confirmado y ambas denominaciones se abandonaron alrededor de 1950.

Los flavonoides contienen en su estructura química un número variable de grupos hidroxilos fenólicos. Por ende, poseen excelentes propiedades de quelación de metales de transición y una gran capacidad antioxidante (Havsteen, 1983; Havsteen, 2002). Por ello, desempeñan un papel esencial en la protección frente a los fenómenos de daño oxidativo, y tienen efectos terapéuticos en un elevado número de patologías, incluyendo la cardiopatía isquémica, la aterosclerosis o el cáncer (Pace-Asciak y cols., 1995; Le Marchand, 2002). Sus propiedades antirradicalaria se dirigen fundamentalmente hacia los radicales hidroxilo y superóxido, especies altamente reactivas implicadas en el inicio de la cadena de peroxidación lipídica (Jovanovic y cols., 1998). Además de sus efectos antioxidantes, desempeñan importantes roles en la fisiológicas de plantas, como influenciar el transporte de la hormona del crecimiento en plantas el impacto sobre la regulación del crecimiento celular y la inducción de enzimas de destoxificación tales como las monooxigenasas dependientes de citocromo P-450 (Stahl y cols., 2002).

1.1.2 Estructura y propiedades químicas de flavonoides.

Los flavonoides son compuestos en general de bajo peso molecular que poseen un esqueleto en común del tipo difenilpirano (C6-C3-C6): dos anillos de fenilos (A y B) unidos a través de un anillo heterocíclico (C), de tres carbonos (Kühnau, 1976). Los flavonoides pueden clasificarse en diferentes subclases de acuerdo a la oxidación que posea el anillo central. A la fecha se han reportado 13 subclases y más de 8000 compuestos con estructura básica de flavonoide (Williams y Grayer, 2004). En la Figura 1.1 se presentan las subclases más importantes en cuanto a distribución y abundancia.

A los flavonoides suelen unirse azúcares preferentemente a la posición C3 o a la posición C7, de forma que estos compuestos se encuentran comúnmente como O-glicósidos, siendo la D-glucosa el residuo azúcar más frecuente. Otros residuos de azúcares son la D-galactosa, la L-ramnosa, la L-arabinosa, la D-xilosa, así como el ácido D-glucurónico. A la parte sin azúcares de la molécula suele llamársela aglicona y en general se ha encontrado que los glicósidos son más solubles en agua y menos reactivos frente a radicales libres que su aglicona.

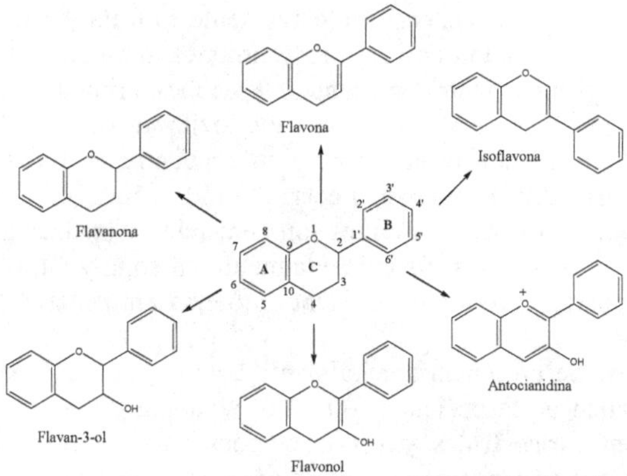

Figura 1.1 Esqueleto básico de un flavonoide y de los principales subgrupos.

1.1.3 Fuentes y dieta de flavonoides.

Los flavonoides desempeñan importantes papeles asociados a la bioquímica, fisiología y ecología en el reino vegetal: protegen de la radiación UV, mantienen a raya microorganismos patógenos y pestes, participan en la fertilización y germinación del polen, colaboran en la fijación de metales (como hierro y cobre) y de nitrógeno, regulan el crecimiento y diferenciación de plantas e intervienen en la actividad enzimática (Bohm, 1998; Forkmann y Heller, 1999; Harborne y Williams, 2000). El color que proveen a plantas no solo atrae a polinizadores o potenciales presas, sino además llama la atención de los humanos que las protegen y cultivan por su atractivo estético. Los flavonoides son ubicuos en todo el reino vegetal. Se distribuyen en hojas, raíces, frutas, verduras, semillas y flores, como así también en productos elaborados a partir de éstas. Tal vez los ejemplos de productos elaborados más frecuentes en la dieta humana sean cerveza, vino, té verde, té negro y salsa de soja, los cuales son consumidos habitualmente en cualquier latitud del planeta. En la actualidad los flavonoides también pueden obtenerse en forma de suplementos nutricionales, junto con ciertas vitaminas y minerales.

A continuación se presentan algunas subclases de flavonoides asociados a fuentes vegetales:

1. Flavonoles: el más relevante es quercetina (forma aglicona y sus derivados glucosilados). La fuente principal son cebollas, aunque también se encuentra en manzanas, brócoles, cereales, cerezas, uvas, repollo rojo y otras frutas y vegetales (Erlund, 2004).

2. *Flavanonas:* se presentan casi exclusivamente en frutas cítricas. Los más relevantes son hesperidina en naranjas y limones, naringina la cual posee sabor amargo y se encuentra en pomelos y neohesperidina principalmente en naranjas amargas. Eriocitrina y neoeriocitrina no son flavonoides mayoritarios en ninguna fruta cítrica y se encuentra en limones y limas (Peterson y cols., 2006a; Peterson y cols., 2006b).
3. *Isoflavonoides:* los más relevantes son genisteina y daidzeina, los cuales se presentan en legumbres, fundamentalmente en soja, y en los alimentos elaborados a partir de estos (tofu, leche, proteína alimentaria, harina, etc) (Erlund, 2004).
4. *Catequinas:* Se presentan generalmente como agliconas o esterificadas con ácido gálico en la posición 3-O. (+)-Catequina y (-)-Epicatequina se encuentran en varias frutas y verduras, como manzanas, peras, uvas y duraznos. La mayor concentración de catequinas se encuentran en el té y el vino tinto (Erlund, 2004).
5. *Flavonas:* las más significantes son apigenina y luteolina. Se distribuyen en bajas concentraciones. Las fuentes más importantes son pimiento rojo y el apio (Erlund, 2004).
6. Antocianidinas: las antocianidinas más comunes incluyen pelargonidina, delfinidina, cianidina, y malvidina. Las antocianinas (o glucósidos de antocianidinas) se encuentran en vegetales y frutas con color rojo, azul, violeta, como las ciruelas, las manzanas, la berenjena y muchas bayas (Erlund, 2004).

Por las acciones protectoras que desarrollan y al no ser producidos por el reino animal, los flavonoides merecen ser incorporados al grupo de los nutrientes esenciales. Aunque los hábitos alimenticios son muy diversos en el mundo, el valor medio de ingesta de flavonoides se estima como 23 mg $día^{-1}$ (Hertog y cols., 1992; Hertog y cols., 1993), siendo quercitina (y sus glicósidos) el flavonoide más ingerido. Las fuentes principales de flavonoles son, entre otras, el té negro, las cebollas, las manzanas, la pimienta negra y bebidas alcohólicas como vino y cerveza. De los alimentos, el té es una de las fuentes principales de quercitina, principalmente en Japón y los Países Bajos, el vino tinto lo es en Italia y las cebollas en los Estados Unidos y Grecia. Excede, por tanto, a la de otros antioxidantes en la dieta, tales como el beta-caroteno (2-3 mg $día^{-1}$) y la vitamina E (7-10 mg $día^{-1}$) y es igual aproximadamente a un tercio de la vitamina C (70-100 mg $día^{-1}$). Los flavonoides representan, pues, una contribución importante al potencial antioxidante de la dieta humana (Rice-Evans y Packer, 1998).

1.1.4 Absorción y metabolismo de flavonoides.

El metabolismo de los flavonoides es intenso y una parte importante se excretan por la orina. La transformación de los flavonoides se produce fundamentalmente en dos lugares: el hígado donde hay reacciones en las que se introducen o exponen grupos polares y el colon donde los microorganismos degradan los flavonoides no absorbidos (Blaut y cols., 2003; Blaut y Clavel, 2007).

En la última década se ha hecho evidente que las formas activas de los flavonoides *in vivo* no son necesariamente las mismas en las cuales son ingeridos. Por ejemplo, uno puede ingerir agliconas o sus glicósidos, pero en el organismo circularan metabolitos derivados de éstos. En particular, existe una fuerte evidencia de que en una primera instancia hay una extensa deglicosilación de los derivados glicosilados. Luego se produce el metabolismo de las agliconas a derivados glucurónidos, sulfatos, y formas O-metiladas ya sea en el pasaje de las agliconas a través del intestino delgado o en el hígado.

Spencer, Abd El Mohsen, y Rice-Evans (2004) realizaron una revisión sobre la absorción y el metabolismo de flavonoides. La información recabada muestra que el tracto gastrointestinal juega un importante papel en la absorción y el metabolismo de polifenoles antes de que estos ingresen a la circulación sistémica y el hígado. En primer lugar existe una escisión de los flavonoides oligoméricos, como procianidinas, en el estómago en ambientes de bajo pH. Luego, los enterocitos del yeyuno y del ileon (segunda y tercera porción del intestino delgado, respectivamente, situados entre el duodeno y el colon) transfieren los flavonoides desde el lado luminal del intestino hacia la vena porta, la cual los conduce hacia el hígado para una metabolización posterior. Por otra parte los flavonoides que no pueden pasar a la vena porta avanzan por el intestino donde la microbiota del colon los degrada hasta ácidos fenólicos pequeños que si puedan ser absorbidos. El destino de la mayoría de estos metabolitos es la excreción renal, aunque algunos pueden entrar en células y tejidos (Figura 1.2).

1.1.5 Acción antioxidante de los flavonoides.

La capacidad de polifenoles de actuar como antioxidantes en sistemas biológicos se reconoció en los años treinta (Benthsath y cols., 1936), sin embargo, el mecanismo de acción fue ignorado hasta hace poco tiempo (Bors y cols., 1990). La actividad de los flavonoides como antioxidantes depende de las propiedades redox de sus grupos hidroxifenólicos y de la relación estructural entre las diferentes partes de la estructura química (Pietta, 2000). Las tres características estructurales más

importantes para esta función se ilustran en la Figura 1.3 y son (Rice-Evans y cols., 1996):
a) Presencia de un grupo catecol en el anillo B, es decir hidroxilos en 3' y 4' (eriocitrina y quercetina).
b) Doble enlace en posición 2,3 (quercetina y diosmetina).
c) Grupos hidroxilos en posiciones 3 y 5 (quercetina).

A

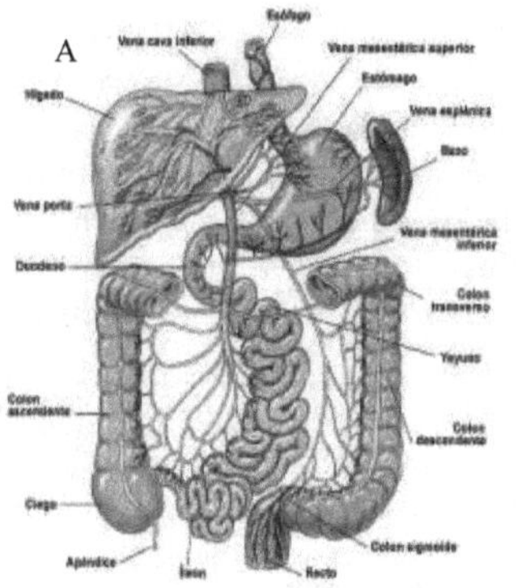

Figura 1.2 A) Esquemas del sistema gastrointestinal. B) Absorción y metabolismo de los flavonoides y los metabolitos conjugados en los seres humanos (Spencer y cols., 2004).

B

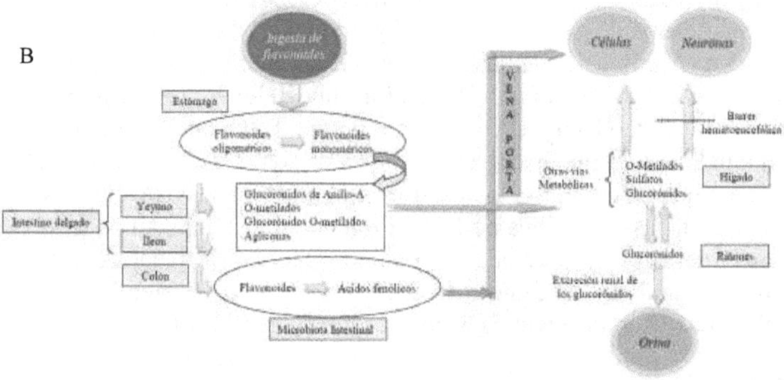

Siguiendo estos criterios, el flavonoide quercitina es el más antioxidante de los compuestos de la Figura 1.3 (posee las tres características para ejercer una efectiva función antioxidante). Su capacidad antioxidante resulta 5 veces mayor al demostrado por las vitaminas E y C y tiene una hidrosolubilidad similar a la de la vitamina E (Merck, 2000).

Los flavonoides pueden actúan neutralizando formas reactivas del oxígeno (Pietta, 2000). Diversos flavonoides han mostrado su eficiencia para frenar procesos de peroxidación lipídica de fosfolípidos de membrana, de glóbulos rojos o de homogeneizados de cerebro (Laughton y cols., 1989;

Ursini y cols., 1994). Poseen, además, capacidad de inhibir *in vitro* la oxidación de las lipoproteínas de baja densidad (LDL) y reducir la citotoxicidad de las LDL oxidadas. De hecho, las poblaciones que consumen productos ricos en flavonoides estadísticamente presentan menores riesgos de afecciones cardiovasculares (Hertog y cols., 1993; Hollman y cols., 1996; Geleijnse y cols., 2002). En estudios epidemiológicos se ha demostrado que con el consumo incrementado de frutas y vegetales se experimenta una reducción del 50% en el riesgo de cánceres digestivos y de las vías respiratorias (Hollman y Katan, 1998). Algunas chalconas y flavononas son inductoras de las quinonas reductasas y podrían tener un papel preventivo en la progresión de los hepatomas. Sólo muy pocos flavonoides como los protoantocianídicos tienen la ventaja de ser liposolubles e hidrosolubles y pueden ser absorbidos por las membranas celulares y son capaces de atravesar la barrera hematoencefálica para proteger a las células cerebrales, que son muy sensibles a las lesiones producidas por los radicales libres.

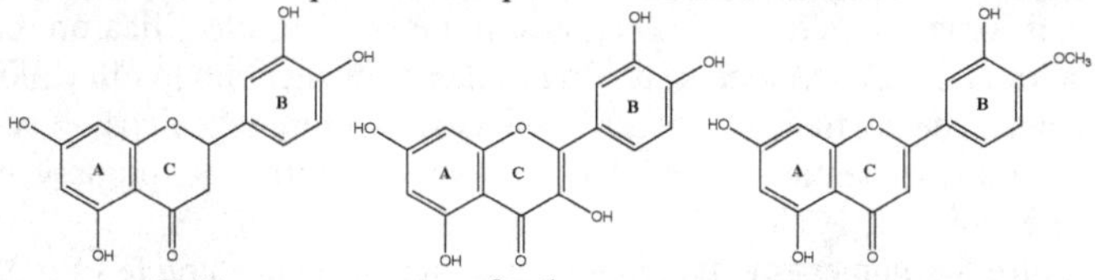

Figura 1.3 Características estructurales de flavonoides con actividad antioxidante.

1.1.6 Actividad antimicrobiana.

Por siglos, preparaciones medicinales a base de plantas han sido empleadas con fines terapéuticos en la medicina tradicional del mundo. Gracias a los avances ocurridos en el área de química analítica, se ha podido establecer que las propiedades antimicrobianas de medicamentos ancestrales en muchos casos se deben a una elevada concentración de flavonoides en estas preparaciones, las cuales han sido empleadas exitosamente por siglos en el control de hongos, bacterias y virus.

Ya en el Antiguo Testamento se hizo referencia a las propiedades curativas del propóleo (La Biblia, Jeremías 8, versículo 22; Jeremías 46, versículo 11; Jeremías 51, versículo 8) y también fue prescripto por Hipócrates (460-377 a. C.) en la Antigua Grecia para tratar heridas y úlceras. La actividad antimicrobiana del propóleos se ha atribuido a su contenido de flavonoides, en particular a la elevada concentración de galangina pinocembrina (Grange y Davey, 1990; Bosio y cols., 2000). Otro ejemplo de una preparación medicinal en el norte Argentina es el de la planta *Tagetes minuta,* que crece en la zona de Tafi del Valle (Tucumán) la cual contiene quercetagetin-7-arabinosil-galactósido y que ha sido empleada extensamente en la medicina tradicional para en enfermedades infecciosas (Tereschuk y cols., 1997).

Además, la constante búsqueda de agentes menos contaminantes para control microbiológico y la aparición de cepas resistentes han impulsado sendas investigaciones con compuestos de origen natural, siendo los flavonoides compuestos con un perfil apto para ocupar esta área de vacancia.

En cuanto al modo de acción por el cual un flavonoide ejerce su poder antimicrobiano depende fuertemente del flavonoide y del microorganismo en cuestión. Se ha determinado que actúan inhibiendo, por ejemplo, la síntesis de ácidos nucleicos, las funcionalidad de la membrana citoplasmática y el metabolismo energético (Cushnie y Lamb, 2005).

1.1.7 Otras propiedades de flavonoides.

Un gran número de sustancias naturales se identificaron como moduladoras de la carcinogénesis. Entre ellas se encuentran los flavonoides que han demostrado poseer efectos antimutagénicos, acción antiproliferativa, anticarcinogénica y ser agente quimiopreventivo (Hardigree y Epler, 1978).

Entre los numerosos fenómenos que tienen lugar durante el proceso carcinogénico y que ofrecen opción para la modulación mediante factores externos, se encuentran la formación de metabolitos carcinógenos, que se forman por la acción de enzimas citosólicas y microsómicas. Estas enzimas controlan este paso crítico en el proceso carcinógeno. Estudios *in vivo* e *in vitro* han demostrado que los flavonoides pueden modular su actividad. En experimentos *in vitro* se ha confirmado el papel protector de flavonoides, los cuales ejercen efectos de inhibición frente a células cancerígenas en humanos: en colon (Ranelletti y cols., 1992), glándula mamaria y ovario (Scambia y cols., 1990), en región gastrointestinal (Yoshida y cols., 1990) y en la leucemia (Hirano y cols., 1994).

No obstante, los flavonoides no constituyen un grupo homogéneo de compuestos y las mismas propiedades que caracterizan su actividad antioxidante, determinan que puedan presentar efectos pro-oxidantes. Los mecanismos moleculares que determinan la actividad de los flavonoides en ese sentido, se basan en la formación de un radical aroxilo lábil o de un complejo flavonoide hierro redox lábil. En el primer caso, la autooxidación del radical aroxilo genera anión superóxido (0^{2-}) el cual genera un radical hidroxilo (HO*) dañino. Estos mecanismos pueden constituir la base de las acciones mutagénicas y citotóxicas descritas para algunos flavonoides

(Hodnick y cols., 1988). Lo que determina el carácter antioxidante o prooxidante de flavonoides es la estabilidad/labilidad redox del compuesto radical formado a partir del flavonoide original.

1.1.8 Toxicidad de flavonoides.

Se ha sugerido que como los flavonoides están ampliamente distribuidos en vegetales comestibles probablemente posean una toxicidad nula o extremadamente baja. Sin embargo estas sustancias poseen un amplio espectro de actividades en células de mamíferos y por ende es necesaria una evaluación completa para determinar cuantitativamente la utilidad de éstos en la medicina moderna (Skibola y Smith, 2000).

A pesar de los efectos beneficiosos sobre la salud que presentan los flavonoides, existen muchos trabajos que indican que ocasionan mutagenicidad y genotoxicidad sobre bacterias y células mamíferas (Suzuki y cols., 1991; Moridani y cols., 2002; Galati y O'Brien, 2004; Matsuo y cols., 2005). Esto se debe a que pueden actuar como prooxidantes generando radicales libres que dañan el ADN o inhiben el funcionamiento de enzimas asociadas al ADN, lo cual puede culminar en mutaciones o degeneraciones. Más aún, el consumo elevado de estos compuestos podría ocasionar otros efectos negativos debido a la diversidad de propiedades farmacológicas que ejercen.

Existen trabajos epidemiológicos que demuestran que existe una disminución de riesgo de tener enfermedades cardíacas, cáncer de mamas (Lee y cols., 1991; Wu y cols., 2008), de próstata (Knekt y cols., 2002), de pulmón (Le Marchand y cols., 2000), de colon (Lin y cols., 2006) y otros tipos de cáncer con el incremento de consumo de frutas, vegetales y productos de soja. En general las poblaciones con menores riesgos son asiáticas y vegetarianas. El promedio de flavonoides ingeridos junto con la dieta para estas poblaciones oscila entre 20 mg y 200 mg en poblaciones asiáticas. Sin embargo el uso de suplementos, particularmente fórmulas antioxidantes, son recomendadas en el orden de gramos en vez de miligramos por día. Por ejemplo, una típica dosis diaria recomendada por las empresas que producen suplementos ricos en quercetina o diosmina varía entre 0,5 g o 1 g, lo que resulta ser una 10 o 20 veces superior a la ingesta promedio en una dieta vegetariana variada y saludable. Sin embargo, actualmente no existen estudios a largo plazo de consumo de suplementos con altos niveles de flavonoides en humanos y no se sabe si el exceso trae o no aparejado efectos adversos sobre la salud humana (Skibola y Smith, 2000) y dado que la selectividad de las enzimas en células eucariotas varía de un compuesto a otro, es necesario realizar esta clase de estudios de toxicidad para cada fitoquímico en forma individual (Harborne y Williams, 2000; Middleton y cols., 2000).

1.2 MODIFICACIÓN ENZIMÁTICA DE FLAVONOIDES.

Debido a las propiedades atribuidas a los flavonoides existe una creciente demanda de éstos por parte de las industrias de alimentos, fármacos y cosméticos. Sin embargo el uso de los flavonoides está severamente restringido por sus bajas solubilidades, tanto en fases acuosas como lipídicas. Para mejorar este déficit, muchos autores han estudiado la modificación de flavonoides por vías químicas, enzimáticas y quimioenzimáticas. Entre ellas, dos reacciones, glicosilación y acilación, han recibido particular atención. La primera tiende a aumentar el carácter hidrofílico añadiendo azúcares (Kitao y cols., 1993; Yang y cols., 2007), mientras que la segunda reacción tiende a aumentar el carácter lipofílico añadiendo grupos hidrofóbicos (Chebil y cols., 2006).

Las transformaciones de flavonoides para aumentarles sus solubilidades en matrices lipofílicas han comenzado a estudiarse hace más de 2 décadas con mucho énfasis. En general se ha concluido que es conveniente realizar transformaciones por vías enzimáticas uniendo moléculas alifáticas y aromáticas. Esta vía posee un elevado grado de regioselectividad y la conversión en condiciones óptimas (enzima, temperatura, medio de reacción y sustratos) puede ser del 100 % con tiempos de reacción inferiores a 24 h.

1.2.1 Transformaciones enzimáticas.

El uso de enzimas o sistemas celulares para modificar propiedades fisicoquímicas o biológicas siempre ha tenido un enorme interés por parte de científicos y de la industria. Las biotransformaciones representan hoy en día una poderosa herramienta para la producción de compuestos con elevado valor agregado. El constante aumento de compuestos quirales y la necesidad de que estos sean producidos a través de procesos ambientalmente limpios han impulsado tanto a la industria como a los investigadores a avanzar sobre el campo de la biocatálisis (Serra y cols., 2005).

Los procesos biocatalíticos poseen importantes ventajas sobre los procesos químicos tradicionales. Las enzimas poseen una elevada quimio, regio y estéreo selectividad. Además actúan en condiciones suaves (Leuenberger, 1990). En general la purificación de la sustancia deseada a partir del medio de reacción usualmente es más sencilla que la que se debe realizar en procesos químicos tradicionales. Además, las enzimas permiten procesos amigables con el ambiente y pueden realizar muchas reacciones en simultáneo (Faber, 2004). Los microorganismos portadores de enzimas y las propias enzimas pueden inmovilizarse y usarse muchas veces. A la fecha, varias enzimas o células portadoras se han investigado con el fin de encontrar biocatalizadores para la acilación catalítica de flavonoides (lipasas, esterasas, proteasas y aciltransferasas). Estas enzimas usualmente se han soportado, lo que ha conducido a un mejoramiento de la estabilidad, un aislamiento del producto más sencillo y la posibilidad de reusar el biocatalizador (Adamczak y Krishna, 2004).

1.2.2 Modificación con lipasas.

En la actualidad muchos de los procesos más importante biocatalizados en la industria utilizan lipasas. En estos procesos las lipasas de origen microbiano se emplean en una gran variedad de industrias como por ejemplo la farmacéutica (Gotor-Fernández y cols., 2006), alimentos, detergentes, agroquímicos, aceiteras, del cuero, pulpa de papel, etc. (Pandey y cols., 1999).

Las lipasas (triacilglicerolacilhidrolasas EC 3.1.1.3) pueden clasificarse según su procedencia en lipasas de mamíferos (por ejemplo lipasa pancreática de porcinos o cabras), lipasas de hongos (por ejemplo la lipasa de *Candida rugosa* que es una de las más usadas en la industria), lipasas de bacterias (por ejemplo lipasas de *Staphylococcus* y *Pseudomonas*) y lipasas de plantas (por ejemplo papaína o lipasa de *Carica papaya*). La mayoría de las lipasas producidas con fines comerciales provienen de hongos o bacterias (Jaeger y Reetz, 1998). Las lipasas catalizan una gran variedad de reacciones incluyendo hidrólisis y reacciones inversas de esterificación, por ejemplo interesterificaciones, alcohólisis, acidólisis, aminólisis, etc. (Paiva y cols., 2000). En condiciones naturales catalizan la hidrólisis de ésteres en interfaces hidrofílicas – hidrofóbicas. En estas interfaces las lipasas exhiben un fenómeno denominado activación interfacial, el cual ocasiona un notable incremento de la actividad por contacto con una superficie hidrofóbica.

El proceso catalítico que llevan a cabo las lipasas se forma por una serie de etapas: contacto con la interfase, cambio conformacional, ingreso hacia la interfase y por último la catálisis propiamente dicha (Brandt y cols., 2006). En determinadas condiciones experimentales, tales como en ausencia de agua, estas enzimas son capaces de revertir la reacción producida normalmente en la naturaleza. La reacción inversa conduce a la formación de una unión éster a partir un grupo acilo (por ejemplo ácidos grasos) y un grupo que actúe como nucleófilo (por ejemplo un OH de glicerol).

Entre todas las lipasas la lipasa B de *Candida antarctica* (CALB) es una de las más empleadas tanto en el laboratorio como en la industria para síntesis orgánica, debido a su capacidad de aceptar un amplio rango de sustratos, tolerancia a medios no acuosos y notable resistencia a la inactivación térmica (Anderson y cols., 1998). A diferencia de la mayoría de las lipasas, no tiene ninguna tapa que proteja la entrada al sitio activo por lo que no presenta activación interfacial (Martinelle y cols., 1995). Su sitio activo contiene un agujero oxoanión que estabiliza el estado de transición de las reacciones intermedias (Hæffner y cols., 1998).

A CALB normalmente se le asigna un mecanismo Ping Pong Bi Bi el cual se ilustra en la Figura 1.4. La molécula sustrato, reacciona en el sitio activo con serina formando un intermediario tetraédrico que es estabilizado por residuos catalíticos de histidina y ácido aspártico. En el paso siguiente se libera el alcohol y se crea un complejo acil-enzima. Un ataque nucleofílico, por ejemplo agua en hidrólisis o alcoholes en alcohólisis conduce a la formación de otro intermediario tetraédrico. En el último paso el intermediario se divide en producto y enzima, recobrándose la capacidad para iniciar otro ciclo.

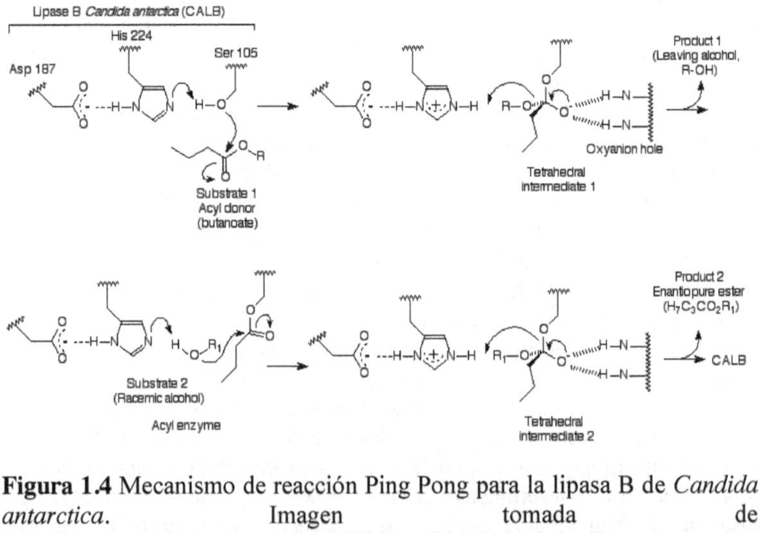

Figura 1.4 Mecanismo de reacción Ping Pong para la lipasa B de *Candida antarctica*. Imagen tomada de http://www.nt.ntnu.no/users/thorleif/biocat/biocatalysis.html

Se ha reportado que es posible obtener una gran versatilidad de compuestos aromáticos o alifáticos usando CALB. El sitio activo de CALB posee dos sectores: uno destinado a albergar el grupo acilo que se transfiere y otro reservado para el sustrato alcohólico que unirá el grupo acilo dando lugar a la formación de un éster (Uppenberg y cols., 1995). En relación al grupo acilo se ha determinado que la reactividad depende fuertemente de la longitud de la cadena que posee el donador acilo (Ardhaoui y cols., 2004c), del espaciamiento entre un grupo aromático y el grupo carboxílico para donadores arilalifáticos (Otto y cols., 2000) y de los grupos funcionales que posea el donador de grupo acilo. En lo que respecta a la variación del grupo alcohólico se ha demostrado que CALB puede esterificar desde alcoholes simples como metanol o etanol (Nielsen y cols., 2008) en la producción de biodiesel hasta compuestos naturales de mayor tamaño, tales como sacáridos, esteroides y glicósidos naturales, incluyendo flavonoides (Martinelle y cols., 1995).

1.2.3 Antecedentes de síntesis y propiedades de ésteres de flavonoides.

Existen trabajos que reportan el uso de lipasas para sintetizar ésteres de flavonoides. La Tabla 1.1 presenta algunos de los trabajos más importantes de acilación de flavonoides a la fecha. Puede verse de estos datos que sólo un puñado de los más de 8000 flavonoides reportados han sido esterificados. Entre los flavonoides estudiados es evidente que se han elegido los comercialmente disponibles, lo cual es lógico ya que el estudio de los parámetros de síntesis requiere cantidades de sustratos difíciles de suplir por las técnicas de extracción comúnmente empleadas a escala de laboratorio. En general los trabajos se han abocado a determinar la factibilidad de la síntesis (o al estudio de parámetros de la síntesis) y no a la obtención de los ésteres. En los trabajos en los que se han sintetizado y purificado los ésteres se emplearon métodos cromatográficos y las cantidades de ésteres obtenidos han sido bajas. Más aún, pocos autores han estudiado propiedades de los ésteres sintetizados, quizás debido a las bajas cantidades obtenidas con pureza adecuada. No existen a la fecha reportes de los ésteres sintetizados en esta tesis.

En esta tesis, gracias a disponer cantidades elevadas de los sustratos (flavonoides cítricos) se desarrollaron metodologías a escala de laboratorio capaces de producir decenas de gramos de ésteres alquílicos de flavonoides cítricos extraídos de desechos de la industria, con el fin de acoplar esta síntesis a la obtención de ramnosa a partir de flavonoides ramnoglucosídicos como naringina, hesperidina, neohesperidina o incluso eriocitrina. Las condiciones de síntesis (enzima, solvente, donador, concentraciones, temperaturas, tiempos de reacción, etc.) se optimizaron, lo que permitió alcanzar conversiones del 100 % en tiempos cortos (desde 6 h hasta 48 h). Se ideó una metodología de purificación que permitió obtener los ésteres al 100 % de pureza (medidos por HPLC) empleando técnicas sencillas, baratas y que permiten aumentar la escala de trabajo con sencillez. Por otra parte, se avanzó en el conocimiento de las propiedades de los ésteres de los flavonoides de *Citrus* más abundantes.

Tabla 1.1 Lista de trabajos de esterificación de flavonoides.

Autor/es	Flavonoide/s	Donador/es
Riva y cols. (1996)	Isoquercitrina, rutina y naringina.	Dibencilmalonato
Danieli y cols. (1997)	Isoquercitrina, quercitrina y rutina.	Acetato de vinilo
Nakajima y cols. (1999; 2000)	Isoquercitrina, naringina, rutina, callistefina y crisantemina, arbutina	Cianamato de vinilo
Gao y cols. (2000)	Naringina, isoquercitrina, luteolin-7-glucósido y catechin-7-glucósido.	Acetato de vinilo, Cianamato de vinilo, ferulato de vinilo y cumarato de vinilo.
Kontogianni y cols. (2001; 2003)	Rutina y naringina.	Ácidos octanoico, decanoico y láurico.
Otto y cols. (2001)	Naringina.	Ácidos esteárico, palmítico, láurico, oleico, cáprico, 12-hidroxiesteárico, linoleico, p-cumárico, 4-clorofenilacético, cinámico, 4-hidroxifenilacético, 5-fenilvalérico, 4-fenilbutírico y 3-fenilpropiónico
Gayot y cols. (2003)	Naringina.	Ácido palmítico
Ishihara y Nakajima (2003)	Isoquercitrina.	Ácidos 3-fenilpropionico, ácido 3-metoxicinamico, ácido 2-metilcinámico, ácido 4-fenil-n-butírico, ácido 2-naftilacético, cinámato de vinilo y n-hexanoato de vinilo.
Ardhaoui y cols. (2004a; 2004b; 2004c)	Rutina, esculina, quercetina y hesperidina.	Ácidos láurico, mirístico, palmítico, esteárico, adípico, azelaico, dodecandioico, hexadecandioico, 11-aminoundecanoico y 11-mercaptoundecanóico, hexanóico, heptanoico, nonanoico, láurico, mirístico, oleico, 16-hidroxihexadecanóico, benzoico, gálico, cinámico, 4-nitrocinámico, hidrocinámico, 3,4-dihidroxicinámico, 4-hidroxifenilacético.
Passicos y cols.(2004)	Naringina y rutina.	Palmitato de metilo.
Mellou y cols. (2005; 2006)	Rutina, naringina, y dos glicósidos de crisoeriol.	Decanoato, laurato y estearato de vinilo; ácidos decanoico, láurico y esteárico.
Stevenson y cols. (2006)	Naringina, isoquercetina,	Ácido fenilpropiónico, 3-(4-hidroxifenil)propiónico, fenilpropiónico, 3-(2-hidroxifenil)propiónico y 3-(3,4 dihidroxifenil) propiónico, palmítico y cinámico.
Katsoura y cols. (2006; 2007)	Rutina y naringina.	Butirato de vinilo.
Chebil y cols. (2007)	Quercetina, isoquercitrina, naringenina, hesperetina y crisina.	Ácido palmítico, acetato de vinilo, propionato de vinilo, butirato de vinilo y palmitato de vinilo.
Youn y cols. (2007)	Naringina	Ácido palmítico
Salem y cols. (2010)	Isoquercitrina.	Etil decanoato, etil octanoato, etil hexanoato, etil butirato, etil laurato, etil estearato, etil palmitato y etil oleato.
Viskupicova y cols. (2010)	Rutina	Ácidos grasos (C4-C18)

1.3 REFERENCIAS - CAPÍTULO I

Adamczak, M. y Krishna, S.H. (2004). "Frontiers in biocatalysis." Food Technol. Biotechnol 42: 251-264.

Anderson, E.M., Larsson, K.M. y Kirk, O. (1998). "One Biocatalyst–Many Applications: The Use of Candida Antarctica B-Lipase in Organic Synthesis." Biocatalysis and Biotransformation 16(3): 181-204.

Ardhaoui, M., Falcimaigne, A., Engasser, J.-M., Moussou, P., Pauly, G. y Ghoul, M. (2004a). "Acylation of natural flavonoids using lipase of candida antarctica as biocatalyst." Journal of Molecular Catalysis B: Enzymatic 29(1-6): 63-67.

Ardhaoui, M., Falcimaigne, A., Engasser, J.M., Moussou, P., Pauly, G. y Ghoul, M. (2004b). "Enzymatic synthesis of new aromatic and aliphatic esters of flavonoids using Candida antarctica lipase as biocatalyst." Biocatalysis and Biotransformation 22(4): 253-259.

Ardhaoui, M., Falcimaigne, A., Ognier, S., Engasser, J.M., Moussou, P., Pauly, G. y Ghoul, M. (2004c). "Effect of acyl donor chain length and substitutions pattern on the enzymatic acylation of flavonoids." Journal of Biotechnology 110(3): 265-272.

Armentano, L., Bentsáth, A., Béres, T., Rusznyák, S. y Szent-Györgyi, A. (1936). "Über den Einfluß von Substanzen der Flavongruppe auf die Permeabilität der Kapillaren. Vitamin P1." Deutsche Medizinische Wochenschrift 62(33): 1325,1328.

Benthsath, A., Rusznyak, S. y Szent-György, A. (1936). Vitamin nature of flavona. En: *Flavonoids in Health and Disease*. M. Dekker. New York, Nature**:** 137-161.

Blaut, M. y Clavel, T. (2007). "Metabolic Diversity of the Intestinal Microbiota: Implications for Health and Disease." The Journal of Nutrition 137(3): 751S-755S.

Blaut, M., Schoefer, L. y Braune, A. (2003). *Transformation of flavonoids by intestinal microorganisms*. Bern, SUISSE, Hogrefe & Huber.

Bohm, B. (1998). Introduction to flavonoids. En: *Chemistry and Biochemistry of Organic Natural Products*. Amsterdam, Harwood Academic Publishers. **2**.

Bors, W., Heller, W., Michel, C. y Saran, M. (1990). Flavonoids as antioxidants: Determination of radical-scavenging efficiencies. En: *Methods in Enzymology*. A. N. G. Lester Packer, Academic Press. **Volume 186:** 343-355.

Bosio, K., Avanzini, C., D'avolio, A., Ozino, O. y Savoia, D. (2000). "In vitro activity of propolis against Streptococcus pyogenes." Letters in Applied Microbiology 31(2): 174-177.

Brandt, B., Hidalgo, A. y Bornscheuer, U.T. (2006). "Immobilization of enzymes in microtiter plate scale." Biotechnology Journal 1(5): 582-587.

Bruckner, V. y Szent-Gyorgyi, A. (1936). "Chemical Nature of Citrin." Nature 138: 1057-1057.

Cushnie, T.P. y Lamb, A.J. (2005). "Antimicrobial activity of flavonoids." International Journal of Antimicrobial Agents 26(5): 343-356.

Chebil, L., Anthoni, J., Humeau, C., Gerardin, C., Engasser, J.-M. y Ghoul, M. (2007). "Enzymatic acylation of flavonoids: Effect of the nature of the substrate, origin of lipase, and operating conditions on conversion yield and regioselectivity." Journal of Agricultural and Food Chemistry 55(23): 9496-9502.

Chebil, L., Humeau, C., Falcimaigne, A., Engasser, J.-M. y Ghoul, M. (2006). "Enzymatic acylation of flavonoids." Process Biochemistry 41(11): 2237-2251.

Danieli, B., Luisetti, M., Sampognaro, G., Carrea, G. y Riva, S. (1997). "Regioselective acylation of polyhydroxylated natural compounds catalyzed by Candida Antarctica lipase B (Novozym 435) in organic solvents." Journal of Molecular Catalysis B: Enzymatic 3(1-4): 193-201.

Erlund, I. (2004). "Review of the flavonoids quercetin, hesperetin, and naringenin. Dietary sources, bioactivities, bioavailability, and epidemiology." Nutrition Research 24(10): 851-874.

Faber, K., Ed. (2004). Biotransformations in Organic Chemistry,. Heidelberg.

Forkmann, G. y Heller, W. (1999). Biosynthesis of flavonoids. En: *Comprehensive Natural Products Chemistry*. S. U. Amsterdam, Elsevier: 713-748.

Galati, G. y O'brien, P.J. (2004). "Potential toxicity of flavonoids and other dietary phenolics: significance for their chemopreventive and anticancer properties." Free Radical Biology and Medicine 37(3): 287-303.

Gao, C., Mayon, P., Macmanus, D.A. y Vulfson, E.N. (2000). "Novel enzymatic approach to the synthesis of flavonoid glycosides and their esters." Biotechnology and Bioengineering 71(3): 235-243.

Gayot, S., Santarelli, X. y Coulon, D. (2003). "Modification of flavonoid using lipase in non-conventional media: effect of the water content." Journal of Biotechnology 101(1): 29-36.

Geleijnse, J.M., Launer, L.J., Van Der Kuip, D.A., Hofman, A. y Witteman, J.C. (2002). "Inverse association of tea and flavonoid intakes with incident myocardial infarction: the Rotterdam Study." The American Journal of Clinical Nutrition 75(5): 880-886.

Gotor-Fernández, V., Brieva, R. y Gotor, V. (2006). "Lipases: Useful biocatalysts for the preparation of pharmaceuticals." Journal of Molecular Catalysis B: Enzymatic 40(3-4): 111-120.

Grange, J.M. y Davey, R.W. (1990). "Antibacterial properties of propolis (bee glue)." Journal of the Royal Society of Medicine 83: 159-160.

Hæffner, F., Norin, T. y Hult, K. (1998). "Molecular Modeling of the Enantioselectivity in Lipase-Catalyzed Transesterification Reactions." Biophysical Journal 74(3): 1251-1262.

Harborne, J.B. y Williams, C.A. (2000). "Advances in flavonoid research since 1992." Phytochemistry 55(6): 481-504.

Hardigree, A.A. y Epler, J.L. (1978). "Comparative mutagenesis of plant flavonoids in microbial systems." Mutation Research/Genetic Toxicology 58(2-3): 231-239.

Havsteen, B. (1983). "Flavonoids, a class of natural products of high pharmacological potency." Biochemical Pharmacology 32(7): 1141-1148.

Havsteen, B.H. (2002). "The biochemistry and medical significance of the flavonoids." Pharmacology & Therapeutics 96(2-3): 67-202.

Hernández, I., Alegre, L., Van Breusegem, F. y Munné-Bosch, S. (2009). "How relevant are flavonoids as antioxidants in plants?" Trends in Plant Science 14(3): 125-132.

Hertog, M.G.L., Hollman, P.C.H. y Katan, M.B. (1992). "Content of potentially anticarcinogenic flavonoids of 28 vegetables and 9 fruits commonly consumed in the Netherlands." Journal of Agricultural and Food Chemistry 40(12): 2379-2383.

Hertog, M.G.L., Hollman, P.C.H. y Van De Putte, B. (1993). "Content of potentially anticarcinogenic flavonoids of tea infusions, wines, and fruit juices." Journal of Agricultural and Food Chemistry 41(8): 1242-1246.

Hirano, T., Gotoh, M. y Oka, K. (1994). "Natural flavonoids and lignans are potent cytostatic agents against human leukemic HL-60 cells." Life Sciences 55(13): 1061-1069.

Hodnick, W.F., Mllosavljevic, E.B., Nelson, J.H. y Pardini, R.S. (1988). "Electrochemistry of flavonoids: Relationships between redox potentials, inhibition of mitochondrial respiration, and production of oxygen radicals by flavonoids." Biochemical Pharmacology 37(13): 2607-2611.

Hollman, P. y Katan, M. (1998). Absortion, Metabolism, and Bioavailabiliy of Flavonoids. En: *Flavonoids in Health and Disease*. New York, Marcel Dekker: 483-522.

Hollman, P.C.H., Hertog, M.G.L. y Katan, M.B. (1996). "Analysis and health effects of flavonoids." Food Chemistry 57(1): 43-46.

Ishihara, K. y Nakajima, N. (2003). "Structural aspects of acylated plant pigments: stabilization of flavonoid glucosides and interpretation of their functions." Journal of Molecular Catalysis B: Enzymatic 23(2-6): 411-417.

Iwashina, T. (2003). "Flavonoid Function and Activity to Plants and Other Organisms." Biological Sciences in Space 17(1): 24-44.

Jaeger, K.-E. y Reetz, M.T. (1998). "Microbial lipases form versatile tools for biotechnology." Trends in Biotechnology 16(9): 396-403.

Jovanovic, S., Steenken, S., Simic, M. y Hara, Y. (1998). Antioxidant properties of flavonoids: reduction potentials and electron transfer reactions of flavonoid radicals. En: *Flavonoids in health and disease*. C. Rice Evans y L. Parker. Nueva York, Marcel Dekker: 137-161.

Katsoura, M.H., Polydera, A.C., Katapodis, P., Kolisis, F.N. y Stamatis, H. (2007). "Effect of different reaction parameters on the lipase-catalyzed selective acylation of polyhydroxylated natural compounds in ionic liquids." Process Biochemistry 42(9): 1326-1334.

Katsoura, M.H., Polydera, A.C., Tsironis, L., Tselepis, A.D. y Stamatis, H. (2006). "Use of ionic liquids as media for the biocatalytic preparation of flavonoid derivatives with antioxidant potency." Journal of Biotechnology 123(4): 491-503.

Kitao, S., Ariga, T., Matsudo, T. y Sekine, H. (1993). "The synthesis of catechinglucosides by transglycosylation with Leuconostoc mesenteroides sucrose phosphorylase. ." Biosci Biotech Biochem 57: 2010-2015.

Knekt, P., Kumpulainen, J., Järvinen, R., Rissanen, H., Heliövaara, M., Reunanen, A., Hakulinen, T. y Aromaa, A. (2002). "Flavonoid intake and risk of chronic diseases." The American Journal of Clinical Nutrition 76(3): 560-568.

Kontogianni, A., Skouridou, V., Sereti, V., Stamatis, H. y Kolisis, F.N. (2001). "Regioselective acylation of flavonoids catalyzed by lipase in low toxicity media." European Journal of Lipid Science and Technology 103(10): 655-660.

Kontogianni, A., Skouridou, V., Sereti, V., Stamatis, H. y Kolisis, F.N. (2003). "Lipase-catalyzed esterification of rutin and naringin with fatty acids of medium carbon chain." Journal of Molecular Catalysis B: Enzymatic 21(1-2): 59-62.

Kühnau, J. (1976). "The Flavonoids: a class of semi-essential food components: their role in human nutrition." World Review of Nutrition and Dietetics 24: 117-190.

Laughton, M.J., Halliwell, B., Evans, P.J., Robin, J. y Hoult, S. (1989). "Antioxidant and pro-oxidant actions of the plant phenolics quercetin, gossypol and myricetin: Effects on lipid peroxidation, hydroxyl radical generation and bleomycin-dependent damage to DNA." Biochemical Pharmacology 38(17): 2859-2865.

Le Marchand, L., Murphy, S.P., Hankin, J.H., Wilkens, L.R. y Kolonel, L.N. (2000). "Intake of Flavonoids and Lung Cancer." Journal of the National Cancer Institute 92(2): 154-160.

Le marchand, L. (2002). "Cancer preventive effects of flavonoids--a review." Biomedecine & Pharmacotherapy 56(6): 296-301.

Lee, H.P., Lee, J., Gourley, L., Duffy, S.W., Day, N.E. y Estève, J. (1991). "Dietary effects on breast-cancer risk in Singapore." The Lancet 337(8751): 1197-1200.

Leuenberger, H. (1990). "Biotransformations. A useful tool in organic chemistry." Pure & Appl. Chem 62(4): 753-768.

Lin, J., Zhang, S.M., Wu, K., Willett, W.C., Fuchs, C.S. y Giovannucci, E. (2006). "Flavonoid Intake and Colorectal Cancer Risk in Men and Women." American Journal of Epidemiology 164(7): 644-651.

Martinelle, M., Holmquist, M. y Hult, K. (1995). "On the interfacial activation of Candida antarctica lipase A and B as compared with Humicola lanuginosa lipase." Biochimica et Biophysica Acta (BBA) - Lipids and Lipid Metabolism 1258(3): 272-276.

Matsuo, M., Sasaki, N., Saga, K. y Kaneko, T. (2005). "Cytotoxicity of flavonoids toward cultured normal human cells." Biological and Pharmaceutical Bulletin 28(2): 253-259.

Mellou, F., Lazari, D., Skaltsa, H., Tselepis, A.D., Kolisis, F.N. y Stamatis, H. (2005). "Biocatalytic preparation of acylated derivatives of flavonoid glycosides enhances their antioxidant and antimicrobial activity." Journal of Biotechnology 116(3): 295-304.

Mellou, F., Loutrari, H., Stamatis, H., Roussos, C. y Kolisis, F.N. (2006). "Enzymatic esterification of flavonoids with unsaturated fatty acids: Effect of the novel esters on vascular endothelial growth factor release from K562 cells." Process Biochemistry 41(9): 2029-2034.

Merck, S.A. (2000). "Industrias Químicas: Bioflavonoides: Quercetina y Rutina. Informe a Profesionales."

Middleton, E., Kandaswami, C. y Theoharides, T.C. (2000). "The Effects of Plant Flavonoids on Mammalian Cells:Implications for Inflammation, Heart Disease, and Cancer." Pharmacological Reviews 52(4): 673-751.

Moridani, M.Y., Galati, G. y O'brien, P.J. (2002). "Comparative quantitative structure toxicity relationships for flavonoids evaluated in isolated rat hepatocytes and HeLa tumor cells." Chemico-Biological Interactions 139(3): 251-264.

Nakajima, N., Ishihara, K., Hamada, H., Kawabe, S.-I. y Furuya, T. (2000). "Regioselective acylation of flavonoid glucoside with aromatic acid by an enzymatic reaction system from cultured cells of Ipomoea batatas." Journal of Bioscience and Bioengineering 90(3): 347-349.

Nakajima, N., Ishihara, K., Itoh, T., Furuya, T. y Hamada, H. (1999). "Lipase-catalyzed direct and regioselective acylation of flavonoid glucoside for mechanistic investigation of stable plant pigments." Journal of Bioscience and Bioengineering 87(1): 105-107.

Nielsen, P.M., Brask, J. y Fjerbaek, L. (2008). "Enzymatic biodiesel production: Technical and economical considerations." European Journal of Lipid Science and Technology 110(8): 692-700.

Otto, R., Geers, B., Weiss, A., Petersohn, D., Schlotmann, K. y Schroeder, K. (2001). "Novel flavone glycoside derivatives for use in cosmetics, pharmaceuticals and nutrition." WO 0179245.

Otto, R.T., Scheib, H., Bornscheuer, U.T., Pleiss, J., Syldatk, C. y Schmid, R.D. (2000). "Substrate specificity of lipase B from Candida antarctica in the synthesis of arylaliphatic glycolipids." Journal of Molecular Catalysis B: Enzymatic 8(4-6): 201-211.

Pace-Asciak, C.R., Hahn, S., Diamandis, E.P., Soleas, G. y Goldberg, D.M. (1995). "The red wine phenolics trans-resveratrol and quercetin block human platelet aggregation and eicosanoid synthesis: Implications for protection against coronary heart disease." Clinica Chimica Acta 235(2): 207-219.

Paiva, A.L., Balcão, V.M. y Malcata, F.X. (2000). "Kinetics and mechanisms of reactions catalyzed by immobilized lipases." Enzyme and Microbial Technology 27(3-5): 187-204.

Pandey, A., Benjamin, S., Soccol, C.R., Nigam, P., Krieger, N. y Soccol, V.T. (1999). The realm of microbial lipases in biotechnology. Biotechnology and Applied Biochemistry, Blackwell Publishing Ltd. **29:** 119-131.

Passicos, E., Santarelli, X. y Coulon, D. (2004). "Regioselective acylation of flavonoids catalyzed by immobilized Candida antarctica lipase under reduced pressure." Biotechnology Letters 26(13): 1073-1076.

Peterson, J. y Dwyer, J. (1998). "Flavonoids: Dietary occurrence and biochemical activity." Nutrition Research 18(12): 1995-2018.

Peterson, J.J., Beecher, G.R., Bhagwat, S.A., Dwyer, J.T., Gebhardt, S.E., Haytowitz, D.B. y Holden, J.M. (2006a). "Flavanones in grapefruit, lemons, and limes: A compilation and review of the data from the analytical literature." Journal of Food Composition and Analysis 19(Supplement 1): S74-S80.

Peterson, J.J., Dwyer, J.T., Beecher, G.R., Bhagwat, S.A., Gebhardt, S.E., Haytowitz, D.B. y Holden, J.M. (2006b). "Flavanones in oranges, tangerines (mandarins), tangors, and tangelos: a compilation and review of the data from the analytical literature." Journal of Food Composition and Analysis 19(Supplement 1): S66-S73.

Pietta, P.-G. (2000). "Flavonoids as Antioxidants." Journal of Natural Products 63(7): 1035-1042.

Ranelletti, F.O., Ricci, R., Larocca, L.M., Maggiano, N., Capelli, A., Scambia, G., Benedetti-Panici, P., Mancuso, S., Rumi, C. y Piantelli, M. (1992). "Growth-inhibitory effect of quercetin and presence of type-II estrogen-binding sites in human colon-cancer cell lines and primary colorectal tumors." International Journal of Cancer 50(3): 486-492.

Rice-Evans, C. y Packer, L. (1998). *Flavonoids in health and disease*. New York, Marcel Dekke.

Rice-Evans, C.A., Miller, N.J. y Paganga, G. (1996). "Structure-antioxidant activity relationships of flavonoids and phenolic acids." Free Radical Biology and Medicine 20(7): 933-956.

Riva, S., Danieli, B. y Luisetti, M. (1996). "A Two-Step Efficient Chemoenzymatic Synthesis of Flavonoid Glycoside Malonates." Journal of Natural Products 59(6): 618-621.

Salem, J.H., Humeau, C., Chevalot, I., Harscoat-Schiavo, C., Vanderesse, R., Blanchard, F. y Fick, M. (2010). "Effect of acyl donor chain length on isoquercitrin acylation and biological activities of corresponding esters." Process Biochemistry 45(3): 382-389.

Scambia, G., Ranelletti, F.O., Panici, P.B., Piantelli, M., Bonanno, G., De Vincenzo, R., Ferrandina, G., Rumi, C., Larocca, L.M. y Mancuso, S. (1990). "Inhibitory effect of quercetin on OVCA 433 cells and presence of type II oestrogen binding sites in primary ovarian tumours and cultured cells." British Journal of Cancer 62: 942-947.

Serra, S., Fuganti, C. y Brenna, E. (2005). "Biocatalytic preparation of natural flavours and fragrances." Trends in Biotechnology 23(4): 193-198.

Skibola, C.F. y Smith, M.T. (2000). "Potential health impacts of excessive flavonoid intake." Free Radical Biology and Medicine 29(3-4): 375-383.

Spencer, J.P.E., Abd El Mohsen, M.M. y Rice-Evans, C. (2004). "Cellular uptake and metabolism of flavonoids and their metabolites: implications for their bioactivity." Archives of Biochemistry and Biophysics 423(1): 148-161.

Stahl, W., Ale-Agha, N. y Polidori, M. (2002). *Non-antioxidant properties of carotenoids*. Berlin, ALLEMAGNE, de Gruyter.

Stevenson, D.E., Wibisono, R., Jensen, D.J., Stanley, R.A. y Cooney, J.M. (2006). "Direct acylation of flavonoid glycosides with phenolic acids catalysed by Candida antarctica lipase B (Novozym 435)." Enzyme and Microbial Technology 39(6): 1236-1241.

Suzuki, S., Takada, T., Sugawara, Y., Muto, T. y Ryo, R. (1991). "Quercetin Induces Recombinational Mutations in Cultured Cells as Detected by DNA Fingerprinting." Cancer Science 82(10): 1061-1064.

Tereschuk, M.L., Riera, M.V.Q., Castro, G.R. y Abdala, L.R. (1997). "Antimicrobial activity of flavonoids from leaves of Tagetes minuta." Journal of Ethnopharmacology 56(3): 227-232.

Uppenberg, J., Öhrner, N., Noria, M., Hule, K., Kleywegt, G., Patear, S., Waagen, V., Anthonsen, T. y Jones, T. (1995). "Crystallographic and molecular-modeling studies of lipase B from Candida antarctica reveal a stereospecificity pocket for secondary alcohol." Biochemistry (Washington) 34: 16838-16851.

Ursini, F., Maiorino, M., Morazzoni, P., Roveri, A. y Pifferi, G. (1994). "A novel antioxidant flavonoid (IdB 1031) affecting molecular mechanisms of cellular activation." Free Radical Biology and Medicine 16(5): 547-553.

Williams, C.A. y Grayer, R.J. (2004). "Anthocyanins and other flavonoids." Natural Product Reports 21(4): 539-573.

Wu, A.H., Koh, W.P., Wang, R., Lee, H.P. y Yu, M.C. (2008). "Soy intake and breast cancer risk in Singapore Chinese Health Study." British Journal of Cancer 99(1): 196-200.

Yang, M., Davies, G.J. y Davis, B.G. (2007). "A Glycosynthase Catalyst for the Synthesis of Flavonoid Glycosides." Angewandte Chemie 119(21): 3959-3962.

Yoshida, M., Sakai, T., Hosokawa, N., Marui, N., Matsumoto, K., Fujioka, A., Nishino, H. y Aoike, A. (1990). "The effect of quercetin on cell cycle progression and growth of human gastric cancer cells." FEBS Letters 260(1): 10-13.

Youn, S.H., Kim, H.J., Kim, T.H. y Shin, C.S. (2007). "Lipase-catalyzed acylation of naringin with palmitic acid in highly concentrated homogeneous solutions." Journal of Molecular Catalysis B: Enzymatic 46(1-4): 26-31.

CAPÍTULO II

LOS FLAVONOIDES DE CITRUS

2.1 DISTRIBUCIÓN, FRECUENCIA Y PROPIEDADES DE FLAVONOIDES CÍTRICOS

2.1.1 Descripción estructural de flavonoides de *Citrus*.

Tripoli ha realizado una revisión sobre flavonoides de *Citrus* (Tripoli y cols., 2007). En base a su revisión se presentan a continuación los principales aspectos de estas sustancias.

Los flavonoides se dividen según sus estructuras en seis clases (Figura 2.1): flavonas, flavanonas, flavonoles, isoflavonas, antocianinas y flavanoles o catequinas (Peterson y Dwyer, 1998).

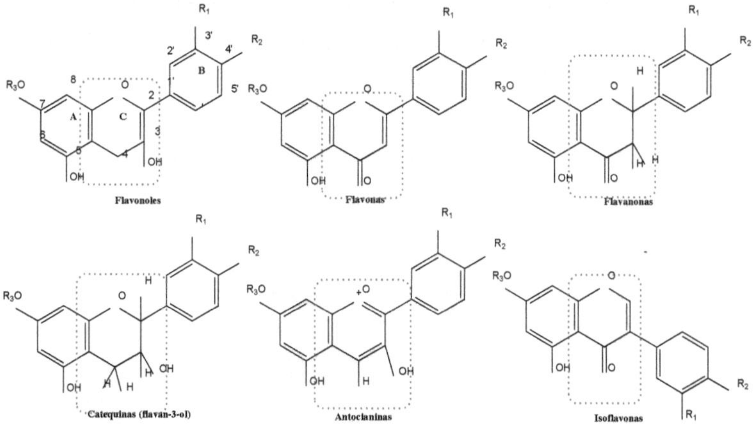

Figura 2.1 Estructuras básicas de varias clases de flavonoides. R_1 y R_2 pueden ser –H. –OH o $–OCH_3$. R_3 puede ser -OH o glicósidos. El recuadro en rojo encierra el anillo C en el cual se dan diferentes grados de oxidación que derivan en diferentes clases de flavonoides.

Los flavonoides de frutas cítricas abarcan más de 60 tipos de acuerdo a 5 de las clases mencionadas (Horowitz y Gentili, 1977): flavonas, flavanonas, flavonoles, flavanoles y antocianinas (las últimas sólo en naranjas sanguíneas) y están presentes en las formas de glicósidos o de agliconas. Entre las formas de agliconas, naringenina y hesperetina son las flavanonas más abundantes. Las flavanonas usualmente están presentes en forma diglicosídica, confiriéndoles a las frutas de *Citrus* su sabor característico. Dentro de las formas glicosídicas se clasifican dos tipos de especies: neohesperidósidos y rutinósidos (Macheix y cols., 1990). Las flavanonas neohesperidósidas naringina, neohesperidina y neoeriocitrina consisten en la flavanona con neohesperidosa (ramnosil-α-1,2 glucosa) y tienen sabor amargo, mientras que las formas rutinósidas tales como hesperidina, narirrutina y eriocitrina, poseen una flavanona y el disacárido rutinosa (ramnosil-α-1,6 glucosa) y son insípidas (Tabla 2.1). Entre los flavonoides de *Citrus* las antocianinas derivan de piranos o flavanos y es el oxígeno quien atribuye las propiedades básicas de estas moléculas y pueden encontrarse en forma de agliconas (Lee, 2002). Las catequinas, leucoantocianinas y proantocianinas pertenece al grupo de flavanoles y pueden encontrarse en forma de monómeros, dímeros o trímeros (Cook y Samman, 1996).

Tabla 2.1 Estructuras de flavanonas de *Citrus*: agliconas y glicósidos.

Compuesto	Estructura	Peso molecular	Formula molecular
Agliconas de flavanonas	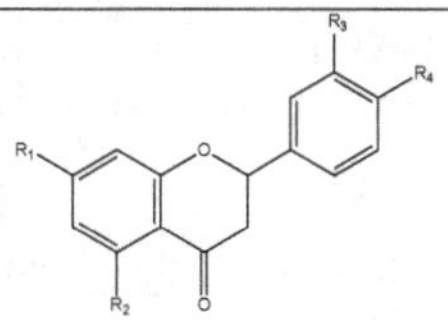		
Naringenina 4′,5,7-trihidroxiflavanona	R1= OH; R2= OH; R3= H; R4= OH	272 Da	$C_{15}O_5H_{12}$
Hesperetina 3′,5,7-trihidroxi-4'-metoxiflavanona	R1= OH; R2= OH; R3= OH; R4= OCH_3	302 Da	$C_{16}O_6H_{14}$
Eriodictiol 3′,4',5,7-tetrahidroxiflavanona	R1= OH; R2= OH; R3 = OH; R4 = OH	288 Da	$C_{15}O_6H_{12}$

Rutinósidos de flavanonas	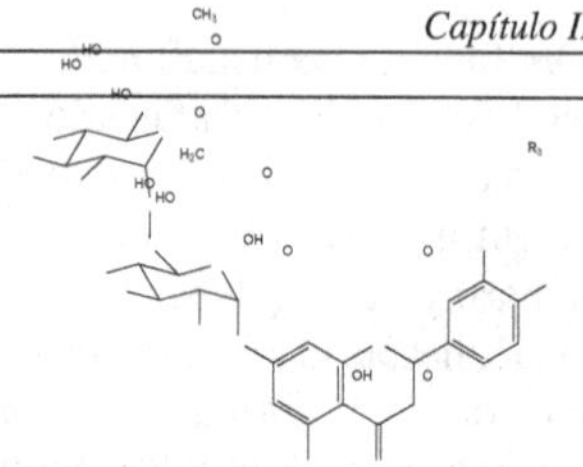		
Narirrutina	R3= H; R4= OH	580 Da	$C_{27}O_{14}H_{32}$
4',5,7-trihidroxiflavonona-7-(6-O-α-L-ramnopiranosil-D-glucopiranósido)			
Hesperidina	R3= OH; R4= OCH_3	610 Da	$C_{28}O_{15}H_{34}$
3',5,7-trihidroxi-4'-metoxiflavanona-7-(6-O-α-L-ramnopiranosil-β-D-glucopiranósido)			
Eriocitrina	R3= OH; R4= OH	596 Da	$C_{27}O_{15}H_{32}$
3',4',5,7-tetrahidroxiflavona-7-(6-O-α-L-ramnopiranosil-D-glucopiranósido)			
Neohesperidósidos de flavanonas	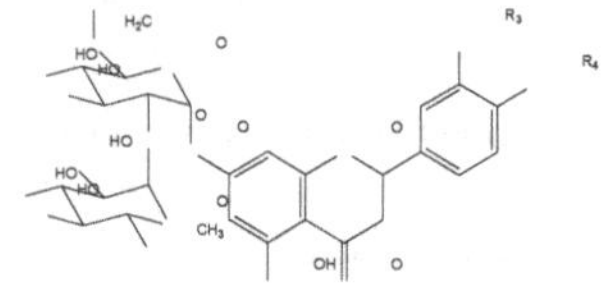		
Naringina	R3= H; R4= OH	580 Da	$C_{27}O_{14}H_{32}$
4',5,7-trihidroxiflavonona-7-(2-O-α-L-ramnopiranosil-β-D-glucopiranósido)			
Neohesperidina	R3= OH; R4= OCH_3	610 Da	$C_{28}O_{15}H_{34}$
3',5,7-trihidroxi-4'-metoxiflavanona-7-(2-O-α-L-ramnopiranosil-β-D-glucopiranósido)			
Neoeriocitrina	R3= OH; R4= OH	596 Da	$C_{27}O_{15}H_{32}$
3',4',5,7-tetrahidroxiflavonona-7-(2-O-α-L-ramnopiranosil-β-D-glucopiranósido)			

2.1.2 Distribución de flavonoides de *Citrus.*

Las cáscaras y semillas de *Citrus* son ricas en ácidos fenólicos y flavonoides. En general, las cáscaras contienen más flavonoides que las semillas (Yusof y cols., 1990). Sin embargo estas fracciones no forman parte de la dieta ya que no son ingeridas. Las 7-O-glicosilflavanonas son los flavonoides más abundantes en todos los frutos cítricos (Lewinsohn y cols., 1989); las flavanonas neohesperidósidas más abundantes son naringina, neohesperidina y neoeriocitrina y se presentan mayoritariamente en bergamotas, pomelos y naranjas amargas. Las flavanonas rutinósidas hesperidina, narirrutina se presentan en bergamotas, naranjas, mandarinas y limones, mientras que eriocitrina sólo se haya en limas y limones (Horowitz, 1986; Peterson y cols., 2006a; Peterson y cols., 2006b).

Para una dada fruta, la composición en semillas y cáscaras pueden ser muy distintas. Por ejemplo, la semilla de limón contiene principalmente eriocitrina y hesperidina, mientras que la cáscara es rica en neoeriocitrina, naringina y neohesperidina. Por otra parte, las proporciones de las flavanonas glicosiladas pueden ser muy diferentes: neoeriocitrina y naringina tienen concentraciones similares en la cáscara, mientras que en la semilla eriocitrina es 40 veces más abundante que naringina (Bocco y cols., 1998).

Neohesperidina, naringina y eriocitrina pueden extraerse de las cáscaras de frutas de *Citrus*. La concentración de las flavanonas en el fruto depende de la edad de la planta y normalmente los mayores niveles de concentración se encuentran en tejidos que presentan una elevada división celular (Benavente-García y Castillo, 2008). Las naranjas amargas son un interesante recurso para obtener neohesperidina y naringina. Estos compuestos pueden utilizarse para la producción de edulcorantes, transformándolos en neohesperidina dihidrochalcona (Horowitz y Bruno, 1968). Las semillas de bergamotas son el recurso más concentrado en los glicósidos de flavanonas naringina y neohesperidina. Los limones son muy ricos en eriocitrina y hesperidina (Tripoli y cols., 2007). Todas las otras frutas de *Citrus* poseen pequeñas cantidades de naringina. La composición de glicósidos de flavanonas de cáscaras y semillas suelen ser muy distintas a la composición de los jugos de estas frutas. Eriocitrina, 6,8-di-C-β-glicosildiosmina y 6-C-β-glicosildiosmina son particularmente abundantes en limones y limas, pero están ausentes en otras frutas de *Citrus* (Miyake y cols., 1998). Por ello, los desechos sólidos (cáscaras y semillas) que genera la industrialización de cítricos, son un recurso interesante para la obtención de flavanonas.

Las antocianinas constituyen los compuestos coloridos de flores y frutas, pero algunas veces también se encuentran en las hojas, brotes y raíces (Herrmann, 1976). Ellas suelen presentarse en el epicarpio pero suelen dar color al mesocarpio de naranjas. El contenido de antocianinas es fuertemente dependiente del estado de maduración de las frutas. Derivados de antocianinas tales como leucoantocianinas y proantocianinas (formas oligoméricas de antocianinas) no son exclusivas de frutas de *Citrus* ya que se encuentran en otros vegetales (Tripoli y cols., 2007).

2.1.3 Propiedades asignadas a los flavonoides cítricos.

Los flavonoides de *Citrus* no solo juegan un importante rol fisiológico y ecológico, sino además poseen un importante interés económico ya que tienen aplicaciones en industrias de alimentos y fármacos (Benavente-Garcia y cols., 1997). Por ejemplo en la industria de alimentos naringina puede ser utilizada como un saborizante natural para dar sabor amargo a alimentos tales como mermeladas y aguas tónicas o bebidas sabor pomelo, mientras que en la industria farmacéutica se recomienda para reducir niveles de colesterol, controlar inflamaciones o complicaciones derivadas de la diabetes, reducir reacciones alérgicas y prevenir ciertos tipos de cáncer (Ellenrieder, 2004; Benavente-García y Castillo, 2008). Además se ha reportado que los flavonoides de *Citrus* poseen propiedades antimicrobianas, antivirales y antioxidantes (Benavente-Garcia y cols., 1997; Tirillini, 2000; Peterson y cols., 2006a; Rhodes y cols., 2006; Fisher y Phillips, 2008). Muchas de las actividades de los flavonoides cítricos parecen tener impacto en las células microvasculares endoteliales, por lo que no es sorprendente que las dos áreas principales de investigación de la acción de los flavonoides cítricos hayan sido inflamaciones y cáncer (Manthey y cols., 2001). En la actualidad es posible encontrar medicamentos conteniendo flavonoides de *Citrus* para el tratamiento de insuficiencia venosa crónica, tratamiento de hemorroides y hemorragia nasal (Lyseng-Williamson y Perry, 2003; Ellenrieder, 2004; Misra y Imlitemsu, 2005).

Los flavonoides han sido estudiados por más de 50 años y a pesar de esto el mecanismo celular envuelto en sus acciones biológicas aun no han sido comprendidos (Depeint y cols., 2002). Muchas de las propiedades farmacológicas de los flavonoides de *Citrus* pueden ser asociadas a la habilidad que estos compuestos poseen para inhibir enzimas envueltas en la activación celular y en algunos casos se han encontrado algunas correlaciones de estructura – actividad enzimática (Le Marchand, 2002; Yañez y cols., 2004). Otras investigaciones han demostrado que algunos flavonoides cítricos son potentes capturadores de radicales y por ende, capaces de ayudar en muchas enfermedades degenerativas que involucran especies oxigenadas reactivas (Benavente-Garcia y cols., 1997).

2.1.4 Valores seguros de ingesta de flavonoides cítricos.

No se encontraron artículos sobre estudios de toxicidad en humanos de ninguno de los flavonoides puros estudiados en esta tesis. Sin embargo, existen citas que reportan elevados valores de dosis letal medio (LD50) en animales para naringina: Intraperitoneal en ratas 2 g kg^{-1}, intraperitoneal en cerdo de Guinea 2 g kg^{-1} (Schafer y Bowles, 1985) y oral en ratón 1,65 g kg^{-1} (Han y You, 1988). Por su parte, la LD50 de hesperidina por vía intraperitoneal en ratones es de 1g kg^{-1} (The-Good-Scents-Company, 2011). Además se encontró un trabajo de toxicidad en el que se determinó la LD50 en animales de Daflon® 500 mg, que es un medicamento vasoprotector venotónico cuyo principio activo es una mezcla de flavonoides cítricos (90 % diosmina y 10 % de otros flavonoides expresados como hesperidina), es mayor a 3 g kg^{-1} con ausencia de cualquier efecto tóxico por repetidas dosis orales durante 26 semanas, usando una dosis equivalente a 35 veces la dosis terapéutica (Meyer, 1994). Para dimensionar estos valores, se presenta el valor de LD50 para NaCl que es igual al de Daflon® (via Oral en rata: 3 g kg^{-1}) (Generic EU, 2011).

Aunque a ninguno de los flavonoides cítricos mayoritarios se les han determinado la Ingesta Diaria Admisible (IDA) - cantidad de cualquier aditivo de comida expresada como mg por kg de peso corporal que puede ser consumida diariamente durante toda la vida sin que se produzcan riesgos en la salud - sí se dispone del valor de IDA establecido por el Comité Mixto FAO/OMS de Expertos en Aditivos Alimentarios (JECFA) para su homologo neohesperidina dihidrochalcona (un edulcorante no calórico), que es neohesperidina dihidrogenada en el O del anillo C, cuyo valor es 5 mg kg^{-1} (S.C.F, 1989) siendo este valor al menos un orden mayor que el de los antioxidantes más empleados: terbutilhidroxianisol (BHA) y terbutilhidroxitolueno (BHT) 0,3 mg kg^{-1} y 0,125 mg kg^{-1}, respectivamente.

2.2 IMPORTANCIA ECONÓMICA DE LOS CÍTRICOS EN EL NOROESTE ARGENTINO

Argentina es uno de los productores mundiales más importantes de cítricos. La Federación Argentina del *Citrus* (Federcitrus) realiza anualmente un completo informe de la actividad citrícola en Argentina. Los datos económicos de este capítulo se obtuvieron del Informe de Federcitrus 2009.

Según el Instituto Nacional de Tecnología Agropecuaria (INTA) la producción de frutas cítricas frescas en el país superó los 2,9 millones de toneladas en el 2009 (Justo y Rivera, 2009), siendo el grupo de frutas más producido, superando por más de 1,3 millones de toneladas a las frutas de pepitas (manzanas y peras). El desglose de la producción por variedad de *Citrus* en la República Argentina y su comparación con la producción mundial (Tabla 2.2) revela la gran participación que tiene Argentina en la producción y exportación de *Citrus*. La participación de Argentina en la industrialización de frutas cítricas dentro del conjunto mundial y en el hemisferio Sur también es de suma importancia (Tabla 2.3), adquiriendo un volumen del mercado mundial próximo al 38% en el caso del limón industrializado.

El mapa productivo de la actividad citrícola en nuestro país muestra que la región Noroeste (Tucumán, Salta, Jujuy y Catamarca) concentra el 65% de la producción nacional (Tabla 2.4) y la producción discriminada por provincias y por fruta (Tabla 2.5) muestra a Salta como el mayor productor de pomelos (182.000 toneladas métricas - tm) y a Tucumán de limones (1.182.000 tm). En relación a la producción de naranjas, la región Noroeste produce 336.000 tm, valor comparable con lo producido en Entre Ríos (442.000 tm), principal productor de naranjas del país.

Tabla 2.2 Producción y exportación de frutas cítricas frescas en Argentina y el Mundo (2008). Fuente: World Horticultural Trade & U.S. Export Opportunities - U.S. Department of Agriculture. Abril 2008. MGAP-DIEA Rep. Oriental del Uruguay.

Especie	Producción			Exportación		
	Producción (10^3 tm)		Argentina/Mundo	Producción (10^3 tm)		Argentina/Mundo
	Mundo	Argentina	(%)	Mundo	Argentina	(%)
Naranja	49945	942	1,89	3818	134	3,51
Mandarina	19572	411	2,10	1539	92	5,98
Pomelo	5258	244	4,64	845	32	3,83
Limón	6626	1362	20,6	1482	396	26,7
Total	81401	2959	3,64	7684	654	8,51

Tabla 2.3 Industrialización de frutas cítricas en Argentina y el Mundo (2007/2008). Fuente: World Horticultural Trade & U.S. Export Opportunities - U.S. Department of Agriculture. April 2009.

Especies	% Industrializado Argentina/Mundo	% Industrializado Argentina/S.América
Limón	38,00	88,73
Pomelo	8,91	38,11
Naranja	5,17	1,74
Mandarina	0,91	s/d

Tabla 2.4 Producción de Citrus en Argentina discriminada por región (2007/2008).

Región	Porcentaje de la Producción Total
Noroeste Argentino (Tucumán, Salta, Jujuy, Catamarca)	63,84
Noreste Argentino (Entre Ríos, Corrientes, Misiones, Buenos Aires)	35,08
Otros	1,08

Tabla 2.5 Producción de Citrus en Argentina, 2007-2008 en Toneladas. S/D: sin determinar. Fuente: Instituto Nacional de Tecnología Agropecuaria (INTA) - Informes Regionales 2008. Secretaria de Agricultura, Ganadería, Pesca y Alimentación - SAGPyA.

PROVINCIAS	Naranjas	Mandarina	Pomelo	Limón	Total
Entre Ríos	442102	251317	6656	16253	716328
Tucumán	38000	7000	3500	1181400	1229900
Misiones	12960	50776	3568	7242	74546
Salta	182400	14760	182400	85500	465060
Corrientes	130000	50000	5000	35000	220000
Buenos	21000	5500	150000	450000	27100
Jujuy	105128	23037	11270	35365	174800
Catamarca	10000	8000	900000	500000	19400
Chaco	300000	150000	7980	360000	8790
Formosa	651000	90000	22271	120000	23132
Resto del País	SD	SD	SD	SD	SD
TOTAL	942541	410630	243695	1362190	2959056

Los destinos de la producción de fruta fresca son la industrialización (43 %), el consumo interno (27 %) y la exportación (22 %) (SENASA - Oficina de estadísticas de Comercio Exterior, INTA, CICA y FEDERCITRUS, 2008). Lo que resta para completar el 100 % de la producción es pérdida pre- y post-cosecha que se estima en el orden del 10 % (Federcitrus, 2009).

Entre los desechos que se generan en la actividad citrícola figuran principalmente los de precosecha que consiste en frutos pequeños abortados naturalmente por las plantas cuyo volumen anual ronda las 290.000 tm considerando las especies de *Citrus* mayoritarias (10 % de la producción total). El otro gran volumen de desechos de la actividad está compuesto por las cáscaras y semillas que quedan luego de la extracción de jugo. Si se consideran las cantidades de frutas cítricas producidas en la región del noroeste argentino, los porcentajes de éstas que se destinan a la industrialización y, además, se tiene en cuenta el porcentaje (p/p) de estas fuentes en el fruto fresco (aproximadamente un 40 % para pomelos y naranjas y 50 % para limones), puede calcularse que anualmente se producen 2.300 tm de cáscaras de naranja, 28.000 tm de cáscaras de pomelo y 520.000 tm cáscaras de limón. Si bien, las cáscaras, particularmente las de limón, luego de la extracción del jugo son usadas para la extracción de aceite esenciales y pectinas alimentarias (Miyake y cols., 1997), la extracción de flavonoides podría ser una alternativa interesante, en especial si se emplean las semillas.

La utilización de estos desechos para extraer flavonoides conduciría no solo a un aprovechamiento integral del fruto para alcanzar una mayor rentabilidad en la actividad productiva, sino además a disminuir el volumen de desechos sólidos a disponer.

2.3 EXTRACCIÓN DE FLAVONOIDES DE *CITRUS*

Ya se ha mencionado el interés que presentan los flavonoides de frutas cítricas por las propiedades que se les atribuyen. Sumado a este hecho, está la gran disponibilidad de materia prima para extraerlos provenientes de desechos que genera la industria citrícola.

La recuperación de naringina y hesperidina a partir de cáscaras y frutos de *Citrus* ya ha sido ampliamente estudiada por varios investigadores habiéndose patentado hace más de 60 años metodologías para extraerlos (Higby, 1944; Baier, 1947). En cuanto a la obtención de neohesperidina y eriocitrina, no se encontraron referencias de patentes para la obtención de estas sustancias a escala de planta piloto, pero si se encontraron trabajos científicos en los que se ha estudiado sus metodologías de extracción.

Las técnicas de obtención de flavonoides de *Citrus* en general consisten en triturar el material fresco hasta un tamaño del orden de un grano de arroz. El material triturado se extrae en batch o en columnas ya sea en corriente o en contracorriente con un solvente extractivo (generalmente agua, soluciones acuosas alcalinas, mezclas hidroalcohólicas o incluso solventes orgánicos) a temperaturas comprendidas entre 20 °C y 80 °C. Luego, el extracto puede sufrir algún tipo de clarificación parcial (centrifugación, filtración, precipitación de pectinas, etc.) seguido de etapas tendientes a concentrar los flavonoides, como ser concentración por evaporación, extracción con solventes orgánicos o enfriamiento para producir la precipitación. Los flavonoides separados del medio luego de ser secados están en condiciones de ser usados, aunque según el destino que posean se han desarrollado metodologías de mayor complejidad para una purificación posterior hasta el grado analítico.

2.3.1 Extracción de naringina, hesperidina y neohesperidina.

En esta tesis se utilizaron flavonoides obtenidos por el grupo de investigación del Dr. Ellenrieder y del Ing. Hugo Geronazzo (Facultad de Ciencias Exactas, INIQUI-UNSa) a través de metodologías sencillas y eficientes a partir de frutos de la región.

Los procesos de extracción de naringina, hesperidina y neohesperidina consisten en usar como materia prima frutas abortadas que poseen menos de 1 cm de diámetro, las cuales se trituran y luego son sometidas a extracción en columna con lecho fijo. Para la obtención de naringina llevada a cobo en el INIQUI se empleó pomelos (*Citrus paradisi*) de variedad Star Ruby, agua como solvente y una temperatura de extracción de 80 °C (Geronazzo y cols., 2000). La obtención de hesperidina se realiza a partir de naranjas (*Citrus sinensis*) variedad Hamlin usando soluciones acuosas de pH 10 como solvente a 70 °C (Macoritto y cols., 2001), mientras que neohesperidina se obtiene de naranjas amargas (*Citrus aurantium*) variedad sp, empleando etanol:agua 25:50 (v/v) a 25 °C (Macoritto y cols., 2004). En estos procesos el extracto se enfría, lo que precipita los flavonoides. El sólido filtrado y lavado se seca en estufa a 50 °C.

La pureza de los flavonoides obtenidos por estas metodologías fueron: naringina 95 %, hesperidina 87 % (que luego de recristalizar en agua llegó al 95 %) y neohesperidina 99 % (purezas comparadas con patrones por HPLC). Las principales impurezas de estas sustancias fueron humedad, azucares reductores (0,08 %, p/p) y menos de 20 ppm de metales pesados totales.

2.3.2 Purificación de naringina, hesperidina y neohesperidina.

Si bien los flavonoides obtenidos por las metodologías descriptas en el apartado anterior pueden ser directamente usados con fines industriales debido a sus elevadas purezas, en esta tesis se decidió purificarlos a un nivel superior al 99 % (por HPLC comparados con patrones) para eliminar cualquier posibilidad de interferencia en los experimentos planificados.

Naringina se purificó en un primer paso recristalizando en agua. Para ello se prepararon soluciones sobresaturadas al 10 % en agua destilada que se disolvieron a 97 °C y se filtraron por papel Wattman 91 en caliente. El filtrado se colocó en heladera hasta la precipitación. Luego se filtró nuevamente por papel recuperando el sólido que se dejó secar en estufa a 50 °C. En una segunda etapa la naringina purificada en agua se disolvió en etanol a ebullición en plancha calefactora, se filtró por papel Whattman 91 y se guardó en heladera para permitir la precipitación. Luego de 24 h se filtró y el sólido se dejó secar en estufa a 80 °C. Por último, la naringina recristalizada en etanol se disolvió en dimetilsulfóxido (DMSO) a temperatura ambiente, se filtró por membrana de nylon. El filtrado se puso bajo campana a 50 °C hasta evaporación total del solvente. De esta forma se obtuvo naringina libre de agua, la cual se conservó en un desecador con sílica-gel. Esta naringina se utilizó para reacciones en medios no acuosos (Capítulo IV).

Para hesperidina y neohesperidina sólo se realizó la recristalización en DMSO. Estos flavonoides se conservaron en frascos cerrados a temperatura ambiente en desecador con sílica-gel.

2.4 EXTRACCIÓN DE ERIOCITRINA

2.4.1 Introducción.

El cuarto flavonoide cítrico empleado fue eriocitrina que tiene un elevado precio en el mercado (1 mg: USD 184, calidad Patrón HPLC de Sigma-Aldrich, Estados Unidos; 100 g: USD 25000, pureza > 98 % por HPLC de Chengdu Biopurify Phytochemicals Ldt, China). Es la glicosil-flavanona de *Citrus* con mayor poder antioxidante y se encuentra principalmente en limones y limas (Peterson y cols., 2006a).

Existen diversas publicaciones donde se presentan metodologías a escala de laboratorio para extraer eriocitrina a partir de diferentes fuentes (Miyake y cols., 1997; Miyake y cols., 1998; Del Río y cols., 2004; Nogata y cols., 2007) y una patente del 2010 en la cual presentan la obtención de un material con eriocitrina (del inglés "eriocitrin-containning material") mediante extracción y concentración con resinas adsorbentes (Hiramitsu y cols., 2010).

Debido al elevado valor de eriocitrina en el mercado y a la complejidad operativa (y al costo asociado) que tienen los métodos actuales para extraer este flavonoide, se decidió desarrollar una metodología propia de extracción a partir de cáscaras de limones maduros provenientes de Tucumán que pudiera suplir nuestras necesidades en cuanto a cantidad y a calidad a través de una metodología sencilla.

2.4.2 Materiales y métodos.

2.4.2a Cuantificación de flavonoides en limones Lisboa.

Los principales flavonoides presentes en las cáscaras de limón son eriocitrina y hesperidina (Del Río y cols., 2004). El primer objetivo fue determinar las concentraciones de estos flavonoides en las diferentes partes del fruto. Se trabajó con limones frescos variedad Lisboa en estado maduro provenientes de Tucumán. Se realizó una separación manual de las partes de la fruta. De esta forma se separaron el albedo, el flavedo, la membrana y el jugo proveniente de las vesículas (Figura 2.2). Para la cuantificación de los flavonoides, las diferentes partes sólidas del fruto se secaron a 50 °C en estufa con circulación de aire forzada y se molieron hasta un tamaño final de 20 mallas. El jugo se filtró por membrana de acetato de celulosa de 45 μm y se conservó a -10 °C hasta su análisis.

Como solventes de extracción se utilizaron dimetilsulfóxido (DMSO) y dimetilformamida (DMF) calidad analítica (Dorwil, Argentina). Además se probaron diferentes mezclas extractivas menos agresivas para comparar el rendimiento de extracción con el alcanzado usando DMSO.

Cada sistema de extracción se preparó con 30 mg de material sólido y 1 mL de solvente (agua, mezclas etanol:agua, DMF, DMSO y mezclas acuosas al 50 % de DMSO y DMF. Las mezclas se dejaron en contacto 2 h a temperatura ambiente con agitación ocasional. Luego, se centrifugaron y se tomaron alícuotas del sobrenadante para analizar por HPLC.

2.4.2b Extracción de flavonoides en albedo de limón con mezclas etanol:agua.

Si bien DMSO y DMF son solventes adecuados para la cuantificación de los flavonoides en pequeñas porciones de muestra, no son los mejores solventes en cuanto a costos para realizar extracciones a escalas mayores. Por ello, en la etapa de extracción se ensayaron mezclas etanol:agua. Para establecer la proporción más conveniente se realizó un perfil de extracción de hesperidina y eriocitrina en función de la temperatura y de la composición de mezcla etanol-agua. Para ello se pusieron en erlenmeyer 1g de albedo fresco con 5 mL de mezclas etanol:agua. Los sistemas se colocaron a diferentes temperaturas con agitación suave durante 2 h. Luego se tomaron alícuotas del sobrenadante que se analizaron por HPLC.

2.4.2c Prueba de adsorción – desorción en diferentes resinas.

Debido a que existen antecedentes de utilización de materiales poliméricos adsorbentes para concentrar sustancias químicas se probaron algunos de los más prometedores para la purificación de eriocitrina (Di Mauro y cols., 1999; Di Mauro y cols., 2002; Scordino y cols., 2005; Nogata y cols., 2007; Hiramitsu y cols., 2010).

Se preparó un extracto de eriocitrina (EE) poniendo en contacto durante 2 h a 20 °C 200 g de albedo fresco de limón con 500 mL de agua. Este EE (480 mL) se diluyó con dos partes de etanol (1 L) y se agitó suavemente durante 1 h para precipitar pectinas. Luego se centrifugó 20 min a 9000 rpm descartando el sólido. El alcohol de esta solución se recuperó en un evaporador rotatorio. El volumen final fue de 100 mL. Esta fracción se denominó extracto concentrado de eriocitrina (ECE).

Sobre este extracto cristalino se realizaron las pruebas de adsorción de flavonoide con los siguientes adsorbentes: carbón activado Darco 20-40 mallas (CA) y resinas Amberlite XAD-7 y XAD-16, todos de Sigma-Aldrich (Alemania). Para ello se pusieron diferentes cantidades (100 o 200 mg) de cada adsorbente en erlenmeyer, luego se agregaron 10 mL del ECE y se siguió la concentración de flavonoides en el sobrenadante en función del tiempo por HPLC.

Los adsorbentes enriquecidos se filtraron y secaron a 50 °C. A continuación, se les estudió el perfil de desorción en función del tiempo y de la composición de la mezcla extractiva. A tal fin se colocaron 100 mg de adsorbente enriquecido y 10 mL de diferentes mezclas etanol:agua que se agitaron a temperatura ambiente, tomando muestras del sobrenadante en función del tiempo. Estas muestras se analizaron por HPLC.

2.4.2d Purificación de eriocitrina a partir del extracto concentrado.

La purificación de eriocitrina se realizó a partir del extracto concentrado. A una fracción de ECE de 50 mL se le agregó 0,5 g de resina Amberlite XAD-7 dejando la mezcla 24 h a temperatura ambiente en un baño termostático a 170 rpm. El sobrenadante se analizó por HPLC hasta verificar la desaparición del pico de eriocitrina. En este punto el sobrenadante se descartó y la resina fue secada a 50 °C. Luego se realizó la desorción de eriocitrina desde la resina enriquecida en 30 mL de etanol al 80 % a temperatura ambiente durante 3 h. Estos 30 mL se evaporaron hasta 1,5 mL. Esta fracción se llamó desorbido concentrado de eriocitrina (DCE).

El DCE se purificó en una columna (160 mm x 20 mm) de silicagel C18 (Aldrich, Estados Unidos), sembrando los 1,5 mL. Primero se eluyó con 150 mL de etanol al 15 %, luego se eluyó con 150 mL de etanol 70 % y finalmente se pasaron por la columna 100 mL etanol puro, recogiendo fracciones de 5 mL a las que se les leyó absorbancia (254 nm) en un espectrofotómetro de doble haz Cintra 101 (GBC, Australia). Las fracciones ricas en eriocitrina se juntaron y concentraron hasta 1,5 mL. Esta fracción se analizó por HPLC. Luego, esta fracción se purificó en una columna preparativa SHIM – PACK Prep-ODS 250 mm x 20 mm (Shimadzu, Japón) con fase móvil 70:30, metanol: agua con un flujo de 4 mL min^{-1}.

2.4.2e Cuantificación por HPLC.

Las determinaciones realizadas por HPLC se llevaron a cabo empleando un muestreador automático (Autoinjector 234 de Gilson, Francia), una bomba peristáltica isocrática (Pump 37 de Gilson, Francia), un detector de absorbancia a 280 nm (UV/Visible detector 118 de Gilson, Francia) y un integrador (Chromatopac C-R8A de Shimadzu, Japón) con una columna de fase reversa (LiChrospher RP-8 Merck, 5 μm de 25 cm, Estados Unidos). Como fase móvil se empleó agua: acetonitrilo: metanol: acido acético (75:10:10:5, v/v) a un flujo de 0,8 mL min^{-1}. Los experimentos se realizaron por duplicado.

<u>2.4.3 Resultados y discusión.</u>

2.4.3a Contenido de eriocitrina y hesperidina en limones Lisboa.

Se determinaron los contenidos de eriocitrina y hesperidina en diferentes partes del fruto realizando extracciones con DMSO. Así mismo se determinó si con mezclas menos agresivas que DMSO y DMF se lograban los mismos niveles de extracción.

El contenido de hesperidina y eriocitrina en limones está íntimamente relacionado con el crecimiento del fruto. En un estudio realizado por Del Rio y cols. (2004) sobre tres variedades de limones se encontró que, en promedio, la concentración de hesperidina en frutos recién formados fue de 16 g cada 100 g de material seco (16 g 100 gms^{-1}), mientras que en su estado maduro (150 días de formado) disminuyó a 0,7 g 100 gms^{-1}. Por otra parte, la concentración de eriocitrina en el fruto inmaduro fue de 0,16 g 100 gms^{-1} y en el fruto maduro aumentó a 0,67 g 100 gms^{-1}. Esto justifica trabajar con frutos maduros.

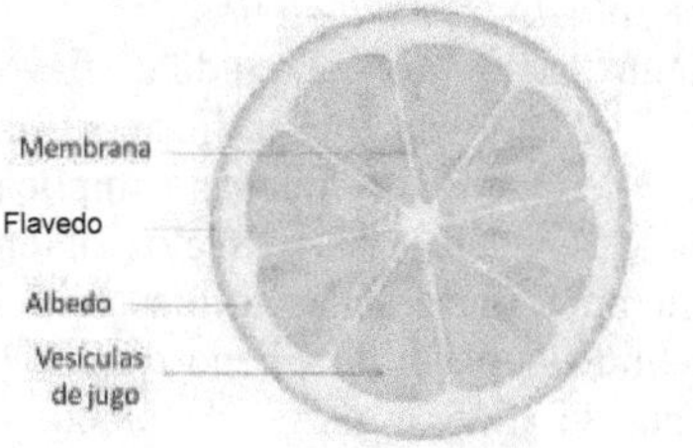

Figura 2.2 Estructura interna de frutas cítricas.

Los resultados de la cuantificación de flavonoides en las diferentes partes del fruto (Figura 2.3) indicaron que el albedo es el tejido más rico tanto en eriocitrina como en hesperidina, alcanzando una concentración de 4,93 g 100 gms^{-1} de hesperidina y 1,61 g 100 gms^{-1} de eriocitrina. Estos resultados concordaron con datos de limones de otras zonas, por ejemplo limones de Murcia (España) sobre los que se informó un contenido de eriocitrina de 1,59 g 100 gms^{-1} en albedo variedad Fino-49 (Del Río y cols., 2004).

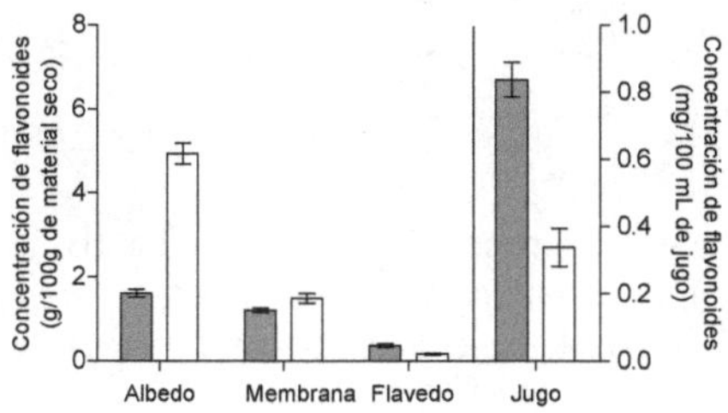

Figura 2.3 Concentración de hesperidina (barras blancas) y eriocitrina (barras grises) en limones Lisboa maduros. Las barras representan el valor promedio con su desviación estándar (n=5).

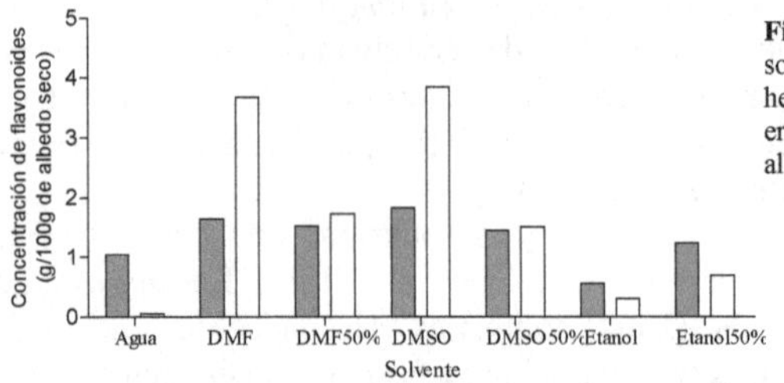

Figura 2.4 Efectividad de diferentes solventes para la extracción de hesperidina (barras blancas) y eriocitrina (barras grises) a partir de albedo seco de limón.

La extracción de flavonoides a partir de albedo seco con los solventes alternativos a DMSO y DMF no tuvieron un rendimiento de extracción adecuado. Agua fue un solvente selectivo a eriocitrina y pudo extraer un 60 % de lo extraído por DMSO (Figura 2.3).

2.4.3b Extracción de flavonoides en albedo fresco de limón.

Si bien para una correcta cuantificación del contenido de flavonoides en las diferentes partes del fruto es conveniente utilizar el material previamente secado y molido, esto trae aparejado muchas complicaciones para el aislamiento de los flavonoides ya que los extractos obtenidos a partir de albedo seco y molido siempre fueron más turbios, difíciles de filtrar y coloridos que aquellos obtenidos a partir de albedo fresco. Por este motivo la extracción de eriocitrina se hizo a partir de albedo fresco. Además, aunque se comprobó que los solventes alternativos no tuvieron los mismos niveles de extracción que DMSO y DMF para la etapa de extracción se eligieron soluciones etanol:agua ya que son los solventes más ampliamente usados para extraer productos que podrían incorporarse a la dieta.

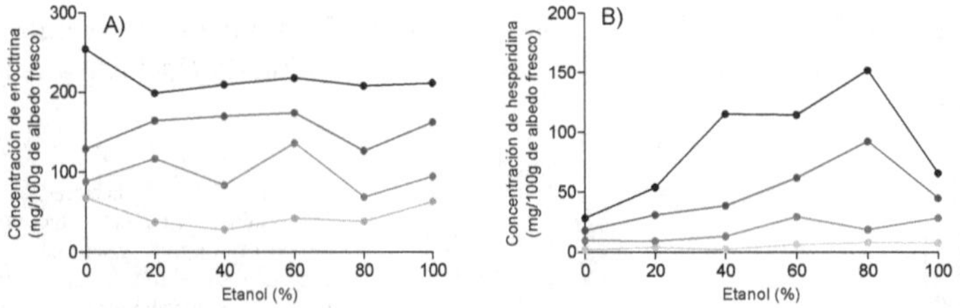

Figura 2.5 Perfil de extracción de eriocitrina (A) y hesperidina (B) en albedo fresco de limón en función de la temperatura (rosado 20 °C, fucsia 50 °C, bordó 70 °C y negro 90 °C) y de la concentración de etanol en mezclas hidroalcohólicas.

Se determino que a medida que la temperatura de extracción aumentó, aumentó la cantidad de flavonoides extraídos, pero también fue mayor la turbidez, lo que se debe al mayor arrastre de pectinas. En cuanto a la composición de la mezcla extractiva, concentraciones elevadas de etanol, favorecieron la extracción de hesperidina. El etanol puro no resultó un buen solvente de extracción. Esto se debe a que impide el hinchamiento de las fibras y la extracción es parcial (Hemwimon y cols., 2007). El agua resultó un solvente selectivo a eriocitrina a todas las temperaturas.

Puede verse en la Figura 2.5 que agua a 90 °C es la mejor condición de extracción de eriocitrina. Sin embargo, el aumento de temperatura también aumentó la extracción de sustancias secundarias como azúcares y pectinas, además de causar un aumento del color de la solución tal vez por la oxidación de concomitantes. Esto presentó una situación de compromiso entre mayor concentración o mayor pureza. Se decidió trabajar con el extracto que se obtiene tratando albedo fresco con agua destilada a temperatura ambiente.

2.4.3c Prueba de adsorción – desorción en diferentes resinas.

Se probaron 3 materiales para la adsorción/desorción de eriocitrina y hesperidina. En cuanto al perfil de adsorción, se determinó que tanto el carbón activado como la resina polar no iónica Amberlite XAD-7 poseen capacidad de adsorber ambos flavonoides, aunque no se determinó selectividad por alguno de ellos en especial. La resina Amberlite XAD-16 no presentó afinidad por los flavonoides estudiados (Figura 2.6).

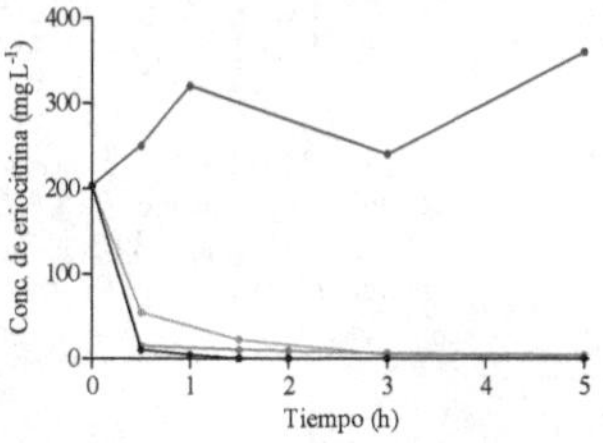

Figura 2.6 Prueba de adsorción en función del tiempo para diferentes adsorbentes: XAD-7 (100 mg) naranja, XAD-7 (200 mg) rojo, XAD-16 (100 mg) azul y carbón activado (100 mg) negro. Cada punto indica la concentración de eriocitrina en el sobrenadante luego de la adsorción.

En cuanto a la desorción, los flavonoides no pudieron recuperarse del carbón activado incluso desorbiendo con etanol al 100 % (datos no presentados). Para la resina XAD-7 las desorciones más efectivas se lograron con mezclas etanol-agua con porcentajes de alcohol superiores al 80 % recuperándose más del 90 % de los flavonoides adsorbida en 2 h (Figura 2.7).

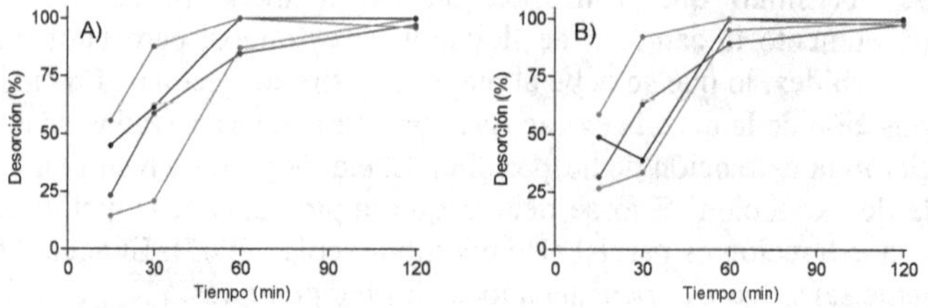

Figura 2.7 Desorción de hesperidina (A) y de eriocitrina (B) de la resina XAD-7 con diferentes mezclas (v/v) etanol-agua: 40 % (rojo), 60% (azul), 80 % (negro) y 100 % (verde).

2.4.3d Purificación de eriocitrina.

La eriocitrina se purificó a partir del desorbido concentrado (DCE) el cual se obtuvo como se detalla en materiales y métodos. El DCE se pasó por una columna abierta de fase reversa (C18) eluyendo con etanol al 15 %, 70 % y 100 %. A las fracciones recogidas (5 mL) se les leyó la absorbancia a 254 nm. En las fracciones eluidas con etanol al 15 % y 100 % no se detectó eriocitrina. Las absorbancias de las fracciones eluidas con etanol al 80 % se presentan en la Figura 2.8. Las fracciones con valores de absorbancia más elevados (de la 8 a la 24) se juntaron y se llevaron a sequedad obteniéndose un sólido con 85 % de eriocitrina y 15 % de hesperidina medido por HPLC frente a patrones de eriocitrina (Extrasynthese, Francia) y hesperidina (Sigma, Estados Unidos).

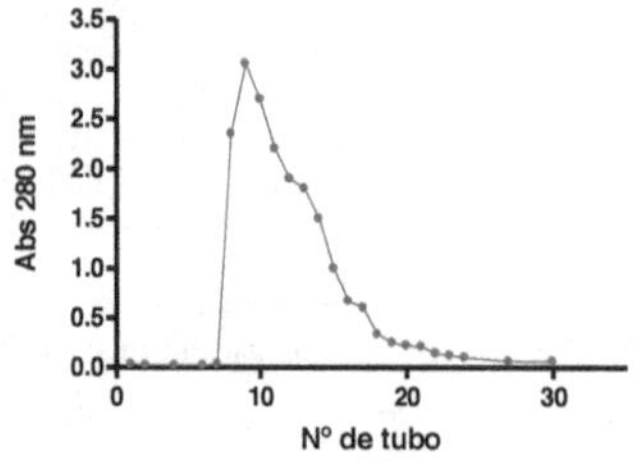

Figura 2.8 Elución de flavonoides de columna de Silicagel C18 (160 mm x 20 mm) con etanol 80 %. Volumen de fracción 5 mL.

2.4.3e Separación de eriocitrina por HPLC

Para las reacciones de esterificación (Capítulo IV) se necesitaría eriocitrina libre de hesperidina. Por esto, el sólido enriquecido en eriocitrina se purificó por HPLC en una columna preparativa de fase reversa. La muestra se disolvió en fase móvil (metanol:agua, 70:30) y se inyectó en porciones de 200 µL. La velocidad de la fase móvil se fijó en 4 mL min^{-1}. El pico de eriocitrina salió entre 13,5 y 15,5 min y el de hesperidina a 21,4 min (Figura 2.9). El eluido entre 13 y 16 min se recogió y al evaporar la fase móvil se obtuvo eriocitrina con una pureza superior al 99 % comparado con el patrón por HPLC.

Las mejores condiciones para extraer eriocitrina fueron usar albedo fresco de limón y extraer con agua a 20 °C. Luego realizar una adsorción en resina acrílica Amberlite XAD-7 y desorber con soluciones hidroalcohólicas de concentración superior al 70 % en etanol. Luego se precisó de una purificación por HPLC en columna preparativa de fase reversa, para separar eriocitrina de hesperidina. Los soportes analizados no mostraron una afinidad selectiva hacia la adsorción de ninguno de los flavonoides en particular, tanto en la adsorción como en la desorción. Por ello, el paso que determinó mayor discriminación entre eriocitrina y hesperidina fue la condición de extracción empleada.

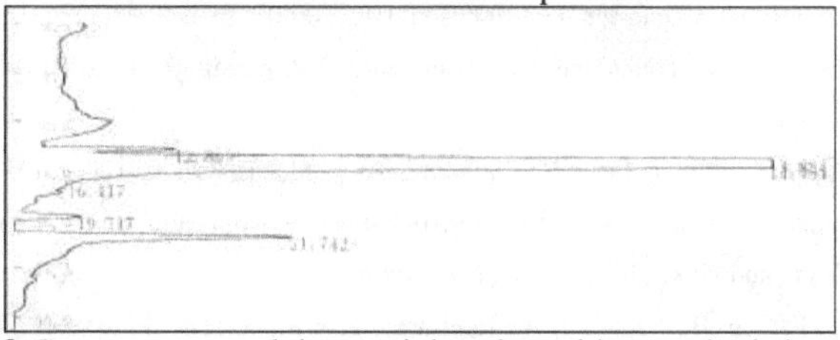

Figura 2.9 Cromatograma del material enriquecido en eriocitrina. Columna Shim-pach Prep-ODS, 250 mm x 20 mm (Shimadzu, Japón). Fase móvil metanol:agua 70:30 (v/v). Flujo 4 mL min^{-1}. Detección UV a 280 nm.

2.4.4 Conclusiones.

El método desarrollado está lejos de ser un método práctico y económico para obtener eriocitrina. Sin embargo, puede suplir necesidades a escalas de laboratorio, tales como las demandadas en esta tesis en cuanto a calidad y cantidad. Se planea continuar el estudio, principalmente tendiente a la simplificación probando otras fuentes, como semillas de limón, y adsorbentes más económicos, como ser zeolitas modificadas provenientes de arcillas de la región noroeste de nuestro país.

2.5 REFERENCIAS - CAPÍTULO II

Baier, W.E. (1947). Method for recovery of naringin. United States, Fruit, Growers Exchange CA. **U. S. Patent N° 2421063**.

Benavente-García, O. y Castillo, J. (2008). "Update on uses and properties of *citrus* flavonoids: New findings in anticancer, cardiovascular, and anti-inflammatory activity." Journal of Agricultural and Food Chemistry 56(15): 6185-6205.

Benavente-Garcia, O., Castillo, J., Marin, F.R., Ortuno, A. y Del Rio, J.A. (1997). "Uses and properties of citrus flavonoids." Journal of Agricultural and Food Chemistry 45(12): 4505-4515.

Bocco, A., Cuvelier, M.-E., Richard, H. y Berset, C. (1998). "Antioxidant Activity and Phenolic Composition of Citrus Peel and Seed Extracts." Journal of Agricultural and Food Chemistry 46(6): 2123-2129.

Cook, N.C. y Samman, S. (1996). "Flavonoids--Chemistry, metabolism, cardioprotective effects, and dietary sources." The Journal of Nutritional Biochemistry 7(2): 66-76.

Del Río, J.A., Fuster, M.D., Gómez, P., Porras, I., García-Lidón, A. y Ortuño, A. (2004). "Citrus limon: a source of flavonoids of pharmaceutical interest." Food Chemistry 84(3): 457-461.

Depeint, F., Gee, J.M., Williamson, G. y Johnson, I.T. (2002). "Evidence for consistent patterns between flavonoid structures and cellular activities." Proceedings of the Nutrition Society 61(01): 97-103.

Di Mauro, A., Arena, E., Fallico, B., Passerini, A. y Maccarone, E. (2002). "Recovery of Anthocyanins from Pulp Wash of Pigmented Oranges by Concentration on Resins." Journal of Agricultural and Food Chemistry 50(21): 5968-5974.

Di Mauro, A., Fallico, B., Passerini, A., Rapisarda, P. y Maccarone, E. (1999). "Recovery of hesperidin from orange peel by concentration of extracts on styrene–divinylbenzene resin." Journal of Agricultural and Food Chemistry 47(10): 4391-4397.

Ellenrieder, G. (2004). Biotransformations of citrus flavanone glycosides. En: *Concise encyclopedia of bioresource technology*. A. Pandey. New York, The Haworth press: 189-200.

Federcitrus (2009). "La actividad citrícola argentina 2009. Disponible en www.federcitrus.org."

Fisher, K. y Phillips, C. (2008). "Potential antimicrobial uses of essential oils in food: is citrus the answer?" Trends in Food Science & Technology 19(3): 156-164.

Generic Eu, M. (2011). "MSDS - Sodium chloride."

Geronazzo, H., Robin, J., Blanco, S., Cuevas, C. y Ellenrieder, G. (2000). "Aprovechamiento integral de residuos de producción y procesamiento de pomelos. Un proyecto de innovación tecnólogica." In Actas VIII Congreso Argentino de Ciencia y Tecnología de Alimentos. Argentina: Santa Fe.: 119-120.

Han, S.S. y You, I.J. (1988). "Studies on antimicrobial activities and safety of natural naringin in Korea." Korean Journal of Mycology.

Hemwimon, S., Pavasant, P. y Shotipruk, A. (2007). "Microwave-assisted extraction of antioxidative anthraquinones from roots of Morinda citrifolia." Separation and Purification Technology 54(1): 44-50.

Herrmann, K. (1976). "Flavonols and flavones in food plants: a review." International Journal of Food Science & Technology 11(5): 433-448.

Higby, R.H. (1944). Process for the manufacture of hesperidin. United States, Fruit, Growers Exchange CA. **2348215**.

Hiramitsu, M., Omori, T., Yamaguchi, K. y Bessho, H. (2010). Eriocitrin-containning material, method for production of the eriocitrin material, and food, beverage, pharmaceutical preparation and cosmetic each comprising the eriocitrin containning material. United States, POKKA CORPORATION (Aichi, JP). **20100256079**.

Horowitz, R.M. (1986). "Taste effects of flavonoids." Progress in Clinical and Biological Research 213: 163-175.

Horowitz, R.M. y Bruno, G. (1968). Conversion of naringin to neohesperidin and neohesperidin dihydrochalcone. United States. **3375242**.

Horowitz, R.M. y Gentili, B. (1977). Flavonoid constituents of Citrus. En: *Citrus Science and Technology*. S. Nagy, P. E. Shaw y M. K. Veldhuis. Westport, CT, Avi Publishers. **1:** 397-426.

Justo, A.M. y Rivera, I. (2009). *Inserción de Argentina en el mercado mundial de cítricos*. Buenos Aires, INTA. Disponible en http://www.inta.gov.ar/ies/docs/docs_area/citricos_2009.pdf.

Le marchand, L. (2002). "Cancer preventive effects of flavonoids--a review." Biomedecine & Pharmacotherapy 56(6): 296-301.

Lee, H.S. (2002). "Characterization of Major Anthocyanins and the Color of Red-Fleshed Budd Blood Orange (Citrus sinensis)." Journal of Agricultural and Food Chemistry 50(5): 1243-1246.

Lewinsohn, E., Berman, E., Mazur, Y. y Gressel, J. (1989). "(7) Glucosylation and (1-6) Rhamnosylation of exogenous flavanones by undifferentiated Citrus cell cultures." Plant Science 61(1): 23-28.

Lyseng-Williamson, K.A. y Perry, C.M. (2003). "Micronised purified flavonoid fraction: A review of its use in chronic venous insufficiency, venous ulcers and haemorrhoids." Drugs 63: 71-100.

Macoritto, A., Geronazzo, H. y Ellenrieder, G. (2001). "Obtención de hesperidina a partir de naranjas de derrame." Información tecnológica. 12(4): 1-8.

Macoritto, A., Robin, J., Blanco, S. y Geronazzo, H. (2004). "Obtaining of flavonoids from inmature fruits of *Citrus aurantium*." Innovación 16(1-2): 39-42.

Macheix, J.J., Fleuriet, A. y Billot, J. (1990). The main phenolics of fruits. En: *Fruit phenolics*. Boca Raton, FL, CRC Press**:** 1-103.

Manthey, J.A., Guthrie, N. y Grohmann, K. (2001). "Biological Properties of Citrus Flavonoids Pertaining to Cancer and Inflammation." Current Medicinal Chemistry 8: 135-153.

Meyer, O.C. (1994). "Safety and security of Daflon 500 mg in venous insufficiency and in hemorrhoidal disease." Angiology 45(6 Pt 2): 579-584.

Misra, M.C. y Imlitemsu (2005). "Drug treatment of haemorrhoids." Drugs 65: 1481-1491.

Miyake, Y., Yamamoto, K., Morimitsu, Y. y Osawa, T. (1998). "Characteristics of Antioxidative Flavonoid Glycosides in Lemon Fruit." Food Science and Technology International, Tokyo 4(1): 48-53.

Miyake, Y., Yamamoto, K. y Osawa, T. (1997). "Isolation of eriocitrin (eriodictyol 7-rutinoside) from Lemon Fruit (Citrus limon BURM. f.) and its antioxidative activity." Food Science and Technology International, Tokyo 3(1): 84-89.

Nogata, Y., Ohta, H., Ishii, T. y Sekiya, K. (2007). "Isolation of eriocitrin (eriodictyol 7-O-rutinoside) as an arachidonate lipoxygenase inhibitor from Lumie fruit (Citrus lumia) and its distribution in Citrus species." Journal of the Science of Food and Agriculture 87(1): 82-89.

Peterson, J. y Dwyer, J. (1998). "Flavonoids: Dietary occurrence and biochemical activity." Nutrition Research 18(12): 1995-2018.

Peterson, J.J., Beecher, G.R., Bhagwat, S.A., Dwyer, J.T., Gebhardt, S.E., Haytowitz, D.B. y Holden, J.M. (2006a). "Flavanones in grapefruit, lemons, and limes: A compilation and review of the data from the analytical literature." Journal of Food Composition and Analysis 19(Supplement 1): S74-S80.

Peterson, J.J., Dwyer, J.T., Beecher, G.R., Bhagwat, S.A., Gebhardt, S.E., Haytowitz, D.B. y Holden, J.M. (2006b). "Flavanones in oranges, tangerines (mandarins), tangors, and tangelos: a compilation and review of the data from the analytical literature." Journal of Food Composition and Analysis 19(Supplement 1): S66-S73.

Rhodes, P.L., Mitchell, J.W., Wilson, M.W. y Melton, L.D. (2006). "Antilisterial activity of grape juice and grape extracts derived from Vitis vinifera variety Ribier." International Journal of Food Microbiology 107(3): 281-286.

S.C.F, S.C.O.F. (1989). Food, science and techniques En: *Reports of the Scientific Committee on Food (21st series).*

Scordino, M., Di Mauro, A., Passerini, A. y Maccarone, E. (2005). "Selective Recovery of Anthocyanins and Hydroxycinnamates from a Byproduct of Citrus Processing." Journal of Agricultural and Food Chemistry 53(3): 651-658.

Schafer, E.W. y Bowles, W.A. (1985). "Acute oral toxicity and repellency of 933 chemicals to house and deer mice." Archives of Environmental Contamination and Toxicology 14(1): 111-129.

The-Good-Scents-Company (2011). "Hesperidin." from http://www.thegoodscentscompany.com/data/rw1108831.html.

Tirillini, B. (2000). "Grapefruit: the last decade acquisitions." Fitoterapia 71(Supplement 1): S29-S37.

Tripoli, E., Guardia, M.L., Giammanco, S., Majo, D.D. y Giammanco, M. (2007). "Citrus flavonoids: Molecular structure, biological activity and nutritional properties: A review." Food Chemistry 104(2): 466-479.

Yañez, J., Vicente, V., Alcaraz, M., Castillo, J., Benavente-Garcia, O., Canteras, M. y Lozano Terue, J.A. (2004). "Cytotoxicity and antiproliferative activities of several phenolic compounds against three melanocytes cell lines: relationship between structure and activity." Nutrition and Cancer 49(2): 191-199.

Yusof, S., Ghazali, H.M. y King, G.S. (1990). "Naringin content in local citrus fruits." Food Chemistry 37(2): 113-121.

CAPÍTULO III

OBTENCIÓN DE GLUCÓSIDOS DE FLAVONOIDES DE CITRUS

3.1 INTRODUCCIÓN

3.1.1 ¿Por qué glucósidos de flavonoides?

Los flavonoides de *Citrus* usualmente se presentan como diglicósidos, estando el disacárido compuesto de ramnosa y glucosa, por ejemplo:

- *Naringina*: naringenina-7-(2-O-α-L-ramnopiranosil-D-glucopiranosa)
- *Hesperidina*: hesperetina-7-(6-O-α-L-ramnopiranosil-D-glucopiranosa)
- *Neohesperidina*: hesperetin-7-(2-O-α-L-ramnopiranosil-D-glucopiranósido)
- *Eriocitrina*: eriodictiol-7-(6-O-α-L-ramnopiranosil-D-glucopiranósido).

A partir de estos flavonoides es posible obtener ramnosa por hidrólisis enzimática. Este carbohidrato es de valor en la industria ya que se utiliza directamente en cosmética y alimentos. Además, es precursor de numerosos compuestos orgánicos tales como el furaneol, un aromatizante a fruta que se emplea en las industrias de alimentos y perfumería. La potencial producción de ramnosa daría como subproductos los glucósidos relacionados (prunina, glucósido de hesperetina y glucósido de eriodictiol) (Figura 3.1). El aprovechamiento de los glucósidos mejoraría el balance económico de la reacción. Más aún, el estudio de las propiedades de los glucósidos, como así también de las sustancias que eventualmente puedan derivarse a partir de éstos puede convertirlos de subproductos al producto de la hidrólisis con mayor interés económico.

Si bien las propiedades de flavonoides cítricos diglicosilados y de sus agliconas han sido ampliamente estudiadas (Ellenrieder, 2004; Fraga, 2009; Buer y cols., 2010), hay pocos estudios sobre propiedades de los glucósidos. Esto seguramente se debe a que en la naturaleza no se encuentran en forma mayoritaria y no son fáciles de conseguir en el mercado, como si lo son las agliconas y sus diglicósidos.

Entre las propiedades reportadas para glucósidos de flavonoides, se pueden mencionar los trabajos realizados con prunina. Se ha encontrado que inhibe hongos destructores de la madera (Malterud y cols., 1985), reduce significativamente los niveles de glucosa y lípidos totales en sangre de ratas con diabetes (Choi y cols., 1991a; Choi y cols., 1991b), inhibe proteínas de resistencia ante agentes anticancerígenos de células de cáncer de mamas (Imai y cols., 2004), captura radicales hidroxilos y radicales aniones superóxidos y protege a las células cardíacas contra la apóptosis inducida por el agente quimioterapéutico de amplio espectro doxorubicina (Han y cols., 2008a; Han y cols., 2008b). Otro glucósido que está ganando interés a medida que avanzan las investigaciones sobre sus actividades biológicas es el glucósido de hesperetina. Se ha encontrado que, al igual que hesperidina, actúa eficazmente en la prevención de la pérdida de hueso en ratas (Habauzit y cols., 2009). Más aún, existen publicaciones recientes que indican que la biodisponibilidad de hesperidina se incrementa por la conversión del diglicósido al glucósido tanto en humanos (Nielsen y cols., 2006; Bredsdorff y cols., 2010), como en ratas (Habauzit y cols., 2009).

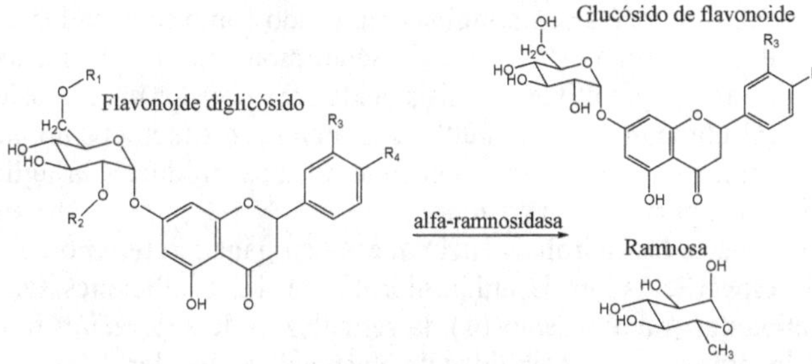

Flavonoide diglicósido	R1	R2	R3	R4	Glucósido de flavonoide relacionado	R3	R4
Naringina	H	Ram	H	OH	Prunina	H	OH
Neohesperidina	H	Ram	OH	OCH_3	Glucósido de hesperetina	OH	OCH_3
Hesperidina	Ram	H	OH	OCH_3			
Eriocitrina	Ram	H	OH	OH	Glucósido de eriodictiol	OH	OH

Figura 3.1 Estructura de flavonoides y esquema de la hidrólisis enzimática. Ram: ramnosa.

Por otra parte, una hipótesis central en esta tesis es que si se desean obtener derivados de flavonoides con características liposolubles, será ventajoso eliminar un grupo hidrofílico como ramnosa. Esta conversión no sólo disminuiría la hidrofilicidad de la molécula sino además, generaría una molécula de menor tamaño que poseerá un OH primario, estructura óptima para la esterificación con lipasas ya que éstas poseen alta especificidad hacia alcoholes primario en reacciones de transesterificacion y si bien las lipasas son consideradas promiscuas por la gran variedad de sustratos que pueden emplear, suelen tener mayor actividad con sustratos no muy voluminosos.

3.1.2 Antecedentes de hidrólisis de flavonoides de *Citrus*.

La hidrólisis de los ramnoglucósidos de flavonoides para obtener glucósidos de flavonoides puede realizarse por hidrólisis ácida o enzimática.

Hace más de 70 años que existen trabajos y patentes que reportan la hidrólisis ácida de flavonoides de *Citrus*. Pulley y cols. hidrolizaron naringina en agua con ácido sulfúrico (1939). Fox y cols. llevaron a cabo la hidrólisis ácida de rutina, naringina y hesperidina con ácido fórmico en ciclohexanol (1953; 1955). Kratky y Tandy realizaron la hidrólisis de soluciones sobresaturadas de naringina empleando como catalizador resinas de intercambio catiónico (1990). Desde aquel momento a la fecha sólo se encontró un trabajo que utilizó catálisis ácida para obtener un glucósido de flavonoide (Grohmann y cols., 2000). En general estos métodos no pueden producir solamente el glucósido, sino que además producen la aglicona. Esto complica la purificación posterior.

Por su parte las hidrólisis enzimáticas han ganando terreno debido a la elevada especificidad en la unión hidrolizada, las condiciones suaves y no contaminantes (medios acuosos), la sencillez de la separación final del producto de interés y a la posibilidad de reúso del catalizador.

Los primeros trabajos publicados sobre hidrólisis enzimática de flavonoides de *Citrus* para obtener los glucósidos respectivos fueron realizados con naringina (Hall, 1938; Thomas y cols., 1958; Ting, 1958). Luego Dunlap y cols. partiendo de un complejo enzimático naringinasa separaron la unidad α-L-ramnosidasa de la unidad β-D-glucosidasa y obtuvieron una conversión completa de naringina a prunina (1962). Roitner y cols., en vez de separar las enzimas, inactivaron la β-D-glucosidasa y también lograron una conversión total sin aparición de la aglicona (1984). Por su parte el grupo de investigación del Dr. Ellenrieder de nuestra Universidad desarrolló una metodología eficiente de obtención de ramnosa a partir de soluciones sobresaturadas de naringina (1998). Hoy en día, el estudio de las α-L-ramnosidasas continua en desarrollo y la hidrólisis selectiva de flavonoides sigue siendo una de sus principales aplicaciones (Yadav y cols., 2010; Ribeiro, 2011).

En este capítulo se describe la obtención de glucósido de naringenina, glucósido de hesperetina y glucósido de eriodictiol por hidrólisis enzimática de naringina, hesperidina, neohesperidina y eriocitrina.

3.1.3 Cuantificación por HPLC.

Todas las determinaciones por HPLC que se realizaron en este capítulo se hicieron empleando un muestreador automático (Autoinjector 234 de Gilson, Francia), una bomba peristáltica isocrática (Pump 37 de Gilson, Francia), un detector de absorbancia a 280 nm (UV/Visible detector 118 de Gilson, Francia), un integrador (Chromatopac C-R8A de Shimadzu, Japón) y una columna de fase reversa C18 (GraceSmart RP 18, 250 mm x 4.6 mm con tamaño de partícula de 5 µm, de Grace, Estados Unidos). La fase móvil fue acetonitrilo: agua 32:68 (v/v) a un flujo de 0,8 mL min^{-1}. Los experimentos se realizaron por duplicado.

3.2 OBTENCIÓN DE PRUNINA

La obtención de prunina se realizó por hidrólisis de soluciones sobresaturadas de naringina con α-L-ramnosidasas (Ellenrieder y cols., 1998; Soria y Ellenrieder, 2002).

Para ello, primero se preparó una solución sobresaturada de naringina al 10 % (15 g de naringina en 150 mL de solución reguladora ácido cítrico/citrato de sodio 50 mM, pH 4) la cual se calentó a ebullición usando un agitador magnético con calefacción. Esto convierte a la dispersión en una solución cristalina de color amarillo-naranja. La solución sobresaturada se colocó en baño termostático con agitación suave a 50 °C y se agregaron 56 mg (7 U mL^{-1} frente a p-nitrofenilramnosa) de una naringinasa comercial α-ramnosidasa de *Aspergillus niger* (Amano, Japón). El sistema se incubó durante 6 h a 50 °C. Luego se produjo la precipitación de prunina y naringina sin hidrolizar por enfriamiento a 4 °C durante la noche. Después se centrifugó 10 min a 6000 rpm para separar el precipitado, descartando las aguas madres. El sólido se disolvió en 150 mL de la solución reguladora de pH y se repitió el proceso de hidrólisis enzimática. El precipitado obtenido en esta segunda etapa se lavó con agua destilada fría y se secó en estufa a 50 °C durante 1 día. La prunina obtenida tuvo una pureza casi del 100 % medida por HPLC y se encontró libre de naringina residual.

3.3 OBTENCIÓN DE GLUCÓSIDO DE HESPERETINA

3.3.1 Introducción.

En principio, el glucósido de hesperetina (GH) podría obtenerse por hidrólisis ácida o enzimática de hesperidina o neohesperidina. La hidrólisis ácida de hesperidina ya ha sido estudiada (Grohmann y cols., 2000). La falta de especificidad en la unión hidrolizada, las condiciones operacionales y los pasos de separación y purificación del producto intermedio (glucósido de hesperetina) no hacen atrayente este método. No se encontraron trabajos que reporten obtención de GH en forma pura por vía enzimática.

En esta sección se estudió la obtención de GH a partir de hesperidina y neohesperidina por vía enzimática, empleando enzimas comerciales libres y una enzima obtenida a partir de una cepa de la región.

3.3.2 Materiales.

Los flavonoides diglicósidos hesperidina y neohesperidina fueron obtenidos a partir de residuos de la actividad citrícola de acuerdo a metodologías descriptas por el grupo de investigación del Ing. Hugo Geronazzo (Macoritto y cols., 2001; Macoritto y cols., 2004) y purificados de acuerdo a la metodología descripta en el Capítulo II de la presente tesis.

Se ensayaron 3 enzimas: Una naringinasa (NA) y una hesperedinasa (HA) que son preparaciones comerciales de α-ramnosidasas de *Aspergillus niger* de Amano (Japón). La tercera enzima fue una α-ramnosidasa de *Aspergillus terreus* parcialmente purificada que ha sido eficazmente probada en la hidrólisis de naringina (Soria y Ellenrieder, 2002). Esta enzima se empleó libre (RATL) e inmovilizada en dacron magnetizado (RATIDM) (Soria y cols., 2011).

Los compuestos paranitrofenilramnósido y paranitrofenilglucósido (PNFR y PNFG respectivamente) se obtuvieron de Sigma (Estados Unidos). Dimetilsulfóxido (DMSO) y otros solventes y drogas fueron de calidad analítica.

3.3.3 Métodos.

3.3.3.1 Perfil de solubilidad de hesperidina y neohesperidina frente a la temperatura.

Con el objetivo de obtener un perfil de solubilidad de ambos flavonoides en función de la temperatura, se prepararon dispersiones de los mismos en agua destilada en tubos de 16 mm con tapa a rosca de Hach (Estados Unidos) los que se mantuvieron 2 h a 25, 50, 96, 110 y 150 °C con agitación ocasional. Inmediatamente después de este tiempo, las suspensiones fueron filtradas por membrana de nitrato de celulosa de 0,45 µm x 25 mm (Microclar, Argentina) y el contenido de flavonoides en cada filtrado se determinó por HPLC, realizando curvas patrones tanto de hesperidina como de neohesperidina. El ensayo se realizó por triplicado.

3.3.3.2 Actividad catalítica de las enzimas frente a sustratos sintéticos.

Se determinaron las actividades α-ramnosidasa y β-glucosidasa de cada enzima empleada a 50 °C utilizando PNFR y PNFG, respectivamente. Para ello se colocaron en tubos plásticos de 1,5 mL con tapa, 200 µL de solución 2 mM del sustrato sintético diluido con 200 μL de solución reguladora ácido cítrico/ citrato, 50 mM, pH 4 y 10 μL de cada solución de enzima (1/100 de RATL, 50 mg mL^{-1} de HA y 0,1 mg mL^{-1} de NA). La reacción se inició con el agregado de la enzima y se tomaron muestras de 50 μL a los 0, 3, 6, 9 y 12 min. Las muestras se volcaron en 0,75 mL de NaOH 0.5 M. Luego se leyó la absorbancia a 400 nm en un espectrofotómetro Cintra 4400 (GBC, Australia). El ensayo se realizó por duplicado.

3.3.3.3 Actividad catalítica de las enzimas frente a los sustratos naturales

Se determinaron las actividades específicas de las enzimas frente a los sustratos naturales hesperidina y neohesperidina a 50 ºC. Para ello, se prepararon tubos de ensayo con tapa a rosca con 5 mL de solución de sustrato en solución reguladora ácido cítrico / citrato de sodio, 50 mM, pH 4. En el caso de hesperidina la solución fue 0,1 % (disuelta a 150 ºC), mientras que para neohesperidina fue 0.5 % (disuelta a 96 °C).

A cada tubo se le agregaron 0,4 mL de diferentes diluciones de enzima, de tal forma de tener una concentración aproximada en el seno de reacción de 0,1 U mL^{-1} frente a PNFR. A los 0, 3, 6, 9 y 15 min se tomaron muestras de 50 μL que se volcaron directamente sobre 200 μL de DMSO para detener la reacción. El ensayo se realizó por duplicado y las conversiones se determinaron por HPLC.

3.3.3.4 Obtención de GH a partir de enzimas libres.

La obtención de GH se probó primero por hidrólisis de hesperidina. Para ello se preparó una solución al 0,1% (1 g en 1000 mL de solución reguladora ácido cítrico/citrato 50 mM pH 4 disuelta en autoclave a 150 °C). La solución de hesperidina se separó en dos porciones (500 mL cada una) que se aclimataron a 50 °C. A cada solución se le agregaron 0,16 U mL^{-1} de cada enzima comercial de Amano.

Luego, se probó hidrolizar neohesperidina a partir de una solución 11 g L^{-1} (solubilidad a 96 °C). En un erlenmeyer de 1 L, se colocaron 5,5 g de neohesperidina y 0,5 L de solución reguladora ácido cítrico / citrato, 50 mM, pH 4. El sustrato se disolvió a ebullición con agitación. La solución obtenida tuvo color amarillo pálido con algunas partículas finas en suspensión. La solución se aclimató a 50 ºC. La reacción de hidrólisis se inició con el agregado de 4 g de HA (0,16 U mL^{-1}). El sistema se dejó reaccionar 24 h y luego se colocó en heladera para que precipiten las especies menos solubles. Se filtró por papel y se lavó con agua destilada.

Este sólido se sometió nuevamente a hidrólisis durante 24 h a 50 °C pero en 250 mL de solución reguladora con 2 g de HA. Luego se enfrió a 4 °C, se filtró por papel, se lavó con agua destilada y se secó en estufa a 50 °C. Por último, el sólido obtenido se disolvió en DMSO y se filtró por papel para eliminar partículas extrañas. El solvente se evaporó bajo campana.

3.3.3.5 Hidrólisis de neohesperidina con α-L-ramnosidasa inmovilizada en dacron magnetizado.

La enzima α-L-ramnosidasa de *Aspergillus terreus* (CECT 2663) inmovilizada en dacron magnetizado (RATIDM) se probó en la hidrólisis de neohesperidina en 2 condiciones: solución saturada a 50 °C (4,7 mM) y suspensión de concentración equivalente a la solubilidad de neohesperidina a 96 °C (20 mM). El solvente de reacción fue solución reguladora ácido cítrico/ citrato, pH 4, 50 mM. El ensayo se realizó agregando 0,65 U y 1,30 U de RATIDM a 2 mL de solución saturada y 1,30 U y 1,95 U a 2 mL de suspensión. Los tubos se incubaron a 50 °C con agitación a 200 rpm. Se tomaron muestras en función del tiempo para medir por HPLC. También se ensayó la factibilidad del reúso de la enzima soportada en ambas condiciones. Para la solución saturada se emplearon 2 mL de solución, 1,30 U y ciclos de reacción de 30 minutos. Para la dispersión se usaron 2 mL, 1,95 U y ciclos de 3 h. Las muestras se analizaron por HPLC.

3.3.4 Resultados y discusión.

3.3.4.1 Perfiles de solubilidad de hesperidina y neohesperidina.

Un parámetro determinante de la factibilidad de cualquier hidrólisis enzimática es la solubilidad del sustrato en el medio de reacción. Por ello se determinó el perfil de solubilidad frente a la temperatura de los sustratos. Los resultados de solubilidad se presentan en la Figura 3.2.

Se encontró que a 150 °C hesperidina tiene una solubilidad de 2,8 g L^{-1}, mientras que neohesperidina resultó mucho más soluble alcanzando 11 g L^{-1} a 96 °C y una asombrosa solubilidad de 167 g L^{-1} a 150 °C.

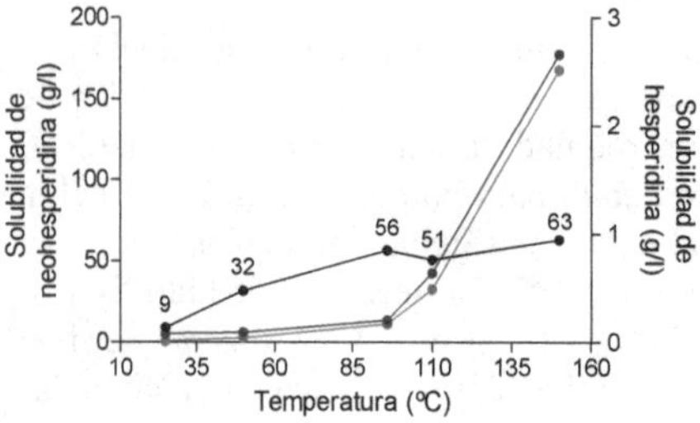

Figura 3.2 Solubilidad de neohesperidina (rojo), hesperidina (azul) y cociente de ambas solubilidades (neohesperidina/hesperidina) en función de la temperatura (negro).

Es interesante notar que ambos isómeros tienen un perfil de solubilidad semejante frente a la temperatura. Sin embargo, existe una diferencia sustancial en la solubilidad. Esta diferencia parte de un factor de 9 a 25 °C hasta un factor de 63 a 150 °C, siendo neohesperidina el isómero más soluble.

En cuanto a la estabilidad de las soluciones sobresaturadas, es bien sabido que algunos flavonoides pueden formar soluciones sobresaturadas a elevadas temperaturas y que al disminuir la temperatura se mantienen disueltos en un estado de equilibrio metaestable por un tiempo determinado (Ellenrieder y cols., 1998; Grohmann y cols., 2000). Se determinó que el tiempo en el que se inició la precipitación fue mayor al incrementarse la sobresaturación para ambos isómeros. Las soluciones saturadas a 96 °C (neohesperidina 11 g L^{-1} y hesperidina 0,2 g L^{-1}) permanecieron homogéneas a 50 °C al menos 12 h y en particular la solución de neohesperidina saturada a 150 °C (167 g L^{-1}) no precipitó incluso luego de mantenerla 48 h a 4 °C.

3.3.4.2 Actividad catalítica de las enzimas frente a sustratos sintéticos.

La Tabla 3.1 presenta las actividades de cada una de las enzimas estudiadas frente a los sustratos sintéticos PNFR y PNRG. Para unificar las unidades de los datos de actividad se determinó la concentración de proteínas totales en cada preparación enzimática por el método de Lowry (Lowry y cols., 1951).

Tabla 3.1 Actividades α-ramnosidasa y β-glucosidasa de las enzimas estudiadas en solución reguladora ácido cítrico / citrato 50 mM, pH 4 a 50 °C frente a PNFR y PNFG. [a] actividad en unidades por mg o mL de preparación y [b] por miligramo de proteína. < 10^{-2} $UmgP^{-1}$ significa actividad menor a 10^{-2} U por miligramo de proteína.

Enzima	Proteína	Actividad alfa-ramnosidasa	Act. beta-glucosidasa
Naringinasa de *Aspergillus niger* (Amano)	0,56 mgP mg^{-1}	[a]18,2 U mg^{-1} [b](32,5 U mgP^{-1})	
α-ramnosidasa de *Aspergillus terreus*	1,81 mgP mL^{-1}	[a] 147 U mL^{-1} [b](81,2 U mgP^{-1})	< 10^{-2} U mgP^{-1}
Hesperedinasa de *Aspergillus niger* (Amano)	4,8 10^{-4} mgP mg^{-1}	[a]0,021 U mg^{-1} [b](43,7 U mgP^{-1})	

Las tres preparaciones enzimáticas presentaron actividades β-glucosidasa inferiores a 0,01 U mgP^{-1}. y presentaron actividad α-ramnosidasa. La enzima de mayor actividad específica frente a PNFR fue la de *Aspergillus terreus*. Estos resultados corroboran que la enzima de *Aspergillus terreus* es adecuada para ser empleada en la hidrólisis de ramnosa.

3.3.4.3 Actividad catalítica de las enzimas frente a sustratos naturales.

Para avanzar en el objetivo de obtener GH se probó si las enzimas bajo estudio hidrolizan los sustratos hesperidina y/o neohesperidina. Para ello se hicieron determinaciones de actividad frente a ambos sustratos. Los resultados se presentan en la Tabla 3.2.

Los cromatogramas de los hidrolizados en función del tiempo para las tres preparaciones enzimática revelaron un sólo pico de producto que correspondió al glucósido de hesperetina (GH). La aglicona, hesperetina, que se forma por la acción β-glucosidasa del complejo enzimático, tuvo un tiempo de retención de 14,7 min y no fue detectada en las condiciones de análisis. Para unificar las unidades de los datos de actividad, éstas se expresaron por mg de proteína.

Tabla 3.2 Actividades alfa-ramnosidasa de las enzimas estudiadas en solución reguladora citrato 50 mM, pH 4 a 50 °C frente a hesperidina y neohesperidina. Las actividades se expresan unidades por mg o mL de preparación y por miligramo de proteína (valor entre paréntesis).

Enzima	Act, alfa-ramnosidasa sobre Hesperidina	Act, alfa-ramnosidasa sobre Neohesperidina
Naringinasa de *Aspergillus niger* (Amano)	7,5 U mg^{-1} (13,4 U mgP^{-1})	5,9 U mg^{-1} (10,5 U mgP^{-1})
α-ramnosidasa de *Aspergillus terreus*	6,5 U mL^{-1} (3,6 U mgP^{-1})	17,4 U mL^{-1} (9,6 U mgP^{-1})
Hesperedinasa de *Aspergillus niger* (Amano)	0,0082 U mg^{-1} (17,1 U mgP^{-1})	0,0071 U mg^{-1} (14,8 U mgP^{-1})

Las tres preparaciones enzimáticas tuvieron actividades frente a ambos sustratos naturales. El valor de actividad específica frente a neohesperidina que presentó la enzima de *Aspergillus terreus* fue comparable al de las preparaciones comerciales de Amano. Esta enzima tuvo mayor actividad específica hidrolizando neohesperidina que hesperidina. Esto puede deberse a que neohesperidina posee una conformación estereoquímica que resulta más adecuada para actuar como sustrato de la enzima que la de hesperidina, lo cual ocasiona que la enzima actúe hidrolizando más eficazmente las uniones glicosídica ramnosa-glucosa α(1→6) de neohesperidina que las α(1→2) de hesperidina.

3.3.4.4 Obtención de GH con enzimas libres.

Según los antecedentes hallados en bibliografía, para la obtención de glucósido de hesperetina por hidrólisis ácida de hesperidina se emplean concentraciones bajas de sustrato, altas temperaturas y se obtienen mezclas de hesperetina – glucósido de hesperetina como producto de reacción (Grohmann y cols., 2000). Esto no resulta práctico para la obtención a gran escala. Buscando alternativas más atractivas para esta transformación se realizaron hidrólisis enzimáticas tanto de hesperidina como de un sustrato alternativo, neohesperidina.

En primer lugar se realizó la obtención de glucósido de hesperetina a partir de solución de neohesperidina saturada a 96 °C, catalizando la reacción con la enzima HA que fue la de mayor actividad específica frente a este sustrato. Para ello, se trabajó usando solución saturada a 96 °C de neohesperidina (1,1 %) y catalizando con la enzima HA (0,16 U mL^{-1}). La conversión alcanzada tras 24 h fue del 75 %. Luego de la segunda etapa de reacción el sistema se enfrió y filtró. El sólido obtenido de color blanco verdoso se lavó con agua destilada y se secó en estufa a 50 °C. El análisis por HPLC confirmó que este sólido es glucósido de hesperetina con pureza próxima al 100 %.

También se realizó la hidrólisis utilizando como sustrato hesperidina 0,28 % disuelta a 150 °C y las enzimas comerciales NA y HA. Se encontró que ambas preparaciones convirtieron el 100 % del sustrato a GH en 2 h a 50 °C sin aparición de la aglicona. Sin embargo, a la concentración de trabajo no hubo precipitación al disminuir la temperatura lo que dificulta la purificación del glucósido de hesperetina. La reacción se repitió en idénticas condiciones pero sin disolver previamente la suspensión de hesperidina 0,28 %. En esta condición luego de una semana se alcanzó un 5 % de conversión.

Los resultados indicaron que las 2 enzimas comerciales realizaron la conversión eficazmente y que la velocidad del proceso estuvo fuertemente limitada por la solubilidad del sustrato. Esto hizo que trabajando con soluciones de hesperidina disueltas con sobrepresión (150 °C) se obtuvieran por cada litro de reacción 2 g de producto. Esta condición parecería no ser muy ventajosa para una potencial aplicación a escalas mayores. Por su parte, la hidrólisis de neohesperidina resultó mucho más ventajosa ya que la cantidad de producto que se pudo obtener por litro de reacción sin necesidad de emplear sobrepresiones fue de 8,5 g. Más aún, disolviendo a 150 °C se podría trabajar con una solución tan concentrada como 167 g de sustrato por litro de reacción, lo que representa un aumento de concentración del sustrato de 15 veces.

3.3.4.5 Hidrólisis de neohesperidina con α-L-ramnosidasa inmovilizada en dacron magnetizado.

Las enzimas que se emplearon para la obtención de los glucósidos de flavonoides tienen la desventaja de ser enzimas libres, lo que imposibilita el reúso y encarece el proceso. En vista de mejorar el aspecto económico de la hidrólisis se probó la enzima α-L-ramnosidasa de *A. terreus* (CECT 2663) soportada en un material con propiedades ferromagnéticas (Soria y cols., 2011).

La enzima RATIDM hidrolizó eficazmente neohesperidina en solución o en suspensión (Figura 3.3). Cuando se utilizaron soluciones (4,7 mM) se alcanzaron conversiones del 71 % en 1 hora de reacción empleando 0,65 U mL^{-1}. Cuando se trabajó con suspensiones (20 mM), se alcanzaron conversiones del 96 % al cabo de 8 horas de reacción con 0,97 U mL^{-1}.

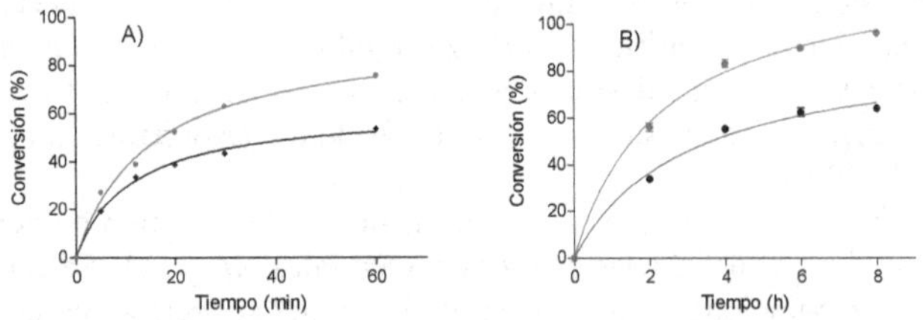

Figura 3.3 Conversión en función del tiempo para la hidrólisis enzimática de neohesperidina a 50 °C en solución reguladora ácido cítrico / citrato de sodio 50 mM, pH 4 con α-L-ramnosidasa inmovilizada en dacron magnetizado (RATIDM). A) Solución saturada (4,7 mM) con 0,65 U mL^{-1} (negro) o 0,33 U mL^{-1} (rojo). B) Solución sobresaturada (20 mM) con 0,65 U mL^{-1} (negro) y 0,97 U mL^{-1} (rojo).

En cuanto al reúso de RATIDM, la conversión de neohesperidina con solución (4,7 mM) y ciclos de 30 minutos, alcanzó en promedio un 62 % en los primeros 7 ciclos y luego decayó al 42 % (un 66 % de la actividad inicial). Cuando se trabajó con solución sobresaturada y ciclos de 3 h, la conversión promedio en los primeros 5 ciclos fue del 86 % y luego cayó al 60 % (un 70 % de la actividad inicial) (Figura 3.4).

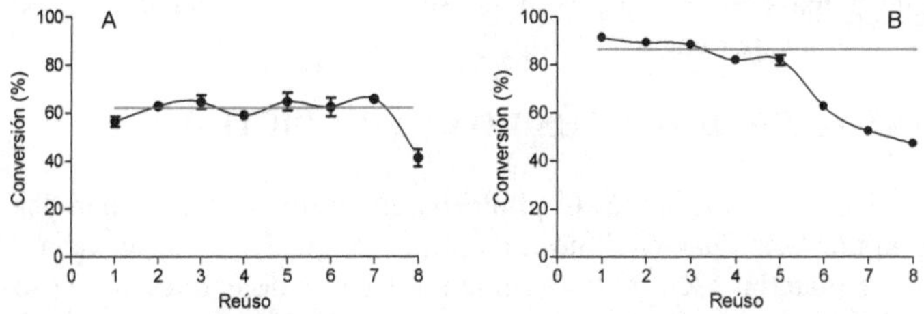

Figura 3.4 Conversiones en la hidrólisis de neohesperidina en función del número de reúsos de α-L-ramnosidasa de *A. terreus* inmovilizada en dacron magnetizado con A) solución saturada (4,7 mM) y ciclos de 30 min o B) solución sobresaturada (20 mM) y ciclos de 3 h. Las líneas rojas son el promedio de los primeros 7 ciclos en A y 5 ciclos en B.

3.3.5 Conclusiones.

El mejor sustrato para obtener glucósido de hesperetina fue neohesperidina, fundamentalmente debido a que presentó mayor solubilidad en solución acuosa que hesperidina. A 96 °C neohesperidina tuvo una solubilidad de 11 g L^{-1} (más de 50 veces la de hesperidina). Este sustrato alcanzó una concentración de 167 g L^{-1} al disolverlo a 150 °C. La solución resultante tuvo una elevada estabilidad al disminuir la temperatura, por lo que sería una solución metaestable adecuada para someter a hidrólisis enzimática.

Por otra parte se determinó que la enzima α-L-ramnosidasa de *Aspergillus terreus* CECT 2663 producida por el Dr. Fernando Soria (INIQUI-UNSa, Argentina) ya sea libre o soportada covalentemente sobre dacron magnetizado posee excelentes condiciones para la hidrólisis enzimática tanto de hesperidina como de neohesperidina. La estabilidad operacional de la versión soportada fue de al menos 5 ciclos de 3 h cada uno. La utilización de un soporte con propiedades magnéticas permitió separar fácilmente el biocatalizador de la mezcla de reacción, simplificando notablemente la purificación del producto deseado.

En base a los resultados obtenidos y a la disponibilidad de sustrato y enzima, se desarrolló un método a escala de laboratorio eficiente para la producción de glucósido de hesperetina de alta pureza a partir de neohesperidina disuelta a 96 °C, empleando la enzima comercial Hesperedinasa de Amano (Japón). Debido a la sencillez del proceso es de esperar que sea aplicable a mayores escalas.

La obtención de GH a partir de solución 167 g L^{-1} de neohesperidina con la enzima α-L-ramnosidasa de *Aspergillus terreus* inmovilizada en dacron magnetizado parece ser la opción práctica más prometedora y aplicable a mayores escalas, pero no se ensayó por falta de enzima al momento de la experiencia.

3.4 OBTENCIÓN DE GLUCÓSIDO DE ERIODICTIOL

Como ya se mencionó (Capítulo II) eriocitrina es un flavonoides de *Citrus* minoritario que en limones alcanza alrededor de 1 g cada 100 gramos de material seco y su aislamiento a partir de extractos acuosos u orgánicos es complicado. Es por ello que se disponía de poca cantidad de eriocitrina para convertirla a glucósido de eriodictiol (GE). Esto obligó a un cambio de escala en relación a lo realizado con naringina, hesperidina o neohesperidina.

La obtención de eriodictiol-7-β-glucósido (GE) se planeó en base a las mejores condiciones encontradas para los otros glucósidos. GE se obtuvo por hidrólisis de una solución de eriocitrina al 5 % en solución reguladora ácido cítrico/ citrato, 50 mM, pH 4 hidrolizando con 20 U mL^{-1} de NA (Amano, Japón). La conversión se siguió por HPLC. El tiempo requerido para la conversión total fue de 5 h.

Debido a que en este caso la concentración de glucósido de eriodictiol fue muy baja, éste no se pudo separar por precipitación en frío. Esto obligó a realizar una cromatografía para separar GE de ramnosa. Para ello, el medio de reacción se concentró hasta 1 mL y se sembró en una columna abierta de fase reversa rellena (C18) con slicagel (160 mm X 20 mm). La elución se inició pasando 150 mL de etanol al 15 %. Se esperaba que en esta etapa se elimine el carbohidrato y otras especies solubles en agua. Luego se eluyó con 150 mL de etanol 70 % y finalmente 150 mL etanol puro (para limpiar la columna).

El glucósido de eriodictiol se recogió cuando la columna se eluyó con etanol 70 %, luego el solvente se evaporó hasta sequedad. El cromatograma del sólido realizado por HPLC mostró un pico cuya ubicación fue coherente con la de los otros glucósidos de flavonoides y cuya área correspondió al 99,8 % del total de áreas registradas. Esto sugiere que se trató de GE prácticamente puro. La masa obtenida rondó los 200 mg.

3.5 REFERENCIAS - CAPÍTULO III

Bredsdorff, L., Nielsen, I.L.F., Rasmussen, S.E., Cornett, C., Barron, D., Bouisset, F., Offord, E. y Williamson, G. (2010). "Absorption, conjugation and excretion of the flavanones, naringenin and hesperetin from alpha-rhamnosidase-treated orange juice in human subjects." British Journal of Nutrition 103(11): 1602-1609.

Buer, C.S., Imin, N. y Djordjevic, M.A. (2010). "Flavonoids: New Roles for Old Molecules." Journal of Integrative Plant Biology 52: 98-111.

Choi, J.S., Yokozawa, T. y Oura, H. (1991a). "Antihyperlipidemic effect of flavonoids from *Prunus davidiana*." Journal of Natural Products 54(1): 218-224.

Choi, J.S., Yokozawa, T. y Oura, H. (1991b). "Improvement of hyperglycemia and hyperlipemia in streptozotocin-diabetic rats by a methanolic extract of *Prunus davidiana* stems and its main component, prunin. ." Planta Medica 57(3): 208-211.

Dunlap, W.J., Hagen, R.E. y Wender, S.H. (1962). "Preparation and Properties of Rhamnosidase and Glucosidase Fractions from a Fungal Flavonoid Glycosidase Preparation, "Naringinase C-100"." Journal of Food Science 27(6): 597-601.

Ellenrieder, G. (2004). Biotransformations of citrus flavanone glycosides. En: *Concise encyclopedia of bioresource technology*. A. Pandey. New York, The Haworth press: 189-200.

Ellenrieder, G., Blanco, S. y Daz, M. (1998). "Hydrolysis of supersaturated naringin solutions by free and immobilized naringinase." Biotechnology Techniques 12: 63-65.

Fox, D.W., Savage, W.L. y Wender, S.H. (1953). "Hydrolysis of Some Flavonoid Rhamnoglucosides to Flavonoid Glucosides." Journal of the American Chemical Society 75(10): 2504-2505.

Fraga, C.G. (2009). *Plant Phenolics and Human Health*, John Wiley & Sons, Inc.

Grohmann, K., Manthey, J.A. y Cameron, R.G. (2000). "Acid-catalyzed hydrolysis of hesperidin at elevated temperatures." Carbohydrate Research 328(2): 141-146.

Habauzit, V., Nielsen, I.-L., Gil-Izquierdo, A., Trzeciakiewicz, A., Morand, C., Chee, W., Barron, D., Lebecque, P., Davicco, M.-J., Williamson, G., Offord, E., Coxam, V. y Horcajada, M.-N. (2009). "Increased bioavailability of hesperetin-7-glucoside compared with hesperidin results in more efficient prevention of bone loss in adult ovariectomised rats." British Journal of Nutrition 102(07): 976-984.

Hall, D.H. (1938). "A new enzyme of the glycosidase type." Chemistry and Industry 57: 473.

Han, X., Pan, J., Ren, D., Cheng, Y., Fan, P. y Lou, H. (2008a). "Naringenin-7-O-glucoside protects against doxorubicin-induced toxicity in H9c2 cardiomyocytes by induction of endogenous antioxidant enzymes." Food and Chemical Toxicology 46(9): 3140-3146.

Han, X., Ren, D., Fan, P., Shen, T. y Lou, H. (2008b). "Protective effects of naringenin-7-O-glucoside on doxorubicin-induced apoptosis in H9C2 cells." European Journal of Pharmacology 581(1-2): 47-53.

Imai, Y., Tsukahara, S., Asada, S. y Sugimoto, Y. (2004). "Phytoestrogens/Flavonoids reverse breast cancer resistance protein/ABCG2-mediated multidrug resistance." Cancer Research 64(12): 4346-4352.

Kratky, Z. y Tandy, J.S. (1990). Selective cleavage of naringin. S. Nestec S. A. **U.S. Patent 5008381**.

Lowry, O.H., Rosebrough, N.J., Farr, A.L. y Randall, R.J. (1951). "Protein measurement with the Folin phenol reagent." Journal of Biological Chemistry 193(1): 265-275.

Macoritto, A., Geronazzo, H. y Ellenrieder, G. (2001). "Obtención de hesperidina a partir de naranjas de derrame." Información tecnológica. 12(4): 1-8.

Macoritto, A., Robin, J., Blanco, S. y Geronazzo, H. (2004). "Obtaining of flavonoids from inmature fruits of *Citrus aurantium*." Innovación 16(1-2): 39-42.

Malterud, K.E., Bremnes, T.E., Faegri, A., Moe, T., Dugstad, E.K.S., Anthonsen, T. y Henriksen, L.M. (1985). "Flavonoids from the wood of salix caprea as inhibitors of wood-destroying fungi." Journal of Natural Products 48(4): 559-563.

Nielsen, I.L.F., Chee, W.S.S., Poulsen, L., Offord-Cavin, E., Rasmussen, S.E., Frederiksen, H., Enslen, M., Barron, D., Horcajada, M.-N. y Williamson, G. (2006). "Bioavailability Is Improved by Enzymatic Modification of the Citrus Flavonoid Hesperidin in Humans: A Randomized, Double-Blind, Crossover Trial." Journal of Nutrition 136(2): 404-408.

Pulley, G.N. y Loesecke, H.W.V. (1939). "Preparation of Rhamnose from Naringin." Journal of the American Chemical Society 61(1): 175-176.

Ribeiro, M. (2011). "Naringinases: occurrence, characteristics, and applications." Applied Microbiology and Biotechnology 90(6): 1883-1895.

Roitner, M., Schalkhammer, T.H. y Pittner, F. (1984). "Preparation of prunin with the help of immobilized naringinase pretreated with alkaline buffer." Applied Biochemistry and Biotechnology 9(5): 483-488.

Soria, F. y Ellenrieder, G. (2002). "Thermal inactivation and product inhibition of *Aspergillus terreus* CECT 2663 α-rhamnosidase and their role on hydrolysis of naringin solutions." Bioscience, Biotechnology, and Biochemistry 66(7): 1442-1449.

Soria, F., Ellenrieder, G., Oliveira, G., Cabrera, M. y Carvalho, L. (2011). "α-L-rhamnosidase of *Aspergillus terreus* immobilized on ferromagnetic supports." Applied Microbiology and Biotechnology: 1-8.

Thomas, D.W., Smythe, C.V. y Labbee, M.D. (1958). "Enzimatic hydrolysis of naringin, the bitter principle of grapefruit." Journal of Food Science 23(6): 591-598.

Ting, S.V. (1958). "Fruit Glycoside Hydrolysis, Enzymic Hydrolysis of Naringin in Grapefruit." Journal of Agricultural and Food Chemistry 6(7): 546-549.

Wilson, C.W. (1955). Aqueous hydrolysis of flavanone glycosides. United States. **US Patent 2700047**.

Yadav, V., Yadav, P.K., Yadav, S. y Yadav, K.D.S. (2010). "alpha-L-Rhamnosidase: A review." Process Biochemistry 45(8): 1226-1235.

CAPÍTULO IV

SÍNTESIS ENZIMÁTICA DE ÉSTERES DE GLUCÓSIDOS DE FLAVONOIDES CÍTRICOS

4.1 INTRODUCCIÓN

Los flavonoides cítricos y sus glucósidos poseen propiedades biológicas (Capítulos I, II y III), pero el aprovechamiento de estas propiedades en industrias como la farmacéutica o la de alimentos estaría limitado por la baja solubilidad que poseen tanto en matrices acuosas como lipídicas. Para aumentar la solubilidad en medios acuosos se ha propuesto unir azúcares (Kitao y cols., 1993; Yang y cols., 2007), mientras que para aumentar la solubilidad en medios lipofílicos se ha propuesto añadir grupos hidrofóbicos a través de reacciones catalizadas por lipasas, esterificando grupos hidroxilos con grupos acilos hidrofóbicos (Chebil y cols., 2006; Viskupičová y cols., 2009). Estas modificaciones pueden cambiar, además de la solubilidad, otras propiedades de la molécula original.

Varios grupos reportaron la factibilidad de la acilación de glicósidos de flavonoides en medios orgánicos con lipasas y proteasas (Chebil y cols., 2006; Viskupičová y cols., 2009; Watanabe y cols., 2009), líquidos iónicos (Katsoura y cols., 2007) y en soluciones homogéneas concentradas (Youn y cols., 2007). Los resultados destacan la enorme influencia del contenido de agua, de la estructura del donador del acilo, de la estructura del flavonoide, del origen de la enzima y de la naturaleza del solvente.

En particular, la acilación enzimática de flavonoides diglicósidos ha sido estudiada por varios autores, fundamentalmente empleando naringina (Danieli y cols., 1990; Riva y cols., 1996; Nakajima y cols., 1999; Gao y cols., 2000; Kontogianni y cols., 2001; Otto y cols., 2001; Gayot y cols., 2003; Kontogianni y cols., 2003; Passicos y cols., 2004; Mellou y cols., 2005; Katsoura y cols., 2006; Mellou y cols., 2006; Stevenson y cols., 2006; Katsoura y cols., 2007; Youn y cols., 2007; Watanabe y cols., 2009). La acilación de hesperidina se estudió en menor grado (Ardhaoui y cols., 2004a; Araújo y cols., 2011), mientras que no se encontraron reportes de la síntesis de ésteres de neohesperidina o eriocitrina. Tampoco se han encontrado reportes de la síntesis de ésteres de los glucósidos derivados de estos flavonoides (prunina, glucósido de hesperetina y glucósido de eriodictiol). En la Figura 4.1 se presenta un esquema de la reacción estudiada.

En este capítulo se estudió la síntesis catalizada por lipasas (Novozym 435 y Lipozyme RM IM) en medios orgánicos (acetona, terbutanol, acetonitrilo y tetrahidrofurano) de ésteres alquílicos (C2-C18) de glucósidos de flavonoides cítricos (prunina, glucósido de hesperetina y glucósido de eriodictiol) y de ésteres laurato de naringina y neohesperidina con fines comparativos.

4.2 MATERIALES

4.2.1 Enzimas.

Como biocatalizadores se seleccionaron lipasas inmovilizadas. Trabajar con enzimas inmovilizadas es esencial en vista de una eventual aplicación industrial porque permite una separación sencilla de la enzima del medio de reacción, además de posibilitar la reutilización del catalizador. Entre las lipasas inmovilizadas disponibles en el mercado se eligieron dos: Novozym 435, lipasa B de *Candida antarctica* (CALB) soportada sobre un polímero hidrofóbico macroporoso a base de ésteres metil y butil metacrilatos entrecruzado con divinil-benceno. CALB se adsorbe sobre la superficie del soporte por interacción hidrofóbica (Heinsman y cols., 2003). Esta enzima ha sido probada con éxito en la acilación de glicósidos de flavonoides (Chebil y cols., 2006; Viskupičová y cols., 2009) y Lipozyme RM IM que consiste en lipasa de *Rhizomucor miehei* (RML) inmovilizada en una resina de intercambio aniónico menos usada en la literatura para transesterificaciones en medios orgánicos, por lo que resultó interesante su estudio. Ambas enzimas fueron donadas por Novozymes Latin America Limited (Brasil).

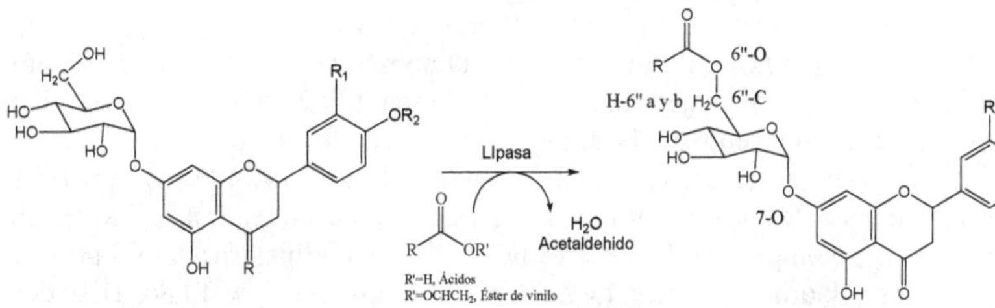

Figura 4.1 Esquema de la síntesis de ésteres de glucósidos de flavonoides. R es la cadena incorporada. R_1 y R_2 =H: Prunina, R_1=OH y R_2=CH_3: Glucósido de hesperetina, R_1=OH y R_2=H: Glucósido de eriodictiol.

4.2.2 Solventes.

Las lipasas realizan la hidrólisis de triacilgliceroles en medios acuosos produciendo glicerol y ácidos libres. Fue Claude Bernard, fundador de la medicina experimental, quien en 1856 descubrió la primera lipasa en jugo pancreático describiéndola como una sustancia que hidrolizaba gotitas de aceite convirtiéndola en productos solubles. Sin embargo, en solventes orgánicos las lipasas tienen actividad sintética y pueden realizar esterificaciones (Paiva y cols., 2000) aceptando un amplio rango de donadores de grupo acilo y sustratos diferentes a los naturales (Jaeger y Reetz, 1998). Fueron Zaks y Klibanov (1984; 1985) los primeros en demostrar que las lipasas poseen actividad sintética y elevada estabilidad en solventes orgánicos.

El objetivo en esta tesis es aprovechar la actividad sintética de las lipasas para obtener ésteres alquílicos de glucósidos de flavonoides. Por ello, la primera selección de solventes se realizó en base a la falta de grupos nucleofílicos. Por otro lado, es necesario que el solvente pueda disolver en algún grado al sustrato sin desnaturalizar la enzima. En base a estas restricciones y a antecedentes de síntesis de compuestos anfifílicos, como por ejemplo, ésteres de azúcares (Yahya y cols., 1998; Gumel y cols., 2011) se eligieron los solventes terbutanol (TBOH), tetrahidrofurano (THF), acetona y acetonitrilo (AcN), todos ellos grado analítico (Sintorgan, Argentina). Cabe aclarar que si bien TBOH posee un OH que podría actuar como grupo nucleofílico, las lipasas poseen una tendencia prácticamente nula a reaccionar con alcoholes terciarios, por lo que resulta un solvente viable para estas reacciones.

4.2.3 Donadores de grupo acilo.

De todos los donadores de grupo acilo disponibles para llevar a cabo transesterificaciones se eligieron ésteres de vinilo ya que durante la reacción, el hidroxivinilo que se forma tautomeriza a acetaldehído (Figura 4.2) compuesto de bajo punto de ebullición (20,2 °C) que se elimina rápidamente del seno de la reacción desplazando el equilibrio hacia la formación de productos (Degueil-Castaing y cols., 1987). Por otra parte a diferencia de los ácidos grasos no generan agua en el transcurso de la reacción. Se emplearon los ésteres de vinilo disponibles (acetato, butirato, decanoato, laurato y estearato de vinilo), todos ellos de Fluka (Estados Unidos) y Aldrich (Alemania). También se emplearon ácidos alquílicos de 2, 4, 6, 8, 10, 12 y 18 átomos de carbono obtenidos de Sigma (USA) y de Aldrich (Alemania) para sintetizar los ésteres de 6 y 8 átomos de carbono (no disponibles en forma de ésteres de vinilo) y para comparar la velocidad de reacción entre ambos tipos de donadores.

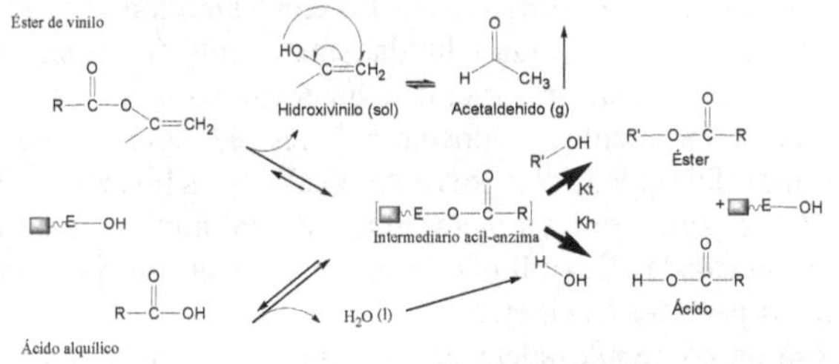

Figura 4.2 Formación del intermediario acil-enzima en lipasas y su posterior conversión para formar ésteres (cuando se incorpora R-OH) o ácidos (si reacciona una molécula de agua). Se incluye la tautomerización de hidroxivinilo a acetaldehído.

4.2.4 Sustratos.

Los sustratos esterificados fueron naringina (N), neohesperidina (Neo), prunina (P), glucósido de hesperetina (GH) y glucósido de eriodictiol (GE). Estos compuestos se obtuvieron según las metodologías descriptas en los Capítulos II y III.

4.2.5 Tamices moleculares.

Con el fin de controlar el nivel de agua en los medios de reacción se emplearon tamices moleculares de aluminosilicatos de sodio con diámetro de poro de 4 Å de SIGMA (Estados Unidos) activados por secado en estufa a 150 °C durante 24 h.

4.3 MÉTODOS

4.3.1 Secado de los reactivos.

En reacciones catalizadas por lipasas se forma un intermediario acil-enzima (Figura 4.2). El ataque nucleofílico del agua a este intermediario conduce a la reacción de hidrólisis del éster, pero la presencia de otro nucleófilo puede conducir a la formación de un producto de transesterificación. Este es un proceso controlado cinéticamente y para el éxito de la síntesis son esenciales la rápida acumulación del intermediario acil-enzima y el ataque preferencial del nucleófilo alternativo determinado por kT [R´OH] >> kH [H_2O]. Para favorecer la síntesis es necesario usar medios de reacción orgánicos con muy bajo contenido de agua. Sin embargo, la ausencia absoluta de agua no es una condición favorable para la catálisis enzimática con lipasas ya que las enzimas requieren una cierta cantidad de agua que les permita mantener una estructura tridimensional adecuada y flexibilidad conformacional. La concentración óptima de agua depende de la enzima involucrada y fundamentalmente de la hidrofobicidad del solvente que se emplea. En general se ha encontrado que para una dada enzima se requieren menores concentraciones de agua a medida que aumenta la hidrofobicidad del solvente (Zaks y Klibanov, 1988). La concentración de agua óptima será entonces la mínima cantidad que permita una adecuada flexibilidad conformacional de la enzima sin desfavorecer los parámetros cinéticos.

Se logró un contenido adecuado de agua en los medios de reacción deshidratando los sustratos sólidos y los componentes líquidos por separado. Sabido es que naringina y otros flavonoides cristalizan incorporando agua (Pulley, 1936), además de la humedad que el sólido pueda poseer. Incluso se ha reportado que el mayor aporte de agua a los medios de reacción lo hace el flavonoide (Gayot y cols., 2003). Por ello los flavonoides estudiados se recristalizaron en dimetilsulfóxido anhidro (DMSO). Este paso supuso la eliminación del agua asociada a los flavonoides. Por otra parte, los solventes y los donadores de acilo se conservaron con 30 mg mL^{-1} de tamices moleculares de 4 Å. También se agregaron a los medios de reacción tamices moleculares en la proporción de 60 mg mL^{-1}. Estudios previos del grupo de investigación y otros antecedentes (Gayot y cols., 2003; Kontogianni y cols., 2003; Katsoura y cols., 2007) indicaron que este proceso de secado debe conducir a un contenido de agua menor a 500 mg L^{-1}. Este contenido de agua se distribuye entre la enzima, el soporte y el solvente favoreciendo la actividad enzimática sin desplazar el equilibrio hacia la hidrólisis. Las enzimas Novozym 435 y Lipozyme RM IM se usaron directamente sin ser sometidas a ningún proceso de secado.

4.3.2 Sistema de reacción.

Se utilizaron como reactores tubos de 16 mm para análisis de demanda química de oxígeno que soportan altas presiones con tapas con sello resistente a solventes orgánicos (HACH, Estados Unidos). En ellos se colocaron cantidades variables del sustrato de interés, solvente, éster de vinilo y tamiz molecular 60 mg mL^{-1} (volumen final 3 mL). Cada sistema cerrado se colocó en baño termostático con agitación (200 rpm) a temperaturas de trabajo comprendidas entre 40 y 60 °C. Las reacciones se iniciaron con el agregado de lipasa. A tiempos regulares se tomaron muestras de 50 μL que se secaron en estufa a 50 °C para eliminar el solvente empleado en la síntesis y se disolvieron adecuadamente con fase móvil de composición variable según el éster sintetizado.

4.3.3 Preparación de ésteres alquílicos de prunina y glucósido de hesperetina.

Los ésteres alquílicos de P y GH se obtuvieron a escala de gramos empleando Novozym 435. Los ésteres de P se sintetizaron en acetona a 50 °C y los de GH en AcN a 60 °C. Para acilar con cadenas de 2, 4, 10, 12 y 18 átomos de carbono se emplearon ésteres alquílicos de vinilo, mientras que para hexanoatos y octanoatos se emplearon los respectivos ácidos grasos.

Cada compuesto se sintetizó colocando 190 mL de solvente en un recipiente de vidrio con tapa de 250 mL, 5 g de tamices moleculares, 2 g de sustrato y la cantidad de donador necesaria para alcanzar una relación molar (moles de donador a mol de glucósido de flavonoide) de 10. El sistema se colocó en baño con agitación (200 rpm) a la temperatura deseada y la reacción se inició con el agregado de 1 g de Novozym 435. La reacción se siguió por HPLC hasta verificar una conversión próxima al 100 %.

La enzima y los tamices moleculares se separaron con una malla de acero inoxidable y el solvente se recuperó en un evaporador rotatorio a 40 °C. El sólido resultante se lavó tres veces con hexano para eliminar el donador de acilo sin reaccionar, centrifugando cada vez por 5 min a 2000 rpm. Los ésteres se obtuvieron en el residuo y se disolvieron en DMSO. El DMSO se evaporó lentamente a 50 °C. Un método de purificación alternativo para ésteres con cadenas de 8 o más carbonos consistió en agregar 2 volúmenes de agua por volumen de medio, una vez separada la enzima y el tamiz. Esto ocasionó la precipitación inmediata del éster sintetizado en un sólido con aspecto viscoso y la formación de una dispersión líquido-líquido constituida por éster de vinilo sin reaccionar, agua, solvente y eventualmente glucósido de flavonoide sin reaccionar. El éster sintetizado se recuperó por centrifugación. Luego se recristalizó en DMSO. Finalmente se determinó la pureza del éster obtenido por HPLC.

4.3.4 Solubilidades de derivados de hesperetina en los solventes de síntesis.

Los medios de reacción con glucósido de hesperetina formaron suspensiones al inicio y al final de la reacción en 3 de los 4 solventes empleados. Por este motivo se determinó la solubilidad tanto de glucósido de hesperetina y de uno de sus ésteres (éster laurato) en los solventes de síntesis. Además se incluyó a neohesperidina en la determinación.

Se usaron tubos plásticos de 1,5 mL con tapa a los que se les agregaron 1 mL de cada solvente. Luego se agregaron los compuestos en estado sólido hasta que se observó una clara sobresaturación. Los sistemas se mantuvieron a una temperatura constante de 50 °C por 24 h antes de tomar alícuotas. Luego, se evaporaron los solventes de las alícuotas y las muestras se diluyeron convenientemente en fase móvil según el par compuesto-solvente. El contenido de flavonoides se determinó por HPLC y la solubilidad se expresó en unidades de molaridad. El experimento se realizó por duplicado.

4.3.5 Estabilidad operacional de Novozym 435.

La estabilidad operacional de la enzima comercial Novozym 435 se ensayó mediante reúsos sucesivos en la síntesis de laurato de prunina en los 4 solventes de síntesis. El ensayo consistió en colocar en tubos con tapa 3 mL de solución 20 mM de prunina y 200 mM de laurato de vinilo con 60 mg mL^{-1} de tamices moleculares y 17 mg mL^{-1} de la enzima. El sistema se incubó en ciclos de 6 h a 50 °C. Al finalizar cada ciclo, se determinó la conversión alcanzada y la enzima se separó del medio de reacción, se lavó con el solvente en estudio y se pasó a medio fresco precalentado a 50 °C.

4.3.6 Procedimiento analítico.

Las conversiones en los medios de reacción se determinaron por HPLC usando un muestreador automático (Autoinjector 234 de Gilson, Francia), una bomba peristáltica isocrática (Pump 37 de Gilson, Francia), un detector de absorbancia a 280 nm (UV/Visible detector 118 de Gilson, Francia), un integrador (Chromatopac C-R8A de Shimadzu, Japón) y columnas de fase reversa usadas indistintamente en el transcurso del desarrollo de la tesis:

- LiChrospher RP-8 100 de 250 mm x 4 mm y tamaño de partícula de 5 μm (Merck, Estados Unidos).
- Waters Spherisorb C8 de 250 mm x 4.6 mm y tamaño de partícula de 10 μm (Waters, Estados Unidos).
- Sphereclone ODS (2) de 250 mm x 4.6 mm y tamaño de partícula de 5 μm (Phenomenex, Estados Unidos).
- GraceSmart RP 18 de 250 mm x 4.6 mm y tamaño de partícula de 5 μm de (Grace, Estados Unidos).

Las muestras fueron eluidas isocráticamente con mezclas acetonitrilo:agua utilizando diferentes composiciones de fase móvil y velocidades de flujo según la longitud de la cadena alquílica incorporada al flavonoide a fin de optimizar la separación de sustrato y producto. En la Tabla 4.1 se reportan las condiciones utilizadas.

4.3.7 Cálculos de porcentaje de conversión.

Las áreas obtenidas por HPLC se transformaron en conversiones según la ecuación:

$$\%Conversion: \left(\frac{Área^{éster}}{Área^{éster} + Área^{sustrato}} \right) * 100\%$$

Este cálculo se fundamenta en haber comprobado experimentalmente que la absortividad molar de cada sustrato así como los factores de respuestas de la detección, fueron iguales a la de los ésteres correspondiente independientemente de la longitud de la cadena incorporada. Cuando se necesitó expresar los resultados en términos de concentraciones del éster, la conversión se multiplicó por la concentración inicial del sustrato.

Tabla 4.1 Condiciones de fase móvil y velocidad de flujo utilizadas en HPLC según la cadena alquílica incorporada al éster sintetizado.

Éster analizado	Fase móvil AcN:H_2O (v/v)	Flujo (mL min^{-1})
Acetato	50:50	0,6
Butirato	65:35	0,7
Hexanoato	65:35	0,8
Octanoato	80:20	0,8
Decanoato	80:20	0,8
Laurato	80:20	0,8
Estearato	80:20	0,8

4.3.8 Determinación de estructuras.

A los productos obtenidos cuando reaccionan prunina y glucósido de hesperetina con laurato de vinilo se les realizaron espectros de resonancia magnética nuclear en una y dos dimensiones (^{1}H-NMR y 2D-NMR) con el fin de determinarles la estructura. Se empleó un espectrómetro Bruker Avance DMX-500 NMR, operando a 500.13 MHz (^{1}H) y 125.76 MHz (^{13}C), el cual corre bajo el software Bruker.

LP: ^{1}H (500,13 MHz, DMSO-d_6): δ 5,33 (1H, m, H-2), 3.10 (1H , m, H-3-ax), 2,75 (1H , m, H-3-eq), 6.17 (1H, sbr, H-6), 6,18 (1H, sbr, H-8), 7,27 (2H, d, 8.4 Hz, H-2', H-6'), 6,83 (2H, d, 8.4 Hz, H-3', H-5'), 4,88 (1H, dd, 5.0, 7.3 Hz, H-1''), 3,50 (1H, dd, 7.5, 8.0 Hz, H-2''), 3,46 (1H, dd, 8.0, 8.5 Hz, H-3''), 3,33 (1H, m, H-4'', superpuesto con la señal del solvente), 3,63 (1H, ddd, 2.0, 8.8, 9.2 Hz, H-5''), 4,18 (1H, m, H-6$_a$''), 4,42 (1H, dd, 2.0, 11.7 Hz, H-6$_b$''), 2,27 (2H, m, H□ to C=O), 1.52 (2H, m, H_α to C=O), 1,21 (XH, m, CH_2), 0,85 (3H, t, terminal CH_3).

^{13}C (125.76 MHz): δ 80,0 (d, C-2), 43,9 (t, C-3), 197,7 (s, C-4), 163,4 (s, C-5), 98,8 (d, C-6), 165,4 (s, C-7), 96,9 (d, C-8), 163,0 (s, C-9), 103,9 (s, C-10), 129,1 (s, C-1'), 128,6 (d, C-2', C-6'), 116,0 (d, C-3', C-5'),

157,7 (s, C-4'), 100,2 (d, C-1''), 73,5 (d, C-2''), 76,7 (d, C-3''), 70,9 (d, C-4''), 75,1 (d, C-5''), 64,3 (t, C-6''), 35,0 (t, C_{α} del C=O), 27,7 (t, C_{β} del C=O), 174,8 (C=O).

LGH: ^{1}H (500.13 MHz, DMSO-d_6): δ 5.35 (1H, dd, 2.7, 12.9 Hz, H-2), 3.09 (1H , dd, 12.9, 17.2 Hz, H-3-ax), 2.75 (1H , dd, 2.7, 17.2 Hz, H-3-eq), 6.17 (1H, d, 2.2 Hz, H-6), 6,23 (1H, d, 2.2 Hz, H-8), 6.96 (1H, sbr, H-2'), 6.93 (1H, d, 8.3 Hz, H-5'), 6.92 (1H, dbr, 8.3 Hz, H-6'), 3.87 (3H, s, OCH_3), 4.92 (1H, dbr, 7.5 Hz, H-1''), 3.46 (1H, dd, 7.3, 8.8 Hz, H-2''), 3.31 (2H, m, H-3'', H-4'', superpuesto con la señal del solvente), 3.67 (1H, ddd, 2.0, 7.2, 8.5 Hz, H-5''), 4.14 (1H, dd, 7.2, 11.7 Hz, H-6$_a$''), 4.44 (1H, dd, 2.0, 11.7 Hz, H-6$_b$''), 2.28 (2H, dd, 7.2, 7.3 Hz, H□ to C=O), 1.45 (2H, dd, 7.2, 7.3 Hz, H□ to C=O).

^{13}C (125.76 MHz): δ 80.1 (d, C-2), 44.4 (t, C-3), 197.0 (s, C-4), 163.4 (s, C-5*), 97.6 (d, C-6), 165.5 (s, C-7), 96.4 (d, C-8), 163.4 (s, C-9*), 103.6 (s, C-10), 131.0 (s, C-1'), 113.6 (d, C-2'), 146.4 (s, C-3'), 147.9 (s, C-4'), 111.9 (d, C-5'), 118.2 (d, C-6'), 100.5 (d, C-1''), 77.0 y 73.9 (d, C-2''+ impureza), 71.2 (d, C-3'', C-4''), 75.1 (d, C-5''), 63.9 (t, C-6''), 55.8 (s, OCH_3), 34.4 (t, C_{α} del C=O), 25.4 (t, C_{β} del C=O), 174.1 (C=O).

4.3.9 Análisis de datos.

El análisis estadístico de datos y las gráficas se realizaron usando el Software GraphPad Prism versiones 5.00 para Windows de GraphPad Software (San Diego, California, USA, www.graphpad.com).

4.4 RESULTADOS Y DISCUSIÓN

4.4.1 Estructuras de los ésteres sintetizados.

Independientemente del sustrato, del donador acilo, del solvente, la temperatura y la enzima empleada, por HPLC siempre se detectó sólo un producto para cada par sustrato-donador, salvo cuando se utilizó como donador acetato de vinilo con la enzima CALB donde se obtuvieron dos productos de reacción. Este caso particular se presenta en la Sección 4.4.7.

Ya que las lipasas exhiben fuerte especificidad a reaccionar con hidroxilos primarios de flavonoides (Nakajima y cols., 1999), se suponía que los productos correspondían a la esterificación del único OH primario que tienen los glucósidos de flavonoides empleados (ver Figura 4.1).

Este hecho se verificó para laurato de prunina y para laurato de glucósido de hesperetina por técnicas espectroscópicas. El análisis de conectividades heteronucleares a larga distancia (Heteronuclear Multiple-Bond Connectivities o HMBC) mostró en ambos casos correlación entre el grupo carbonilo a δ_C 174,8 y los hidrógenos H6″a y H6′b, indicando inequívocamente que la esterificación ocurre en el hidroxilo primario del C6″ de la unidad glucosídica siendo el derivado sintetizado el éster laurato de 6″O-glucósido de flavonoide. Efectivamente, la acilación transcurrió de una manera regioselectiva.

La selectividad de CALB por el OH del C6″ de naringina ha sido reportada frente a una variedad de donadores (Gao y cols., 2000; Kontogianni y cols., 2001; Kontogianni y cols., 2003; Katsoura y cols., 2006). La cavidad catalítica de CALB (Figura 4.3) tiene 9.5 Å por 4.5 Å de ancho y 12 Å de hondo con una falsa tapa a la entrada. Este es el canal del sustrato. Su forma estrecha y profunda, comparada con la de otras lipasas, posee un espacio disponible muy limitado y como puede esperarse exhibe un alto grado de selectividad (Uppenberg y cols., 1994; Pleiss y cols., 1998; Otto y cols., 2000). Por el contrario, el sitio activo de RML tiene la forma de un plato levemente profundo con un largo de 18 Å, un ancho de 4.5 Å en la base y 6 Å en la superficie de la proteína (Pleiss y cols., 1998). Sin embargo, a pesar de tener un sitio activo más espacioso donde el sustrato podría acomodarse de diferentes formas, RML tuvo la misma regioselectividad que CALB.

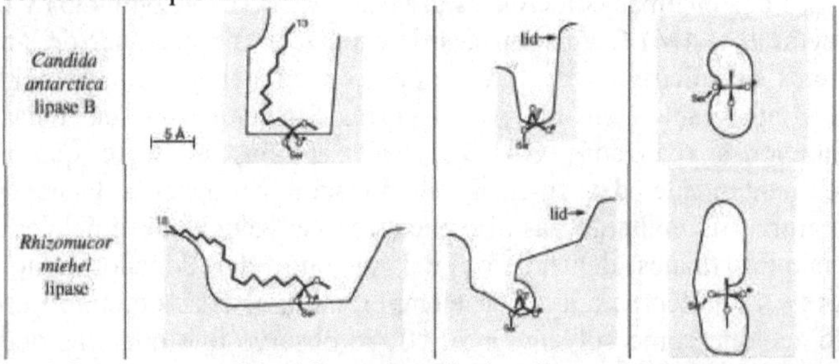

Figura 4.3 Esquema del sitio activo de las lipasas CALB y RML. Las primeras 2 columnas muestran los cortes transversales del sitio activo. La tercera columna muestra un corte vertical. En las gráficas se muestra la orientación del ácido graso, pero no la del sustrato alcohólico por claridad. Los números en los ácidos representan la longitud máxima del ácido graso que puede ingresar completamente al sitio activo. El término "lid" representa la tapa del sitio activo. Gráfica de (Pleiss y cols., 1998).

Recientemente de Oliveira y colaboradores (2009) determinaron mediante modelado molecular que las agliconas de rutina e isoquercitina se localizan a la entrada de la cavidad catalítica y se estabilizan por uniones de puente hidrógeno e interacciones hidrofóbicas, mientras que la parte glicosídica de ambos flavonoides se ubican al final de la cavidad colocando, en el caso de glucósido de isoquercetrina, el 6″-OH directamente enfrentado al sitio de unión del grupo donador de acilo (Figura 4.4). Este hallazgo está de acuerdo con la evidencia experimental y da una explicación a nivel atómico de la regioselectividad de CALB en la acilación de glicósidos de flavonoides.

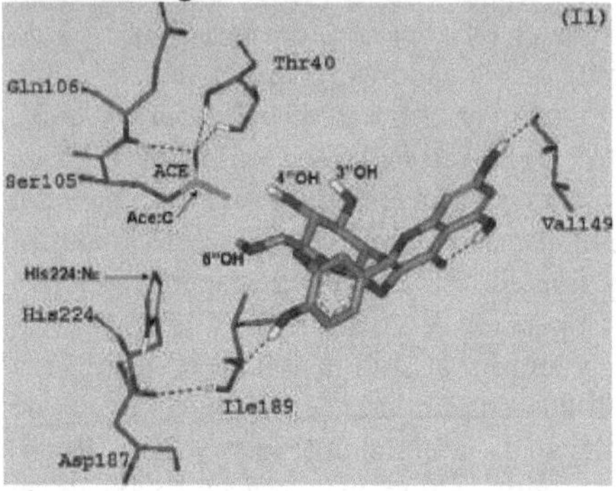

Figura 4.4 Esquema de la mejor orientación e interacciones de enlaces de hidrógeno (líneas discontinuas) del complejo isoquercitrina-CALB. Por claridad, sólo se muestran los residuos útiles para la discusión. 6''-OH es el hidroxilo más cercano a los residuos catalíticos estando simultáneamente a 4,0 Å de His224:Nε y 3,5 Å de Ace: C, cumpliendo con los criterios de distancia para reaccionar. Figura tomada de De Oliveira y cols. (2009).

4.4.2 Efecto de la enzima en la síntesis.

Las dos enzimas comerciales usadas, CALB (Novozym 435) y RML (Lipozyme RM 1M) fueron capaces de catalizar las reacciones de síntesis de ésteres de glicósidos de flavonoides con conversiones y velocidades iniciales apreciables en los 4 solventes. Sin embargo, en todas las comparaciones realizadas CALB probó ser más eficiente que RML independientemente del sustrato, el donador acilo, el solvente y la temperatura. Sin embargo, las diferencias en las velocidades iniciales y las conversiones finales dependieron del sustrato, del donador acilo, del solvente y de la temperatura. Por ejemplo, en la síntesis de lauroil ésteres usando acetona como solvente a 50 °C, se observó que mientras que con glucósido de eriodictiol las conversiones a 24 h son comparables para ambas enzimas (CALB: 95,7 % y RML: 76 %), para GH y P las diferencias son mucho más importante (Figura 4.5).

Mientras que la mayoría de los autores que han estudiado reacciones de síntesis de ésteres de glicósidos de flavonoides usaron CALB, sólo unos pocos de ellos usaron RML. Katsoura *et al.* (2006) utilizó RML en la síntesis de butirato-6″O de naringina en líquidos iónicos y Gao *et al.* (2000) la utilizó para la esterificación de glucósido-7-D-catequina con ácidos aromáticos en mezclas de solventes t-butanol/piridina y acetonitrilo/piridina. Ambos reportaron que CALB fue un biocatalizador más eficiente que RML, lo que concuerda con los resultados presentados.

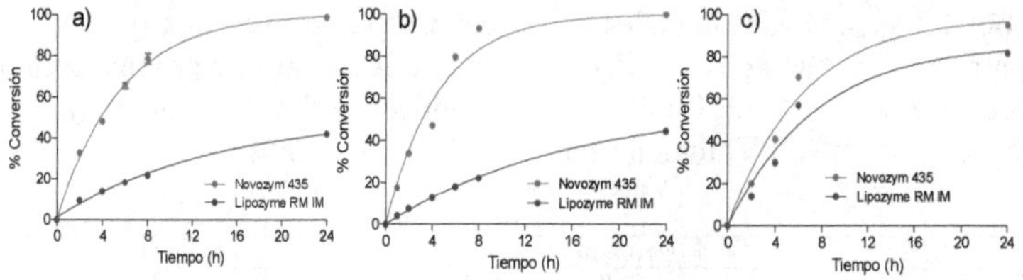

Figura 4.5 Comparación de enzimas en la síntesis de lauratos de glucósidos de flavonoides. a) P 20 mM, 50 mg de enzima, LV 200 mM y volumen total 3 ml. b) GH 20 mM, 50 mg de enzima, LV 200 mM y volumen total 3 mL. c) GE 7 mM, 12,5 mg de enzima, LV 97 mM y volumen total 1,5 mL.

4.4.3 Efecto de la temperatura.

LP: Para la síntesis de laurato de prunina se estudió el efecto de la temperatura en todos los solventes con ambas enzimas, llevando a cabo la síntesis con una relación molar (moles de laurato de vinilo por mol de prunina) fija de 20 (Tabla 4.2).

Cuando el catalizador fue CALB se observó un aumento de la velocidad de reacción con la temperatura para todos los solventes. En acetona y AcN se alcanzaron en 6 h conversiones próximas al 100 % a 50 °C y 60 °C, mientras que se requirieron 8 h a 40 °C. En THF fueron necesarias 24 h de reacción para alcanzar una conversión total a 40 °C pero sólo 8 h a 50 o 60 °C. En TBOH se alcanzó una conversión del 67 % en 24 h a 40 °C y del 100 % luego de 18 h a 50 y 60 °C.

Cuando se empleó RML, no se logró una conversión total en 24 h en ninguno de los solventes. Más aún, se observó un declive de la velocidad inicial con la temperatura, indicando inactivación de la enzima. Este resultado descartó a RML para el estudio de la síntesis con los demás sustratos.

LGE: La síntesis de laurato de glucósido de eriodictiol (LGE) empleando CALB fue afectada en forma similar a la síntesis de LP. En la Tabla 4.3 se muestran las velocidades iniciales y los rendimientos alcanzados (8 h) a distintas temperaturas.

LGH: El efecto de la temperatura en la síntesis del laurato de glucósido de hesperetina (LGH) se estudió empleando Novozym 435 y evaluando el rendimiento alcanzado a 8 h de reacción a 40, 50 y 60 °C para tres relaciones molares (Tabla 4.4). Cabe destacar que a la concentración ensayada (GH 20 mM) el sustrato no fue totalmente soluble en acetona, TBOH y AcN, pero si en THF.

Tabla 4.2 Velocidades iniciales y conversiones (entre paréntesis) a 24 h o 6 h para valores marcados con * en la síntesis de laurato de prunina usando CALB y RML. P 20 mM, LV 400 mM, tamices moleculares 60 mg mL^{-1} y enzima 17 mg mL^{-1}. Volumen final 3 mL. n=2, SD < 5%.

Velocidad inicial (10^3 μmol min^{-1} mgE^{-1})
Conversión final (%)

	CALB (Novozym 435)				RML (Lipozyme RM IM)			
Solvente	Acetonitrilo	Acetona	THF	t-butanol	Acetonitrilo	Acetona	THF	t-butanol
Log P	-0,33	-0,23	0,49	0,89	-0,33	-0,23	0,49	0,89
40 °C	12,0 (100)	7,9 (100)	2,1 (100)	0,7 (67)	4,2 (91)	3,9 (97)	1,7 (80)	1,7 (83)
50 °C	14,8 (100)*	12,0 (100)*	4,4 (99.1)	1,5 (98)	4,8 (87)	5,2 (97)	2,0 (78)	1,6 (77)
60 °C	25,8 (100)*	18,6 (100)*	6,7 (100)*	2,9 (100)	5,1 (87)	5,3 (89)	1,6 (52)	1,3 (53)

Tabla 4.3 Velocidades iniciales y conversión a 8 h en la síntesis de laurato de glucósido de eriodictiol. GE 7 mM, tamices moleculares 60 mg mL^{-1}, Novozym 435 12,5 mg, LV 97 mM. Solvente acetona. Volumen total 1,5 mL.

Temperatura (°C)	$V_{inicial}$ (10^3 μmol min^{-1} mgE^{-1})	Conversión (%)
40	0,97± 0,02	55
50	1,4 ± 0,1	77
60	2,3 ± 0,1	97

Tabla 4.4 Conversión a 8 h en la síntesis de laurato de glucósido de hesperetina. GH 20 mM, tamices moleculares 60 mg mL^{-1}, Novozym 435 17 mg mL^{-1}, Relación molar 2 (LV 40 mM), 10 (200 mM) y 20 (400 mM). Solvente acetona. Volumen total 3 mL.

	Solvente: THF			AcN			Acetona			TBOH		
	Relación Molar LV/GH											
T (°C)	2	10	20	2	10	20	2	10	20	2	10	20
40	32,8	43,6	49,9	62,1	62,1	60,6	33,3	42,1	41,2	4,9	20,8	24,1
50	50,2	71,3	80,1	57,5	64,1	61,8	45,2	53,2	53,7	4,7	27,7	32,8
60	51,6	82,0	85,7	79,1	91,3	91,4	53,8	66,0	82,7	5,7	53,4	63,0

Los resultados obtenidos mostraron que la temperatura óptima en cada solvente en cuanto a la relación conversión/tiempo (entre las ensayadas), fue dependiente de la solubilidad del sustrato. Por ejemplo, para los sistemas solubles (P, GE y GH sólo en THF), hubo un aumento importante del rendimiento al pasar de 40 a 50 °C, pero no de 50 a 60 °C. Sin embargo, cuando el sustrato no se disolvió completamente (GH en acetona, AcN y TBOH) el pasaje de 50 °C a 60 °C si ocasionó una mejora sustancial en la conversión. El aumento observado, entonces, parecería deberse fundamentalmente a dos factores: uno asociado a la dependencia de las constantes de velocidad con la temperatura y otro adicional debido a la mayor solubilidad del sustrato en el medio de reacción.

4.4.4 Solubilidades de derivados de hesperetina en los solventes de síntesis.

Se determinó que la eliminación de la unidad de ramnosa de neohesperidina para generar el glucósido de hesperetina hizo que el derivado resulte más soluble en todo los solventes de síntesis. Un resultado semejante fue encontrado por Chebil y cols. (Chebil y cols., 2007) quienes trabajando con rutina, isoquercitrina y quercetina (diglicósido, glucósido y aglicona, respectivamente), encontraron un orden de diferencia de solubilidad en acetonitrilo entre el diglicósido y el glucósido (0.5 y 5.4 mM, respectivamente). Además, sugirieron que es la incorporación de azúcares a la aglicona lo que causa una disminución progresiva de la solubilidad en solventes orgánicos polares. Los resultados de solubilidad se presentan en la Tabla 8.3.

Tabla 8.3 Solubilidad de neohesperidina (Neo), glucósido de hesperetina (GH) y laurato de glucósido de hesperetina (LGH) a 50 °C en los solventes de síntesis.

	Solubilidad (mM)		
	Neo	GH	LGH
Acetona	2,34	10,7	128
Ter-butanol	0,73	7,75	15
Tetrahidrofurano	14,4	133	217
Acetonitrilo	0,77	5,01	73

4.4.5 Efecto del solvente en la síntesis.

La elección de un solvente no convencional en biocatálisis depende del sustrato, la enzima, el soporte de inmovilización y de condiciones operacionales como el contenido de agua, la temperatura y la relación molar donador-aceptor a la cual se quiera trabajar.

A continuación se presentan los resultados obtenidos al ensayar diferentes solventes en la síntesis de ésteres alquílicos de glucósidos de flavonoides cítricos catalizando las reacciones con la enzima comercial Novozym 435.

LP y LGE: Para las síntesis de LP y LGE, donde sustratos y productos son solubles, se determinó que las actividades de ambas enzimas tuvieron una correlación inversa con el log P del solvente (Tabla 4.2 y

Figura 4.6). Esta correlación ya se ha mencionado con anterioridad para varias lipasas (Hazarika y cols., 2003; Chebil y cols., 2007).

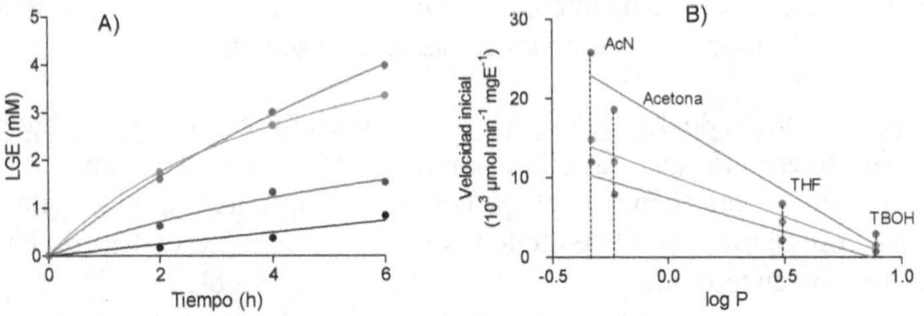

Figura 4.6 A) Efecto del solvente (• AcN, • THF, • Acetona y • TBOH) en la síntesis de LGE: laurato de glucósido de eriodictiol. GE 7 mM, 60 mg mL^{-1} de tamices moleculares, 12,5 mg de Novozym 435, LV 97 mM, 50 °C, volumen total 1,5 mL. B) Relación entre velocidad inicial y el log P del solvente en la síntesis de LP a distintas temperaturas (• 40 °C, • 50 °C y • 60 °C). Las condiciones operacionales son las de Tabla 4.2.

LGH: A pesar que el solvente más hidrofílico (AcN) no disolvió completamente el sustrato, resultó ser el más adecuado. THF resultó comparable a acetona. TBOH se mantuvo como el solvente menos eficaz (Figura 4.7).

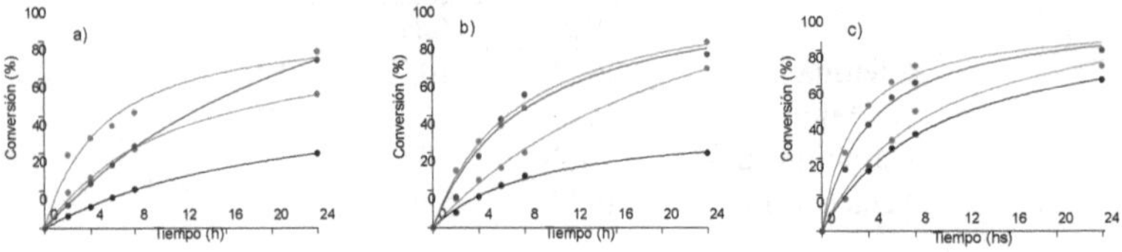

Figura 4.7 Perfiles de reacción para la síntesis de LGH a 40 °C (a), 50 °C (b) y 60 °C (c). Relación molar LV/GH 10. (•) AcN, (•) THF, (•) Acetona y (•) TBOH. GH 20 mM, 60 mg mL^{-1} de tamices moleculares, 50 mg de Novozym, volumen total 3 mL. Se presentan los valores medios de dos determinaciones independientes.

Si bien la actividad de una enzima puede correlacionar con muchas propiedades del solvente (hidrofobicidad, solubilidad en agua, capacidad de donar o aceptar pares electrónicos, polarizabilidad, constante dieléctrica, etc), la propiedad más empleada para comparar actividades es la hidrofobia según el valor de log P (Hazarika y cols., 2003).

En esta tesis se determinó que en la síntesis de ésteres de glucósidos de flavonoides cítricos existe una correlación inversa entre la hidrofobicidad del solvente (log P) y la actividad catalítica. Este comportamiento se mantuvo incluso para la síntesis de LGH, a pesar de que GH fue mucho más soluble en THF (133 mM) que en AcN (5 mM). Esto indica que el factor de disponibilidad de sustrato soluble tiene menor influencia sobre la velocidad de reacción que el efecto que ejerce el solvente sobre la actividad catalítica. Un solvente que disuelve poco al sustrato puede ser más efectivo que uno que lo disuelva más. Esto nos conduce a centrarnos específicamente en la interacción solvente-enzima.

Existen varios trabajos científicos que mencionan que el solvente puede afectar la actividad catalítica de una enzima libre liofilizada. En 1997 Klibanov resumió los efectos del solvente que más se han asociado con la actividad catalítica, la magnitud que cada uno tiene y el remedio aplicable (Tabla 4.5). Además cuando la enzima está soportada aparecen otros factores como los difusionales externos e internos, los coeficientes de reparto del sustrato entre la fase líquida y la sólida (Heinsman y cols., 2003), la restricción en la flexibilidad de la enzima, etc.

Extrapolando los datos de Klibanov para enzimas liofilizadas libres a enzimas inmovilizadas es posible ver que los efectos difusionales, de bloqueo de sitio activo y de enzima en pH no óptimo son intrínsecos de las preparaciones comerciales usadas. En nuestro caso, el cambio de solvente sólo podría influir en la movilidad conformacional y en el estado de transición.

En lo que respecta a la movilidad conformacional, en todos los casos se trabajó manteniendo constante las variables metodológicas, por lo que se supone que la cantidad de agua en el sistema se mantuvo constante. Sin embargo, se sabe que los solventes más hidrofílicos son capaces de extraer agua funcional de la enzima, disminuyendo la actividad acuosa sobre la enzima haciéndola perder la flexibilidad que necesita para trabajar. Este hecho está en contra de la relación entre log P y actividad catalítica encontrada aquí y en otros trabajos (Hazarika y cols., 2003; Hernández-Rodríguez y cols., 2009), siendo necesario otro efecto de mayor magnitud que justifique las evidencias experimentales.

Tabla 4.5 Causas de disminución de actividad enzimática en solventes orgánicos anhidros comparados con la actividad en agua y sus posibles soluciones (Klibanov, 1997).

Efecto	Comentario	Remedio.
Efectos difusionales.	No son muy importantes.	Agitar vigorosamente. Usar partículas de enzimas pequeñas.
Bloqueo del sitio activo.	Responsable cómo mucho de la reducción de actividad de un par de veces.	Si fuera un problema, use enzimas cristalizadas y no amorfas.
Enzima en pH no óptimo.	Puede llegar a ser responsable de una disminución de actividad de 100 veces.	Deshidratar la enzima a partir de soluciones reguladoras en el pH óptimo de la enzima.
Movilidad conformacional reducida.	Graves en disolventes anhidros hidrofílicos debido a la extracción de agua estructural de la enzima. Puede ser responsable de una reducción de actividad de al menos 100 veces.	Optimizar la actividad acuosa hidratando el solvente.
Estabilización del estado de transición.	Puede ser importante si el estado de transición está al menos parcialmente expuesto al solvente.	Seleccionar el disolvente que se espera que tenga interacciones favorables con el estado de transición.

El comportamiento encontrado se justifica si se acepta que en el mecanismo de la alcohólisis estudiada, la etapa limitante es la formación de un intermediario ternario aniónico (sustrato-grupo acilo-enzima) sobre serina 105 (Arcos y cols., 2001). Un solvente con mayor constante dieléctrica (o menor log P) estabilizará mejor el estado de transición y acelerará la reacción. De hecho, si se asume que en la determinación de las velocidades iniciales para la síntesis de laurato de prunina el comportamiento cinético fue michaeliano y que hubo baja saturación de la enzima (zona recta de la curva de Michaelis) la velocidad responde a una cinética de primer orden ($v_{inicial}$=k [Sustrato]) y es posible transformar los datos de la Tabla 4.2 para obtener aproximaciones de las energías de activación para cada solvente a partir de la ley de Arrhenius. De esta forma se encontró una dependencia lineal entre esta energía de activación simplificada (7,8±2,2 AcN < 8,8±1,4 acetona < 12,0±1,7 THF < 14,7±0,4 TBOH en kcal mol^{-1}) y el log P del solvente empleado (Figura 4.8).

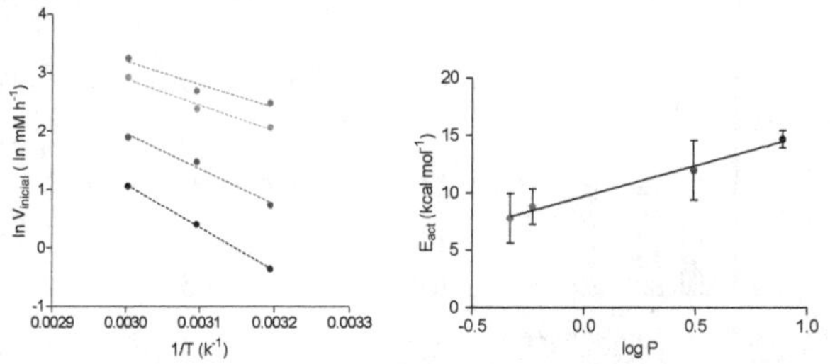

Figura 4.8 A) Determinación de la energía de activación según Arrhenius suponiendo cinética de primer orden en la velocidad inicial de la síntesis de laurato de prunina en función del solvente empleado (• AcN, • THF, • Acetona y • TBOH). B) Relación entre la energía de activación y el log P del solvente. Las barras son los límites de confianza al 95% de las energías de activación obtenidas en el grafico A). Las condiciones operacionales son las de Tabla 4.2.

Estos resultados sugieren que la relación entre actividad enzimática y el solvente está directamente asociada a la estabilización del complejo intermediario siendo más favorable al aumentar la hidrofilicidad del solvente. Además, los solventes que resultaron más adecuado cinéticamente para la síntesis (acetona y acetonitrilo) son solventes orgánicos polares apróticos y tienen ventajas técnicas frente a los apolares: menor toxicidad, mayores puntos de ebullición y menores costos.

4.4.6 Efecto de la relación molar donador / sustrato.

Con el objetivo de optimizar la relación molar en la transesterificación, se estudiaron diferentes proporciones donador de acilo / sustrato usando CALB como biocatalizador.

LGE: La Figura 4.9 presenta los rendimientos máximos alcanzados a 24 h en la síntesis de laurato de glucósido de eriodictiol usando acetona como solvente y Novozym 435 como biocatalizador. Puede observarse que la relación molar de 14 dio un rendimiento prácticamente del 100 %, mientras que un sistema con la mitad de donador convirtió 80 % del sustrato en igual tiempo.

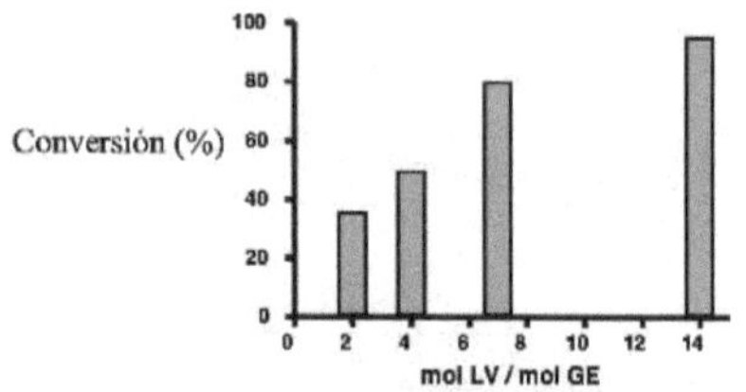

Figura 4.9 Efecto de la relación molar LV/GE en la síntesis de LGE catalizada por Novozym 435. GE 7mM, tamices moleculares 30 mg mL^{-1}, enzima 12,5 mg, solvente acetona, volumen total 1,5 mL a 50 °C y 24 h de reacción.

LGH: En la reacción de síntesis del éster laurato de glucósido de hesperetina la influencia de la concentración del donador se hizo más importante a la menor temperatura ensayada (40 °C). Se destacó que para acetonitrilo y tetrahidrofurano al doblar la concentración desde una relación molar de 10 a una de 20, no se produjo un incremento significativo en el rendimiento. Más aún, se determinó que trabajando a 40 °C si se utiliza acetonitrilo como solvente una relación molar de 2 resulta viable para alcanzar rendimientos próximos al 100 % en 24 h de reacción (Figura 4.10).

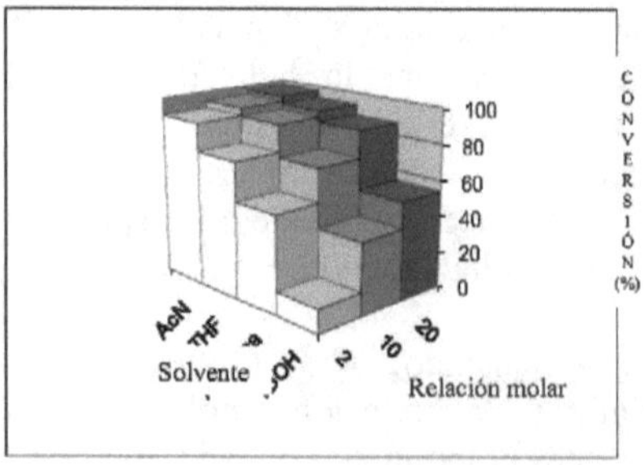

Figura 4.10 Efecto de la relación molar LV/GH en la síntesis de LGH catalizada por Novozym 435. GH 20 mM, tamices moleculares 30 mg mL^{-1}, enzima 17 mg mL^{-1}, volumen total 3 mL.

LP: En la Figura 4.11 se presentan los porcentajes de conversión alcanzados en cada solvente variando la relación molar sustrato/donador de acilo.

En acetona y acetonitrilo una relación molar de 10 fue suficiente para alcanzar rendimientos próximos al 100 % en sólo 6 h. Un aumento en la relación molar no produjo un incremento sustancial. Sin embargo, en THF se necesitó una relación molar de 40 para lograr una conversión casi del 100 % en 24 h. En terbutanol, usando una relación molar de 40, sólo se alcanzó una conversión del 80 % con 24 h de reacción.

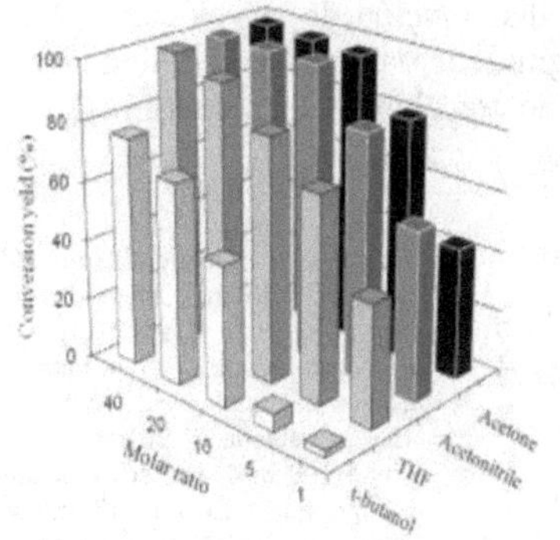

Figura 4.11 Efecto de la relación molar LV/P en la síntesis de LP catalizada por Novozym 435. Conversión a 6 h en AcN y acetona y a 24 h en TBOH y THF. P 20 mM, tamices moleculares 60 mg mL^{-1} y enzima 17 mg mL^{-1} a 50 ºC. Se presenta la media de 2 ensayos independientes. Las desviaciones estándar fueron menores al 5 %.

El aumento de la conversión con la relación molar puede deberse al hecho de que un exceso de donador impulsa la reacción hacia la formación del éster. Aunque el donador que no reacciona puede recuperarse, una relación molar elevada es desfavorable económicamente, además de incrementar la hidrofobicidad del medio, que de acuerdo con la relación inversa hallada entre log P y actividad enzimática, desfavorece la reacción. Se propone como óptima una relación molar de 10 para sintetizar LP o LGE en acetona y un valor de 4 para sintetizar LGH en acetonitrilo.

4.4.7 Efecto de la longitud de la cadena del donador de acilo.

Se estudió el efecto de la longitud de la cadena de los donadores vinílicos de grupo acilo sobre la velocidad de síntesis de ésteres alquílicos de glucósidos de flavonoides cítricos en acetona usando Novozym 435 como catalizador y prunina como sustrato.

Dado que cuando se incrementa la longitud de la cadena del donador, a una concentración molar fija, también aumenta la hidrofobicidad del medio, se escogió trabajar a una relación molar éster de vinilo / prunina baja, para prevenir la variación excesiva de la hidrofobicidad del medio. La síntesis de ésteres de prunina se diseñó usando ésteres de vinilo alquílicos lineales (ésteres acetato, butirato, decanoato, laurato y estearato) a 50 °C. La cantidad de enzima fue variable, 3,3, 6,7 y 17 mg mL^{-1}. Tanto prunina, como sus ésteres resultaron totalmente solubles en el transcurso de la reacción. Las velocidades iniciales se calcularon siempre de la pendiente lineal resultante al graficar concentración de producto en función del tiempo. Se graficaron la velocidad inicial por miligramo de enzima y la conversión alcanzada a 24 h en función de la longitud de la cadena del donador (Figura 4.12).

Resulta claro que existió una disminución de la velocidad inicial a medida que se incrementó la longitud de la cadena del donador. Sin embargo las conversiones tras 24 h de reacción fueron superiores al 80 % independientemente de la longitud de la cadena.

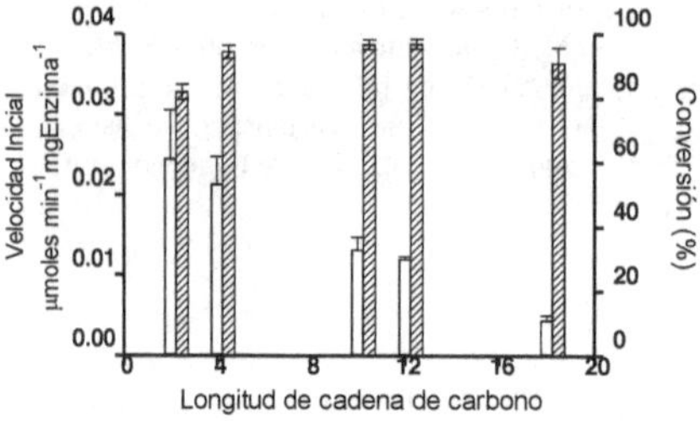

Figura 4.12 Efecto de la longitud del donador acilo en la velocidad inicial (barras blancas) y la conversión a 24 h (barras rayadas) en la síntesis de ésteres de prunina usando Novozym 435 en acetona. P 20 mM, éster de vinilo 100 mM, tamices moleculares 67 mg mL^{-1}. Enzima 17 mg mL^{-1}. Temperatura 50 ºC. Se presentan las medias con sus errores.

Una revisión bibliográfica de reacciones similares con sustratos polihidroxilados y la misma enzima en medios orgánicos no conduce a un criterio unificado. Pedersen y cols. (2002) estudiaron la síntesis de ésteres de disacáridos con ácidos grasos y encontraron que las velocidades iniciales se incrementaron con la disminución de la longitud de la cadena incorporada. Ardhaoui y cols. (2004b) determinaron que en la transesterificacion de rutina y esculina con ácidos grasos hubo una preferencia por ácidos de cadenas mayores a C12 empleando como solvente 2-metil-2butanol. En líquidos iónicos se informó un resultado similar al nuestro para la esterificación de naringina con ácidos grasos y ésteres de vinilo como donadores (Katsoura y cols., 2006).

Según la descripción del sitio activo que realizan de Oliveira (2009), Otto (2000) y Pleiss (1998) CALB tiene mayor afinidad por grupos acilos de longitud media o corta, lo que concuerda con la tendencia encontrada. Es posible que además, haya efecto difusivo del donador hasta el sitio activo a través de la partícula catalítica, lo que reforzaría la justificación del comportamiento encontrado.

4.4.8 El di-acetato de prunina.

Cuando el producto de la síntesis entre P y AV se analizó por HPLC, se detectaron dos picos (P1 y P2). El perfil cinético (Figure 4.13) mostró que P1 se incrementa rápidamente al inicio de la reacción y luego comenzó a ser importante P2 a expensas de P1. Esto sugiere que primero se formaría un mono-acetato (seguramente en la posición 6″O) y que este producto todavía es sustrato para la enzima, lo que origina la acilación de un segundo OH. Esta situación no se observó para ésteres más grandes.

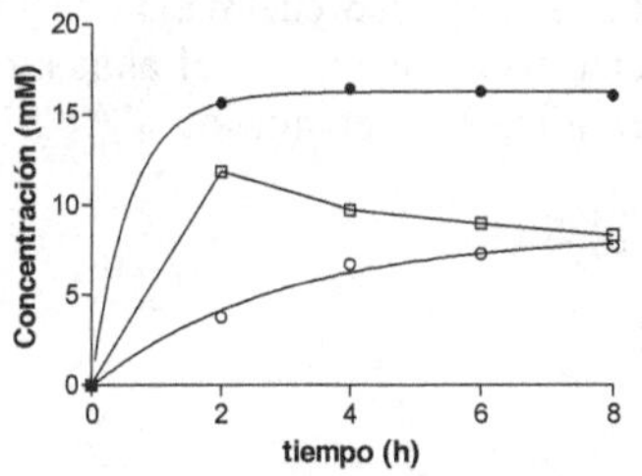

Figura 4.13 Perfil de avance de reacción entre P y AV. P1 (□), P2 (○) y P1+P2 (●). P 20 mM, AV 100 mM, enzima Novozym 435 17 mg ml^{-1} en acetona a 50 °C. Los datos son la media de duplicados.

La acilación múltiple en sustratos polihidroxilados ya ha sido reportada para flavonoides. Danieli y cols. estudiaron la reacción de transesterificacion de isoquercetina con acetato de vinilo como donador y Novozym 435 como biocatalizador a 45 °C y reportaron la formación de un di-acetato (3", 6"-O-diacetato). Chebil y cols. (Chebil y cols., 2007) usaron relaciones molares más elevada a las usadas por Danieli y cols. (1997) y obtuvieron 3",6"-O-diacetato y 2",3",6"-O-triacetato, sin observar la presencia de monoacetato. Otros autores que intentaron obtener acilaciones múltiples sobre flavonoides con donadores de acilo más voluminosos como cianamato, ferulato o cumarato de vinilo (Nakajima y cols., 1999; Gao y cols., 2000) y sendos vinil ésteres de ácidos aromáticos (Ishihara y Nakajima, 2003) obtuvieron solamente el 6"-O-monoester, lo que demostró la imposibilidad de CALB para poliacilar donadores voluminosos.

4.4.9 Efecto del glicósido de flavonoide.

La acilación de naringina ha sido reportada por varios autores pero en diferentes condiciones, mientras que la de neohesperidina no ha sido reportada a la fecha. Con el fin de comparar las velocidades de síntesis de lauratos de flavonoides diglicósidos (naringina y neohesperidina) y lauratos de glucósidos de flavonoides (prunina y glucósido de hesperetina), las reacciones se hicieron en idénticas condiciones usando CALB como catalizador.

Se observó que la velocidad de síntesis de ésteres de flavonoides diglicósidos fue menor que la de los respectivos glucósidos en todos los solventes (Figura 4.14). Esto puede deberse al mayor tamaño e hidrofilicidad del sustrato diglicósido (ambos con el disacárido neohesperidosa) comparada con los respectivos glucósidos (ambos con el monosacárido glucosa). Gao y cols. (2000) sugirieron que la velocidad de acilación en flavonoides era menor en di-glicósidos que en mono-glicósidos, sin embargo ellos no compararon glicósidos de flavonoides con la misma aglicona.

Cabe destacar que la dependencia de la actividad enzimática en la síntesis de los diglicósidos también tuvo una disminución con el aumento del log P, salvo el anormal caso de neohesperidina en acetonitrilo.

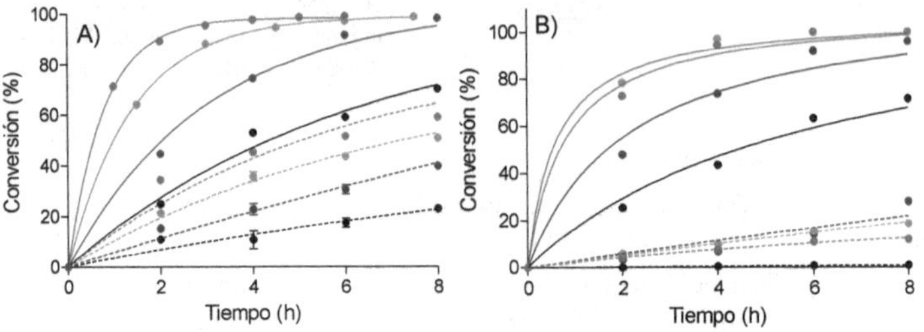

Figura 4.14 Perfiles de avances de reacción en la síntesis de A) LP (——) y LN (- - - - -) con P y N 20 mM, LV 200 mM, tamices moleculares 60 mg mL^{-1} y enzima 17 mg mL^{-1} a 50 °C y B) LGH y LNeo con GH y NEO 20 mM, LV 400 mM, tamices moleculares 60 mg mL^{-1} y enzima 17 mg mL^{-1} a 60 °C. Solventes: AcN (●), THF (●), Acetona (●) y TBOH (●).

4.4.10 Efecto del tipo de donador.

Los ésteres de vinilo han demostrado ser muy eficientes en reacciones de transesterificaciones. Sin embargo, estos compuestos tienen desventajas insalvables frente a los ácidos grasos libres. En primer lugar, siempre será mayor la variedad de ácidos disponibles que la de derivados de vinilos. Además, desde el punto de vista de la química verde, dan a la reacción un peor balance atómico (más átomos no usados en el producto de interés). Por otro lado, el costo de los mismos es, salvo acetato de vinilo, mucho más elevado que el de los ácidos correspondientes (lista de precios de Sigma-Aldrich mes de julio de 2011, disponibles en www.sigmaaldrich.com).

En esta sección se planteó cuantificar las diferencias en velocidad inicial entre ambos donadores. Con este fin, se estudió la síntesis de ésteres de P en acetona usando donadores de vinilo a 50 °C con 17 mg mL^{-1} de Novozym 435 y relación molar fija de 5. Se graficó la cantidad de producto en función del tiempo empleando ácidos grasos (Figura 4.15). Luego, las pendientes de estas curvas se dividieron por la cantidad de enzima. En la Figura 4.16 se presentan las velocidades iniciales por mg de enzima cuando se emplearon ambos tipos de donadores de grupo acilo.

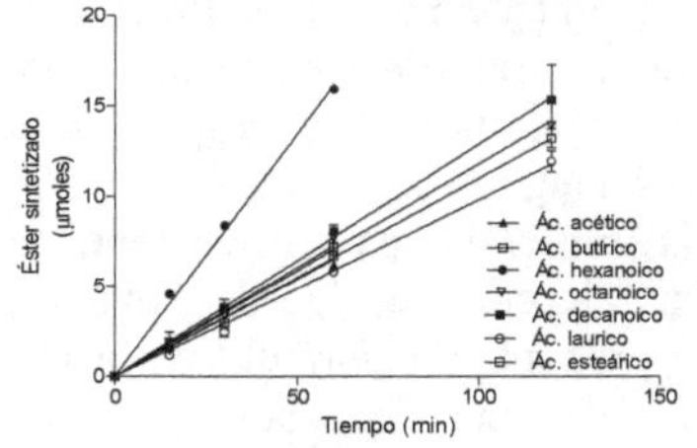

Figura 4.15 Conversión de ésteres de prunina en acetona a 50 °C en función del tiempo para diferentes longitudes de cadena. Las barras representan el límite de confianza al 95 % (n=2). P 20 mM, ácido 100 mM, tamices moleculares 30 mg mL^{-1} y enzima 17 mg mL^{-1} a 50 °C. Se informa el promedio ± DE (n=2).

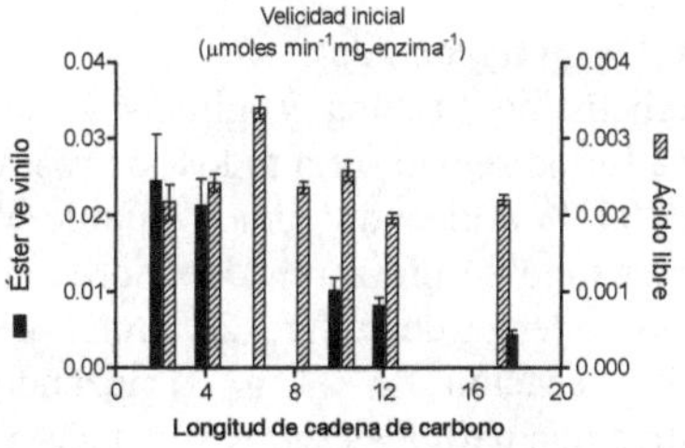

Figura 4.16 Velocidad inicial en función de la longitud de la cadena usando: Ésteres de vinilo (barras sólidas) y ácidos libres (barras rayadas) con sus límites de confianzas al 95% (n=2). P 20 mM, donador 100 mM, tamices moleculares 60 mg mL^{-1} y enzima 17 mg mL^{-1} en acetona a 50 °C.

Cuando se emplearon ésteres de vinilo (Sección 4.4.6) estuvo claro que a medida que se incrementó la longitud de la cadena, la velocidad inicial disminuyó. Sin embargo cuando se emplearon ácidos libres no hubo una clara tendencia. Un resultado interesante es que la diferencia en velocidad inicial entre ambos tipos de donadores disminuyó al crecer la longitud de la cadena (Figura 4.17).

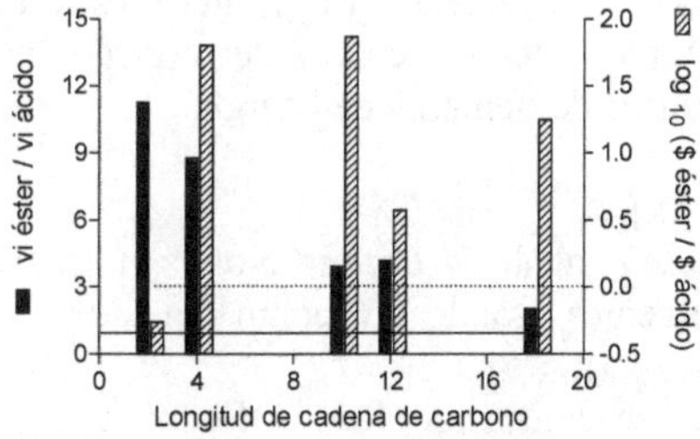

Figura 4.17 Relaciones de velocidades iniciales (barras sólidas) y relación de costos (barras rayadas) entre ésteres de vinilo y ácidos libres en función de la longitud de la cadena del donador.

En base a la preferencia que mostró la enzima por cadenas de diferente longitud y a los datos reportados en bibliografía se propone la siguiente hipótesis. Es probable que exista un control difusional de la reacción debido a la migración del donador al sitio activo de CALB el cual sólo es observable cuando el donador está activado (donadores de vinilo) y la conversión química no es la etapa limitante, pudiendo además haber acoplados efectos estéricos. Por ello se observaron mayores velocidades iniciales para longitudes de cadena más cortas. Sin embargo, cuando el donador no está activado (ácidos grasos), no se observó un efecto preferencial de longitud de cadena, seguramente porque el proceso se encuentra bajo control cinético. El supuesto control difusional se acentuaría a mayores longitudes de cadena y tal vez por ello la ventaja de usar ésteres de vinilo disminuyó con el incremento de la longitud de la cadena.

Si bien es preciso un análisis profundo de costos-beneficio (ambiental y económico) para una óptima elección del tipo de donador a usar en una escala de planta piloto, se propone *a priori* utilizar ácidos grasos para incorporar cadenas con más de 10 átomos de carbono.

4.4.11 Preparación de ésteres de glucósidos de flavonoides.

La producción de ésteres alquílicos de prunina y glucósido de hesperetina pudo llevarse a cabo de una forma sencilla. En todos los casos se lograron rendimientos próximos al 100 % utilizando como variable el tiempo de reacción. Así, por ejemplo, cuando se utilizaron donadores de vinilo en la síntesis de los ésteres con cadenas de hasta 12 átomos de carbono fueron necesarios tiempos de reacción de 24 h, alcanzando conversiones superiores al 95 %, mientras que para los ésteres sintetizados utilizando ácidos grasos (hexanoatos y octanoatos) se necesitaron 48 h para lograr conversiones del 99 %.

En cuanto a la purificación de los ésteres a partir de los medios de reacción, se concluye que tanto el método de purificación en el cual se eliminó el solvente (por evaporación) y el éster de vinilo residual (por extracción), como el método que precipitó el producto con el agregado de agua, son útiles y tienen ventajas y desventajas. El primero es más complicado pero asegura la recuperación del solvente y del donador no utilizado aunque necesita mayores gastos de tiempo y de energía.

4.4.12 Estabilidad operacional de CALB.

Se evaluó la estabilidad operacional de la enzima Novozym en la síntesis de LP a 50 ºC en los 4 solventes usando LV como donador con relación molar de 10 en ciclos de 8 h.

Los volúmenes de reacción se ajustaron de tal forma que la conversión a las 6 h fuera inferior pero próxima al 80%. Al final de cada ciclo la enzima se lavó con solvente puro y seco para eliminar restos de la reacción anterior y se conservó embebida en dicho solvente 16 h en heladera hasta iniciar un nuevo ciclo. La cuantificación del avance de la reacción se siguió por HPLC.

Los resultados de estabilidad de Novozym 435 se presentan en la Figura 4.18. El valor inicial de 100 % corresponde a la conversión alcanzada en el primer uso y es próxima a 60 % para la reacción realizada en TBOH y a 90 % para los otros solventes. Puede verse claramente que la estabilidad de la enzima es muy elevada en estos sistemas orgánicos para los cuatro solventes ensayados. Luego de doce reúsos la actividad de la enzima estuvo entre el 90 y 100% de la inicial. Este resultado demuestra una baja incidencia económica del biocatalizador en la producción de los ésteres de flavonoides.

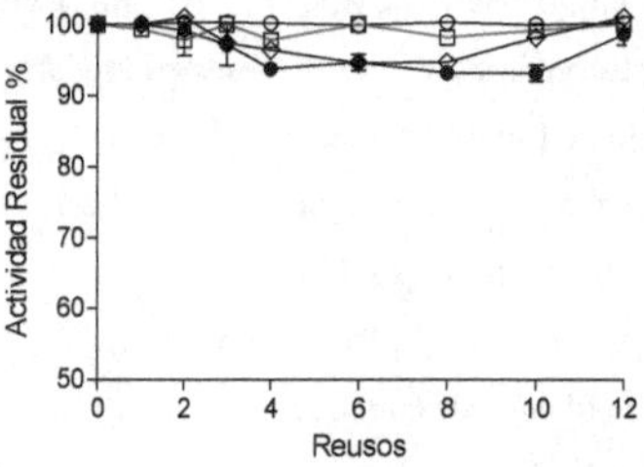

Figura 4.18 Estabilidadd de la enzima Novozym en la síntesis de laurato de prunina a 50 °C Solventes: Terbutanol (●), acetona (○), acetonitrilo (□) y tetrahidrofurano (◊).

Hernández-Rodríguez y cols. (2009) analizaron el efecto del solvente en la estabilidad operacional de varias lipasas y resaltaron que en solventes apróticos como THF, acetona, y AcN la estabilidad de las enzimas no fue afectada ni en su actividad sintética ni en su actividad hidrolítica. Este resultado sugiere que la interacción entre los solventes orgánicos polares apróticos y la enzima no afecta la conformación requerida para la actividad enzimática.

4.5 CONCLUSIONES

Como resultado del estudio de la síntesis de derivados hidrofóbicos de glucósidos de flavonoides cítricos, tales, como prunina, glucósido de hesperetina y glucósido de eriodictiol, se concluye que pueden obtenerse fácilmente con altos rendimientos a través de reacciones de transesterificacion catalizadas por lipasas en condiciones suaves. Las mejores condiciones involucran la utilización de solventes tales como acetona y acetonitrilo con relaciones molares de 10 y la utilización de la lipasa comercial Novozym 435 la cual resulta económica cuando se tiene en cuenta la posibilidad de reúso que presenta. La conversión total del sustrato al éster alquílico correspondiente se alcanza en pocas horas (hasta 48 h según el tipo de donador) y el producto puede purificarse fácilmente.

El hecho de haber determinado mayores velocidades de síntesis de lauratos empleando como sustratos glucósidos en vez de ramnoglucósidos, sumado al haber determinado mayores solubilidades del glucósido de hesperetina en comparación con neohesperidina en cualquiera de los solventes de síntesis, comprobó que la eliminación de ramnosa (molécula con interés económico) mejora considerable las propiedades del sustrato para la reacción de transesterificación en medios orgánicos.

4.6 REFERENCIAS – CAPÍTULO IV

Araújo, M.E.M.B.D., Contesini, F.J., Franco, Y.E.M., Sawaya, A.C.H.F., Alberto, T.G., Dalfré, N. y Carvalho, P.D.O. (2011). "Optimized Enzymatic Synthesis of Hesperidin Fatty Acid Esters in a Two-Phase System Containing Ionic Liquid." Molecules 16(8): 7171-7182.

Arcos, J.A., Hill, C.G. y Otero, C. (2001). "Kinetics of the lipase-catalyzed synthesis of glucose esters in acetone." Biotechnology and Bioengineering 73(2): 104-110.

Ardhaoui, M., Falcimaigne, A., Engasser, J.-M., Moussou, P., Pauly, G. y Ghoul, M. (2004a). "Acylation of natural flavonoids using lipase of candida antarctica as biocatalyst." Journal of Molecular Catalysis B: Enzymatic 29(1-6): 63-67.

Ardhaoui, M., Falcimaigne, A., Ognier, S., Engasser, J.M., Moussou, P., Pauly, G. y Ghoul, M. (2004b). "Effect of acyl donor chain length and substitutions pattern on the enzymatic acylation of flavonoids." Journal of Biotechnology 110(3): 265-272.

Chebil, L., Anthoni, J., Humeau, C., Gerardin, C., Engasser, J.-M. y Ghoul, M. (2007). "Enzymatic acylation of flavonoids: Effect of the nature of the substrate, origin of lipase, and operating conditions on conversion yield and regioselectivity." Journal of Agricultural and Food Chemistry 55(23): 9496-9502.

Chebil, L., Humeau, C., Falcimaigne, A., Engasser, J.-M. y Ghoul, M. (2006). "Enzymatic acylation of flavonoids." Process Biochemistry 41(11): 2237-2251.

Danieli, B., De Bellis, P., Carrea, G. y Riva, S. (1990). "Enzyme-Mediated Regioselective Acylations of Flavonoid Disaccharide Monoglycosides." Helvetica Chimica Acta 73(7): 1837-1844.

Danieli, B., Luisetti, M., Sampognaro, G., Carrea, G. y Riva, S. (1997). "Regioselective acylation of polyhydroxylated natural compounds catalyzed by Candida Antarctica lipase B (Novozym 435) in organic solvents." Journal of Molecular Catalysis B: Enzymatic 3(1-4): 193-201.

De Oliveira, E.B., Humeau, C., Chebil, L., Maia, E.R., Dehez, F., Maigret, B., Ghoul, M. y Engasser, J.-M. (2009). "A molecular modelling study to rationalize the regioselectivity in acylation of flavonoid glycosides catalyzed by Candida antarctica lipase B." Journal of Molecular Catalysis B: Enzymatic 59(1-3): 96-105.

Degueil-Castaing, M., De Jeso, B., Drouillard, S. y Maillard, B. (1987). "Enzymatic reactions in organic synthesis: 2- ester interchange of vinyl esters." Tetrahedron Letters 28(9): 953-954.

Gao, C., Mayon, P., Macmanus, D.A. y Vulfson, E.N. (2000). "Novel enzymatic approach to the synthesis of flavonoid glycosides and their esters." Biotechnology and Bioengineering 71(3): 235-243.

Gayot, S., Santarelli, X. y Coulon, D. (2003). "Modification of flavonoid using lipase in non-conventional media: effect of the water content." Journal of Biotechnology 101(1): 29-36.

Gumel, A.M., Annuar, M.S.M., Heidelberg, T. y Chisti, Y. (2011). "Lipase mediated synthesis of sugar fatty acid esters." Process Biochemistry 46(11): 2079-2090.

Hazarika, S., Goswami, P. y Dutta, N.N. (2003). "Lipase catalysed transesterification of 2-o-benzylglycerol with vinyl acetate: solvent effect." Chemical Engineering Journal 94(1): 1-10.

Heinsman, N.W.J.T., Schroën, C.G.P.H., Van Der Padt, A., Franssen, M.C.R., Boom, R.M. y Vant Riet, K. (2003). "Substrate sorption into the polymer matrix of Novozym 435® and its effect on the enantiomeric ratio determination." Tetrahedron: Asymmetry 14(18): 2699-2704.

Hernández-Rodríguez, B., Córdova, J., Bárzana, E. y Favela-Torres, E. (2009). "Effects of organic solvents on activity and stability of lipases produced by thermotolerant fungi in solid-state fermentation." Journal of Molecular Catalysis B: Enzymatic 61(3-4): 136-142.

Ishihara, K. y Nakajima, N. (2003). "Structural aspects of acylated plant pigments: stabilization of flavonoid glucosides and interpretation of their functions." Journal of Molecular Catalysis B: Enzymatic 23(2-6): 411-417.

Jaeger, K.-E. y Reetz, M.T. (1998). "Microbial lipases form versatile tools for biotechnology." Trends in Biotechnology 16(9): 396-403.

Katsoura, M.H., Polydera, A.C., Katapodis, P., Kolisis, F.N. y Stamatis, H. (2007). "Effect of different reaction parameters on the lipase-catalyzed selective acylation of polyhydroxylated natural compounds in ionic liquids." Process Biochemistry 42(9): 1326-1334.

Kitao, S., Ariga, T., Matsudo, T. y Sekine, H. (1993). "The synthesis of catechinglucosides by transglycosylation with Leuconostoc mesenteroides sucrose phosphorylase. ." Biosci Biotech Biochem 57: 2010-2015.

Klibanov, A.M. (1997). "Why are enzymes less active in organic solvents than in water?" Trends in Biotechnology 15(3): 97-101.

Kontogianni, A., Skouridou, V., Sereti, V., Stamatis, H. y Kolisis, F.N. (2001). "Regioselective acylation of flavonoids catalyzed by lipase in low toxicity media." European Journal of Lipid Science and Technology 103(10): 655-660.

Kontogianni, A., Skouridou, V., Sereti, V., Stamatis, H. y Kolisis, F.N. (2003). "Lipase-catalyzed esterification of rutin and naringin with fatty acids of medium carbon chain." Journal of Molecular Catalysis B: Enzymatic 21(1-2): 59-62.

Mellou, F., Lazari, D., Skaltsa, H., Tselepis, A.D., Kolisis, F.N. y Stamatis, H. (2005). "Biocatalytic preparation of acylated derivatives of flavonoid glycosides enhances their antioxidant and antimicrobial activity." Journal of Biotechnology 116(3): 295-304.

Mellou, F., Loutrari, H., Stamatis, H., Roussos, C. y Kolisis, F.N. (2006). "Enzymatic esterification of flavonoids with unsaturated fatty acids: Effect of the novel esters on vascular endothelial growth factor release from K562 cells." Process Biochemistry 41(9): 2029-2034.

Nakajima, N., Ishihara, K., Itoh, T., Furuya, T. y Hamada, H. (1999). "Lipase-catalyzed direct and regioselective acylation of flavonoid glucoside for mechanistic investigation of stable plant pigments." Journal of Bioscience and Bioengineering 87(1): 105-107.

Otto, R., Geers, B., Weiss, A., Petersohn, D., Schlotmann, K. y Schroeder, K. (2001). "Novel flavone glycoside derivatives for use in cosmetics, pharmaceuticals and nutrition." WO 0179245.

Otto, R.T., Scheib, H., Bornscheuer, U.T., Pleiss, J., Syldatk, C. y Schmid, R.D. (2000). "Substrate specificity of lipase B from Candida antarctica in the synthesis of arylaliphatic glycolipids." Journal of Molecular Catalysis B: Enzymatic 8(4-6): 201-211.

Paiva, A.L., Balcão, V.M. y Malcata, F.X. (2000). "Kinetics and mechanisms of reactions catalyzed by immobilized lipases." Enzyme and Microbial Technology 27(3-5): 187-204.

Passicos, E., Santarelli, X. y Coulon, D. (2004). "Regioselective acylation of flavonoids catalyzed by immobilized Candida antarctica lipase under reduced pressure." Biotechnology Letters 26(13): 1073-1076.

Pedersen, N.R., Wimmer, R., Emmersen, J., Degn, P. y Pedersen, L.H. (2002). "Effect of fatty acid chain length on initial reaction rates and regioselectivity of lipase-catalysed esterification of disaccharides." Carbohydrate Research 337(13): 1179-1184.

Pleiss, J., Fischer, M. y Schmid, R.D. (1998). "Anatomy of lipase binding sites: the scissile fatty acid binding site." Chemistry and Physics of Lipids 93(1-2): 67-80.

Pulley, G.N. (1936). "Solubility of Naringin in Water." Industrial & Engineering Chemistry Analytical Edition 8(5): 360-360.

Riva, S., Danieli, B. y Luisetti, M. (1996). "A Two-Step Efficient Chemoenzymatic Synthesis of Flavonoid Glycoside Malonates." Journal of Natural Products 59(6): 618-621.

Stevenson, D.E., Wibisono, R., Jensen, D.J., Stanley, R.A. y Cooney, J.M. (2006). "Direct acylation of flavonoid glycosides with phenolic acids catalysed by Candida antarctica lipase B (Novozym 435)." Enzyme and Microbial Technology 39(6): 1236-1241.

Uppenberg, J., Hansen, M.T., Patkar, S. y Jones, T.A. (1994). "The sequence, crystal structure determination and refinement of two crystal forms of lipase B from *Candida antarctica*." Structure 2(4): 293-308.

Viskupičová, J., Šturdík, E. y Ondrejovič, M. (2009). "Enzymatic transformation of flavonoids." Acta Chimica Slovaca 2(1): 88-106.

Watanabe, Y., Nagai, M., Yamanaka, K., Jose, K. y Nomura, M. (2009). "Synthesis of lauroyl phenolic glycoside by immobilized lipase in organic solvent and its antioxidative activity." Biochemical Engineering Journal 43(3): 261-265.

Yahya, A.R.M., Anderson, W.A. y Moo-Young, M. (1998). "Ester synthesis in lipase-catalyzed reactions." Enzyme and Microbial Technology 23(7-8): 438-450.

Yang, M., Davies, G.J. y Davis, B.G. (2007). "A Glycosynthase Catalyst for the Synthesis of Flavonoid Glycosides." Angewandte Chemie 119(21): 3959-3962.

Youn, S.H., Kim, H.J., Kim, T.H. y Shin, C.S. (2007). "Lipase-catalyzed acylation of naringin with palmitic acid in highly concentrated homogeneous solutions." Journal of Molecular Catalysis B: Enzymatic 46(1-4): 26-31.

Zaks, A. y Klibanov, A. (1984). "Enzymatic catalysis in organic media at 100 ºC." Science 224(4654): 1249-1251.

Zaks, A. y Klibanov, A.M. (1985). "Enzyme-catalyzed processes in organic solvents." Proceedings of the National Academy of Sciences 82(10): 3192-3196.

Zaks, A. y Klibanov, A.M. (1988). "The effect of water on enzyme action in organic media." Journal of Biological Chemistry 263(17): 8017-8021.

CAPÍTULO V

ESTUDIO CINÉTICO DE LA REACCIÓN DE SÍNTESIS DE LAURATO DE PRUNINA

5.1 INTRODUCCIÓN

El grupo de trabajo del Dr. Guillermo Ellenrieder desarrolló una metodología eficiente para obtener ramnosa a partir de naringina generando prunina como subproducto. Este glucósido podría tener aplicación en la industria farmacéutica y de alimentos (Capítulo III). Sin embargo su empleo estaría limitado por la baja solubilidad que prunina posee en matrices lipídicas. Esto podría superarse uniéndole una cadena hidrofóbica.

En esta tesis se demostró la factibilidad de la reacción de síntesis de ésteres de glucósidos de flavonoides cítricos a partir de glucósidos de flavonoides y ácidos grasos o ésteres de vinilo en solventes orgánicos usando lipasa B de *Candida antarctica* y lipasa de *Rhizomucor miehei* como catalizadores (Capítulo IV). Estas transformaciones permitirían aumentar el campo de acción de glucósidos de flavonoides en matrices hidrofóbicas y tal vez, realzar algunas de sus propiedades. Sin embargo, la posible producción a nivel industrial requiere conocer la cinética de la reacción.

Si bien existen trabajos que reportan la factibilidad para la síntesis de algunos ésteres de flavonoides por alcohólisis en medios orgánicos utilizando lipasas (Chebil y cols., 2006; Viskupičová y cols., 2009) sólo se encontraron 2 trabajos que estudiaron la cinética de esterificación de un glicósido de flavonoide: uno de Kodelia y Kolisis quienes estudiaron la esterificación enzimática de rutina en piridina empleando una proteasa comercial de *Bacillus subtilis* (Kodelia y Kolisis, 1992) y otro de Kontogianni y cols. quienes (2003) estudiaron la síntesis de decanoato de naringina en terbutanol catalizando con Novozym 435.

El objetivo de este capítulo fue determinar el mecanismo y la ley cinética para la reacción de síntesis de laurato de 6''-O-prunina (Figura 5.1), que es un éster alquílico de prunina de longitud intermedia entre los sintetizados (C2-C18), empleando laurato de vinilo como donador de grupo acilo, la enzima comercial Novozym 435 como catalizador y acetona como solvente.

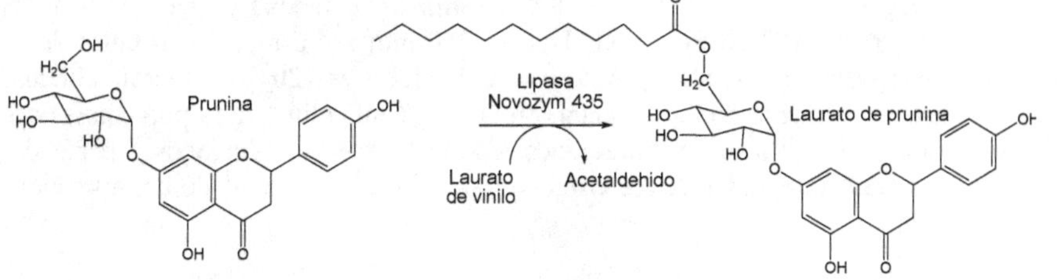

Figura 5.1 Esquema de la síntesis de laurato de 6”-O-prunina catalizada por lipasa Novozym 435.

5.2 MATERIALES Y MÉTODOS

5.2.1 Materiales.

Tamices moleculares con diámetro de poro de 4 Å (Sigma, Estados Unidos), laurato de vinilo (LV) de Fluka (Estados Unidos), prunina (P) (ver Capítulo III), Novozym 435 (Novozymes Latin America Limited, Brasil) y acetona (Sintorgan, Argentina). Para la detección se empleó acetonitrilo (AcN) grado HPLC (Tedia, Estados Unidos). Para controlar el contenido de agua en LV y acetona se les agregaron 30 mg mL^{-1} de tamices moleculares y se los mantuvieron en presencia del adsorbente hasta el momento del uso. La enzima Novozym 435 se usó directamente sin ser sometida a ningún proceso de secado.

5.2.2 Métodos.

5.2.2.1 Reacción sintética.

En tubos de 16 mm con tapa (Hach, Estados Unidos) se pesaron desde 26 hasta 520 mg (60 - 1200 μmol) de P y 180 mg de tamices moleculares. Luego se agregaron 3 mL de diferentes mezclas LV–acetona, de tal forma de obtener medios de reacción con concentraciones variables de LV (desde 10 hasta 4000 mM). Estos medios fueron incubados 5 minutos a 50 °C antes de iniciar las reacciones con el agregado de la enzima. A tiempos regulares se tomaron alícuotas sin enzima de 50 μL las que se analizaron por HPLC. Los experimentos se realizaron por duplicado.

5.2.2.2 Método analítico.

La concentración de sustratos y productos fueron seguidas por HPLC con un muestreador automático (Autoinjector 234 de Gilson, Francia), una bomba peristáltica isocrática (Pump 37 de Gilson, Francia), un detector de absorbancia a 280 nm (UV/Visible detector 118 de Gilson, Francia), un integrador (Chromatopac C-R8A de Shimadzu, Japón) y una columna de fase reversa GraceSmart RP 18 5 u (250 mm x 4,6 mm y partículas de 5 μm) de Grace (Estados Unidos). Las muestras (20 μL) fueron eluidas isocráticamente con AcN:agua, 80:20 a 0,8 mL min^{-1}. Los porcentajes de conversión y las concentraciones reportadas fueron calculados a partir de las áreas integradas de los cromatogramas, según lo detallado en la sección 4.3.7.

5.2.2.3 Solubilidad de prunina en mezclas acetona-laurato de vinilo.

Con el fin de determinar la solubilidad de P en mezclas acetona-LV, se prepararon soluciones disolviendo P en acetona y luego adicionando diferentes cantidades de LV. Se tomó una muestra de cada sistema a tiempo cero y los sistemas luego se equilibraron 20 min a 50 °C antes de centrifugar 10 min a 10000 rpm. Por HPLC se determinó la concentración de P en la fase liquida de cada mezcla y se comparó con la concentración teórica, según las cantidades añadidas a tiempo cero.

5.2.2.4 Análisis de datos.

El análisis estadístico de los datos y los gráficos fueron llevados a cabo utilizando el software GraphPad Prism version 5.00 para Windows (Estados Unidos) www.graphpad.com.

5.3 RESULTADOS

5.3.1 Efecto de la velocidad de agitación.

El efecto de la velocidad de agitación fue estudiado a 50 °C entre 0 y 250 rpm. Para este fin se escogió trabajar a una concentración de sustrato baja (20 mM) con una relación molar de donador de acilo /sustrato de 2. Los sistemas se dejaron reaccionar 2 h. Pudo verse (Figura 5.2) que la conversión alcanzada se incrementó con la velocidad de agitación hasta las 150 rpm. A partir de este valor no se observó una variación significativa en la conversión, lo que demuestra que en esas condiciones no existieron efectos difusivos. Para tener un margen de seguridad se trabajó con una velocidad de agitación de 200 rpm.

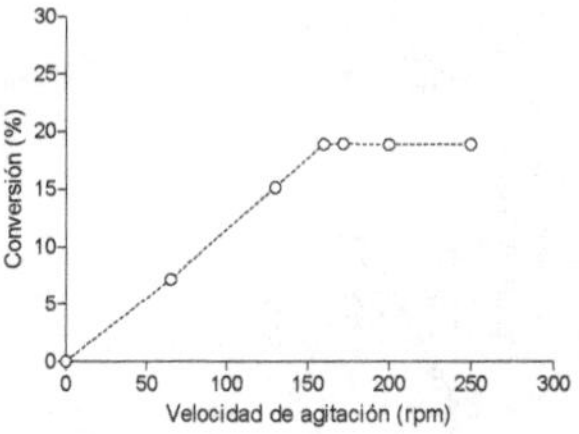

Figura 5.2 Efecto de la velocidad de agitación en la conversión. Condiciones: prunina 20 mM, laurato de vinilo 40 mM, tamices moleculares 60 mg mL^{-1}, temperatura 50 °C y tiempo de reacción 2 h. Solvente acetona.

5.3.2 Efecto de la carga del catalizador.

El efecto de la carga del catalizador se estudió desde una concentración de 3,3 mg mL^{-1} hasta 16,7 mg mL^{-1} manteniendo constantes todas las otras variables de la síntesis. La velocidad inicial se incrementó en una proporción lineal con el incremento de catalizador (Figura 5.3). Esta relación lineal es consistente con un proceso enzimático controlado cinéticamente.

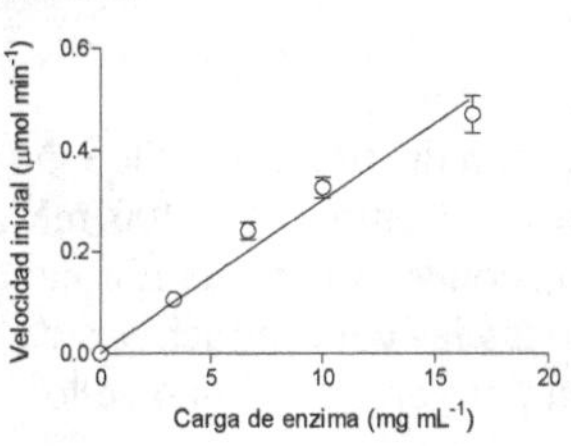

Figura 5.3 Velocidad inicial en función de la carga de catalizador. Condiciones: Prunina 20 mM, laurato de vinilo 100 mM, tamices moleculares 30 mg ml^{-1}, velocidad de agitación 200 rpm, temperatura 50 °C. Solvente acetona.

5.3.3 Determinación de velocidades iniciales.

Se estudió el efecto de cada uno de los reactivos sobre la velocidad inicial de la reacción manteniendo constante la concentración de uno y variando la del otro. Las velocidades iniciales fueron calculadas a partir de las relaciones lineales encontradas entre concentración de producto frente al tiempo. Las condiciones de reacción para todos estos experimentos fueron: enzima 16,7 mg mL^{-1}, temperatura 50 °C y velocidad de agitación 200 rpm. En la Figura 5.4a, se muestra, a modo de ejemplo, la familia de curvas obtenidas cuando la concentración de prunina inicial fue de 80 mM y la concentración inicial de LV se varió entre 10 y 4000 mM (laurato de vinilo puro). Luego, las velocidades iniciales se graficaron en función de la concentración inicial de laurato de prunina (Figura 5.4b).

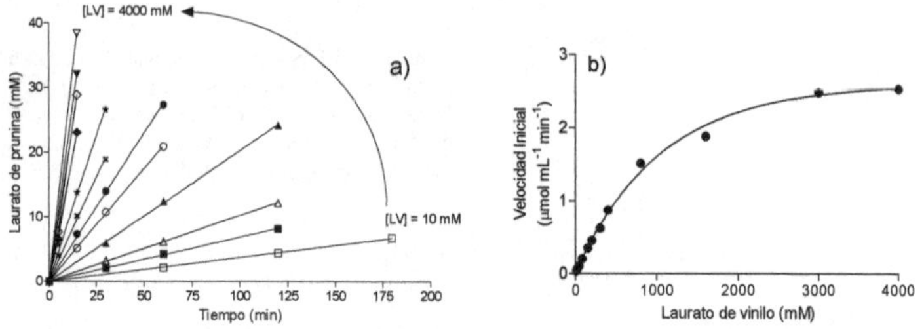

Figura 5.4 a) Concentración de laurato de prunina (mM) en función del tiempo (min) para diferentes concentraciones iniciales de laurato de vinilo (10-4000 mM) a concentración constante de prunina 80 mM. Cada punto es el promedio con su respectivo error estándar (n=2). Las líneas sólidas son regresiones lineales para cada serie de datos. b) Velocidad inicial frente a la concentración de laurato de vinilo para una concentración de prunina inicial de 80 mM.

5.3.3.1 Efecto de la concentración de laurato de vinilo.

El efecto de LV se estudió en un rango de 10 hasta 4000 mM (puro), manteniendo constante la concentración de P entre 10 y 400 mM. En la Figura 5.5 a se ve que el incremento de la concentración de LV incrementó la velocidad inicial de la reacción para todas las concentraciones de P. Este resultado sugiere que no existe inhibición por parte del grupo acilo.

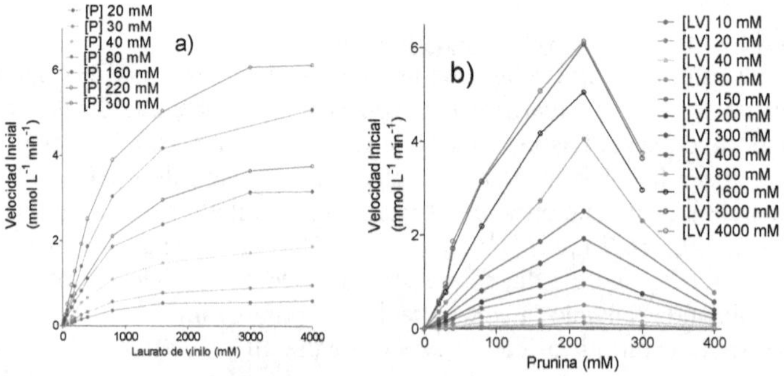

Figura 5.5 a) Velocidad inicial (mM min^{-1}) en función de la concentración de laurato de vinilo (mM) a diferentes concentraciones iniciales de prunina. b) Velocidad inicial (mM min^{-1}) en función de la concentración de prunina (mM) a diferentes concentraciones iniciales de laurato de vinilo.

5.3.3.2 Efecto de la concentración de prunina.

El efecto de la concentración de P se estudió en un rango de 10 hasta 400 mM variando la concentración de LV entre 10 y 4000 mM, manteniendo constantes las otras variables de reacción como carga de enzima, agitación, temperatura, etc. Se encontró que un incremento en la concentración de P incrementó la velocidad de la reacción sólo hasta 220 mM. Concentraciones de P mayores produjeron una caída brusca de la velocidad de la reacción (Figura 5.5 b).

5.3.4 Solubilidad de prunina en mezclas acetona-laurato de vinilo.

Cuando se determinaron las solubilidades de P en mezclas acetona-LV se observó que P fue soluble al momento de prepararlas hasta 220 mM en acetona y en mezclas acetona-LV (hasta 1600 mM en LV). Pero a los 20 minutos la concentración que permaneció solubilizada disminuyó con el incremento de la concentración de LV (Tabla 5.1). Prunina fue insoluble en acetona a una concentración de 300 mM. Cuando la concentración de LV en acetona es 3000 mM o 4000 mM (laurato de vinilo puro), la preparación de soluciones cristalinas fue imposible para concentraciones de P superiores a 80 mM. Sin embargo, parecería que esta condición no afectó la velocidad de reacción apreciablemente, lo cual se deduce de observar la coherencia de los puntos de LV 3000 y 4000 mM en las curvas de velocidad inicial (Figura 5.6).

Tabla 5.1 Porcentaje de prunina que permanece en solución luego de 20 min de preparadas las soluciones en función de la concentración de laurato de vinilo en acetona. nd significa no detectado.

LV en acetona (mM)	Concentración inicial de prunina (mM)			
	20	80	220	300
0	100 %	99 %	99 %	47 %
80	100 %	99 %	69 %	nd
400	100 %	87 %	46 %	nd
800	100 %	87 %	31 %	nd
1600	100 %	69 %	23 %	nd
3000	99 %	1,1 %	0,2 %	nd
4000	55 %	1,1 %	0,2 %	nd

Considerando los datos de solubilidad, el rango de datos a analizar para determinar el modelo cinético se limitó a la región donde la insolubilidad de P fue despreciable en acetona a tiempo cero (desde P 20 hasta 220 mM y desde LV 10 hasta 4000 mM).

La Figura 5.6 muestra los datos de la Figura 5.5 aplicando la restricción de solubilidad. En este rango se observó que no hay caída de la velocidad con el incremento de la concentración de P. Esto sugiere que la disminución de velocidad observada en la Figura 5.5 se debió a la disminución de la concentración del sustrato y no a la posible inhibición sobre la enzima por parte del grupo alcohol.

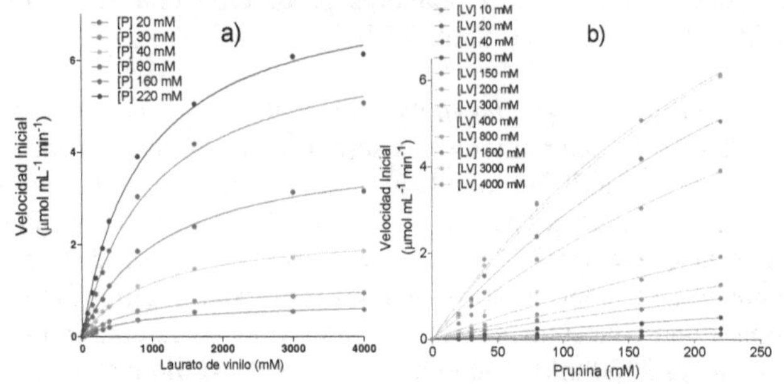

Figura 5.6 a) Variación de la velocidad inicial en función de la concentración de laurato de vinilo a diferentes concentraciones iniciales de prunina. b) Variación de la velocidad inicial en función de la concentración de prunina a diferentes concentraciones iniciales de laurato de vinilo. Las líneas continuas se obtuvieron por regresiones lineales del tipo de Michaelis-Menten.

5.3.5 Modelo cinético basado en velocidades iniciales.

La síntesis de LP es una reacción enzimática de dos sustratos que da dos productos (sistema Bi Bi) y como tal puede encuadrarse en un mecanismo secuencial o Ping Pong.

En el mecanismo secuencial todos los reactivos deben combinarse a la enzima antes de que algún producto se libere mientras que en el mecanismo Ping Pong uno a más productos deben liberarse antes de que todos los sustratos hayan reaccionado. Asimismo el mecanismo secuencial puede ser "ordenado" o "al azar". En el mecanismo ordenado el ingreso y la salida de sustratos en el sitio activo tienen un orden determinado, mientras que en el mecanismo secuencial al azar la unión o liberación de productos es aleatoria. En el caso de reacciones catalizadas por lipasas se ha establecido que el primer paso en reacciones sintéticas involucra la unión del grupo donador de acilo a la enzima formando el complejo acil-enzima (Faber y Riva, 1992). Esta evidencia descartando cualquier posibilidad de mecanismo al azar en lipasas y por ende los mecanismos a probar fueron aquellos en los cuales la participación de los reactivos en la reacción tiene un orden definido.

Haciendo uso de los tratamientos clásicos de cinética enzimática para mecanismos ordenados en sistemas Bi Bi (Cleland, 1963; Segel, 1975) es posible deducir diferentes ecuaciones cinéticas según se aplique la aproximación del equilibrio rápido o la del estado estacionario. Segel sugiere que la aproximación del equilibrio rápido es más apropiada para mecanismos al azar, siendo la del estado estacionario más adecuada para los mecanismos secuencial ordenado y Ping Pong. En la Tabla 5.2 se presentan las ecuaciones deducidas por Segel cuando se consideran sólo velocidades iniciales, como en este caso, cuando se aplica la suposición de equilibrio rápido (Sistema Ordenado de 2 Reactivos) y cuando se considera estado estacionario (mecanismos Ping Pong y Secuencial Ordenado). Estas ecuaciones, además, toman formas especiales si se consideran inhibiciones ya sea por cualquiera de los dos reactivos.

Las ecuaciones de la Tabla 5.2 se reordenaron para dejar en evidencia la relación entre los parámetros aparentes y la concentración del sustrato que se mantuvo constante. Además, se determinó la expresión V^{ap}_{max}/K^{ap} que debe cumplir cada modelo cinético. Estas expresiones se presentan en la Tabla 5.3.

Ahora bien, independientemente del mecanismo, si no existe inhibición por sustratos, las reacciones enzimáticas del tipo A + B = P + Q obedecen la ecuación:

$$v_{initial} = \frac{v^{ap}_{max}[S]}{K^{ap}+[S]}$$

siempre y cuando la concentración de uno de los sustratos se mantenga constante mientras se varía la del otro. La diferenciación entre los diferentes mecanismos asociados a sistemas Bi Bi involucra la dependencia particular que tengan los parámetros aparentes en función de la concentración del substrato que se mantuvo constante (Marangoni, 2003). Las curvas de velocidades iniciales respondieron al comportamiento michaeliano con valores de R^2 entre 0,983 y 0,997 y valores de P entre 0,22 y 0,80 (líneas continuas de la Figura 5.6). Los valores de K^{ap} y V^{ap}_{max} obtenidos se graficaron en función del sustrato que se mantuvo constante. Estas representaciones se ilustran en la Figura 5.7.

Puede verse que para los tres modelos existe una dependencia hiperbólica entre la V^{ap}_{max} y la concentración del sustrato que se mantiene constante. Sin embargo sólo para el mecanismo secuencial ordenado se cumplieron los perfiles teóricos esperables de K^{ap} (disminución tanto con el aumento de concentración de P como de LV) y V^{ap}_{max}/K^{ap} (dependencia michaeliana frente a la concentración de ambos sustratos). Por lo tanto, los mecanismos de Ping Pong en estado estacionario y de equilibrio rápido para sistemas de dos reactivos se descartaron.

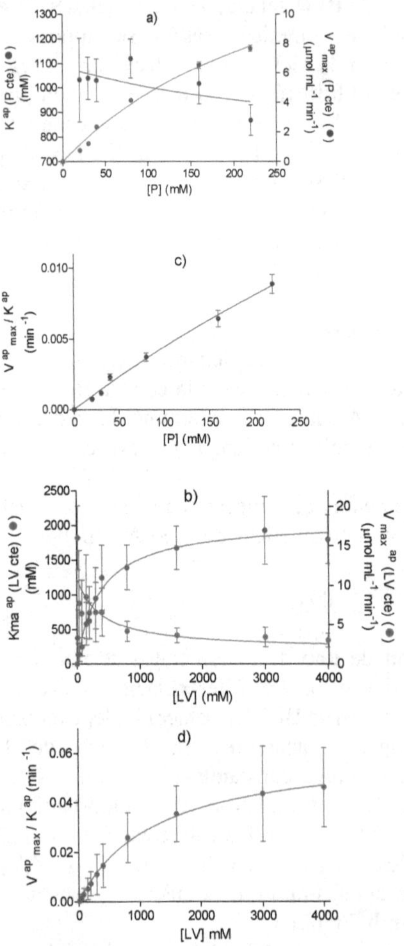

Figura 5.7 Parámetros de Michaelis-Menten aparentes en función de la concentración de prunina (a) y en función de la concentración de laurato de vinilo (b) para la síntesis de laurato de prunina en acetona a 50 °C catalizando con Novozym 435. Cada punto es el valor promedio ± DE.

Las representaciones inversas de Lineweaver Burk (Figura 5.8) también presentaron un perfil asociado con un mecanismo secuencial ordenado sin inhibición.

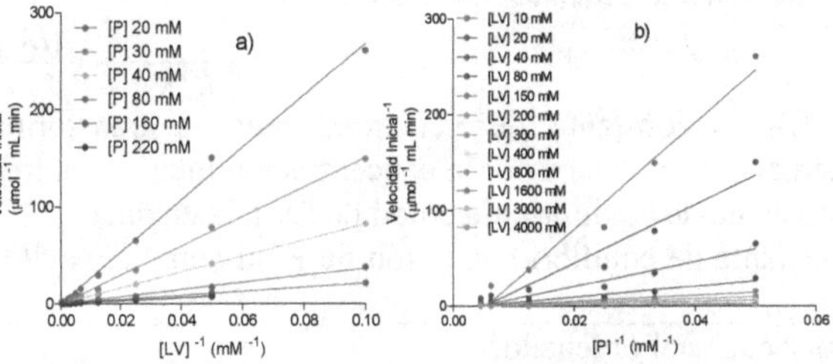

Figura 5.8 Representación gráfica de Lineweaver-Burk cuando la concentración de prunina se mantiene fija y se varía la de laurato de vinilo (a) y *vice versa* (b).

Tabla 5.2 Mecanismos y ecuaciones cinéticas sin inhibición posibles para la síntesis de laurato de prunina. Fuente Segel (1975).

Mecanismo de Sistema ordenado de dos reactivos.

$$E + LV \overset{K_{LV}}{\rightleftharpoons} E\text{-}LV + B \overset{K_P}{\rightleftharpoons} E\text{-}LV\text{-}P \xrightarrow{k_R} E + LP + VOH \qquad v = \frac{v_{max}[LV][P]}{K_P K_{LV} + K_P[LV] + [LV][P]}$$

V_{max}= k_R*$[E]_{Total}$ (constante de velocidad para la transformación del complejo ternario a productos por la concentración total de enzima).
K_{LV} es la constante de equilibrio de unión de LV a la enzima.
K_P es la constante de equilibrio de unión de P al complejo acil enzima E-LV.

Mecanismo secuencial ordenado.

$$E + LV \underset{k_{-LV}}{\overset{k_{LV}}{\rightleftharpoons}} E\text{-}LV + B \underset{k_{-P}}{\overset{k_P}{\rightleftharpoons}} E\text{-}LV\text{-}P \underset{k_{-R}}{\overset{k_R}{\rightleftharpoons}} E\text{-}LP\text{-}VOH \underset{k_{-VOH}}{\overset{k_{VOH}}{\rightleftharpoons}} E\text{-}LP + VOH \underset{k_{-LP}}{\overset{k_{LP}}{\rightleftharpoons}} E + LP$$

$$v = \frac{v_{max}[LV][P]}{K_{LV}K_{mP} + K_{mP}[LV] + K_{mLV}[P] + [LV][P]}$$

V_{max}= K_R*$[E]_{Total}$ (una constante de velocidad global por la concentración total de enzima).
K_{LV} es la constante de equilibrio de unión de LV a la enzima.
K_{mP} y K_{mLV} son agrupaciones de las constantes individuales y tienen un significado similar al de las constantes de saturación de Michaelis para cada sustrato.

Mecanismo Ping Pong.

$$E + LV \underset{k_{-LV}}{\overset{k_{LV}}{\rightleftharpoons}} E\text{-}LV \underset{k_{-R1}}{\overset{k_{R1}}{\rightleftharpoons}} E^*\text{-}VOH \underset{k_{-VOH}}{\overset{k_{VOH}}{\rightleftharpoons}} E^* + VOH$$

$$E^* + P \underset{k_{-P}}{\overset{k_P}{\rightleftharpoons}} E^*\text{-}P \underset{k_{-R2}}{\overset{k_{R2}}{\rightleftharpoons}} E\text{-}LP \underset{k_{-LP}}{\overset{k_{LP}}{\rightleftharpoons}} E + LP$$

$$v = \frac{v_{max}[LV][P]}{K_{mP}[LV] + K_{mLV}[P] + [LV][P]}$$

V_{max}= K_R*$[E]_{Total}$ (una constante de velocidad global por la concentración total de enzima).

K_{mP} y K_{mLV} son agrupaciones de las constantes individuales y tienen un significado similar al de las constantes de saturación de Michaelis para cada sustrato.

Tabla 5.3 Dependencia de los parámetros aparentes (v^{ap}_{max} y K^{ap}) en función de la concentración de sustrato constante y expresión de V^{ap}_{max} / K^{ap} para cada modelos cinéticos posibles.

Mecanismo	Ec. reordenada		V^{ap}_{max}/K^{ap}	
	A prunina constante	A laurato de vinilo constante	A prunina constante	A laurato de vinilo constante
Sistema ordenado de dos reactivos.	$v=\dfrac{\left\{\dfrac{v_{max}[P]}{K_p+[P]}\right\}[LV]}{\left\{\dfrac{K_{LV}K_p}{K_p+[P]}\right\}+[LV]}$	$v=\dfrac{\left\{\dfrac{v_{max}[LV]}{K_{LV}+[LV]}\right\}[P]}{\left\{\dfrac{K_p[LV]}{K_{LV}+[LV]}\right\}+[P]}$	$\left\{\dfrac{v_{max}}{K_pK_{LV}}\right\}[P]$	$\dfrac{\left\{\dfrac{v_{max}}{K_P}\right\}[LV]}{K_{LV}+[LV]}$
Secuencial ordenado considerando.	$v=\dfrac{\left\{\dfrac{v_{max}[P]}{K_{mP}+[P]}\right\}[LV]}{\left\{\dfrac{K_{mP}K_{LV}+K_{mLV}[P]}{K_{mP}+[P]}\right\}+[LV]}$	$v=\dfrac{\left\{\dfrac{v_{max}[LV]}{K_{mLV}+[LV]}\right\}[P]}{\left\{\dfrac{K_{LV}K_{mP}+K_{mP}[LV]}{K_{mLV}+[LV]}\right\}+[P]}$	$\dfrac{\left\{\dfrac{v_{max}}{K_{mLV}}\right\}[P]}{\left\{\dfrac{K_{mP}K_{LV}}{K_{mLV}}\right\}+[P]}$	$\dfrac{\left\{\dfrac{v_{max}}{K_{mP}}\right\}[LV]}{K_{LV}+[LV]}$
Ping Pong.	$v=\dfrac{\left\{\dfrac{v_{max}[P]}{K_{mP}+[P]}\right\}[LV]}{\left\{\dfrac{K_{mLV}[P]}{K_{mP}+[P]}\right\}+[LV]}$	$v=\dfrac{\left\{\dfrac{v_{max}[LV]}{K_{mLV}+[LV]}\right\}[P]}{\left\{\dfrac{K_{mP}[LV]}{K_{mLV}+[LV]}\right\}+[P]}$	$\dfrac{v_{max}}{K_{mLV}}$	$\dfrac{v_{max}}{K_{mP}}$

Los valores de las constantes asociadas al mecanismo secuencial ordenado se obtuvieron a partir de los valores de los parámetros aparentes de la siguiente forma: a partir de la curva de $V^{ap}{}_{max}$ a P constante se determinó V_{max} (P) y K_{mP} ; de la curva de $V^{ap}{}_{max}$ a LV constante se determinó V_{max} (LV) y K_{mLV}. El valor de V_{max} se obtuvo del promedio de V_{max} (P) y V_{max} (LV) ; K_{LV} se obtuvo de la curva de $V^{ap}{}_{max}/K^{ap}$ en función de la concentración de laurato de vinilo. Esta gráfica también arrojó un valor de V_{max}/K_{mp} (0,062 min^{-1}) coincidente con el valor que se obtuvo dividiendo los parámetros obtenidos individualmente (0,060 min^{-1}). Estos valores se presentan con sus respectivos errores estándar en la Tabla 5.3.

Tabla 5.3 Valores de los parámetros optimizados para el mecanismo secuencial ordenado a partir de velocidades iniciales. DE: desviación estándar.

Parámetro	Unidades	Valor optimizado	DE
V_{max}	µmol mL^{-1} min^{-1}	18,45	2,3
K_{mP}	µmol mL^{-1}	305	89
K_{mLV}	µmol mL^{-1}	366	62
K_{LV}	µmol mL^{-1}	1259	88

En la Figura 5.9 (a y b) se muestran las curvas teóricas (líneas sólidas) graficadas conjuntamente con los datos experimentales. En este juego de gráficas se comprobó un ajuste que se cumple en todo el rango de concentraciones estudiado Además, los valores de las velocidades experimentales se graficaron frente a los calculados con la ecuación optimizada, obteniéndose valor de R^2 de 0,993 y una pendiente de 0,97 ±0,01 (Figura 5.9c). Esto comprueba que la ecuación cinética optimizada tiene un muy buen ajuste con los datos experimentales. Es interesante destacar que la ecuación incluso describe el comportamiento para el sistema libre de solvente, es decir cuando el solvente es el mismo laurato de vinilo (curva de [LV] = 4000 mM).

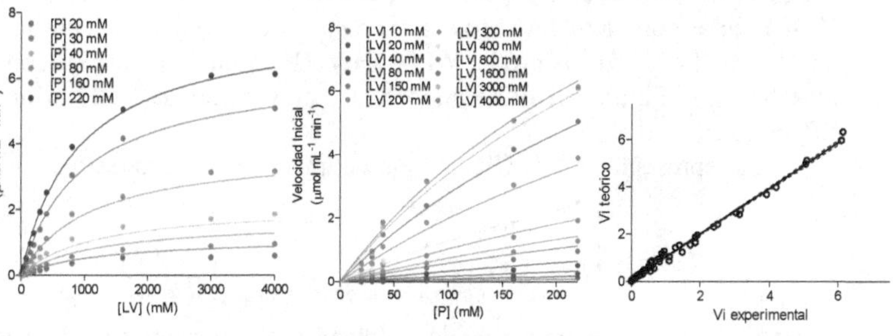

Figura 5.9 Representación gráfica de la ecuación cinética optimizada sobre los datos experimentales de velocidad inicial frente a A) laurato de vinilo a diferentes concentraciones iniciales de prunina y frente a B) prunina a diferentes concentraciones iniciales de laurato de vinilo. C) Correlación entre los valores experimentales y los obtenidos mediante la ecuación cinética deducida (Pendiente 0,97 y R^2 0,993, n=72).

5.4 DISCUSIÓN

La reacción entre laurato de vinilo (LV) y prunina (P) catalizada por la enzima CALB (Novozym 435) produce laurato de 6”-O-prunina (LP) e hidroxivinilo (VOH), es decir que se trata de una reacción Bi Bi. Para reacciones Bi Bi catalizadas por lipasas se han reportado indistintamente mecanismos tanto Ping Pong como secuenciales ordenados. En algunos casos se ha determinado que existe una inhibición causada por la elevada concentración de algún sustrato (casi siempre debida al alcohol). Incluso una enzima en el mismo tipo de reacción puede mostrar cinéticas diferentes según los sustratos intervinientes. Por ejemplo, Yadav y colaboradores estudiaron el comportamiento de Novozym 435 en muchas reacciones sintéticas. Ellos encontraron mecanismos Ping Pong para la síntesis de ácido perláurico (2002) y de isobutirato de butilo, con inhibición por alcohol sólo en el segundo caso (2003), mientras que reportaron que las síntesis de acetato de octilo (2003), laurato de citronelol (2004) y laurato de cinamilo (2009) obedecen un mecanismo secuencial ordenado, con formación de complejo de punto muerto sólo para las dos últimas síntesis.

En este capítulo se determinó que la síntesis de LP a partir de P y LV catalizada por Novozym 435 en acetona, a las concentraciones en que P fue soluble en acetona, transcurre a través de un mecanismo secuencial ordenado sin inhibición. Según el mecanismo propuesto la lipasa (E) reacciona en primer lugar con LV para dar E-VL. Luego, el complejo acil-enzima debe unir el alcohol prunina para formar un complejo ternario (E-VL-P). Este complejo ternario, isomeriza a otro complejo ternario (E'-VOH-LP) el cual da los productos VOH y LP en un solo paso, o como se muestra en la Figura 5.10 liberando en forma escalonada VOH primero y LP después.

La representación de Cleland para el mecanismo propuesto es:

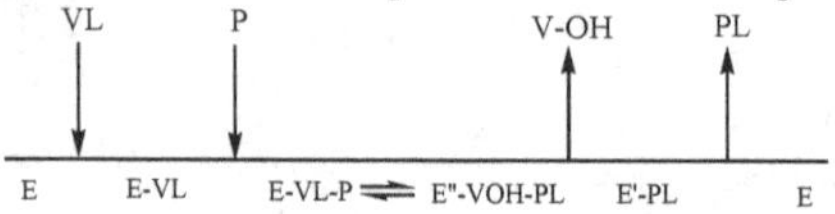

Figura 5.10 Representación de Cleland del mecanismos secuencial ordenado para la síntesis enzimática de laurato de prunina.

Debe destacarse que a pesar que los sistemas fueron dispersiones cuando se trabajó con P entre 80 y 220 mM y de LV en acetona superiores a 3000 mM (LV 75 % en acetona v/v), no hubo disminución de la velocidad de reacción, probablemente porque el soluto suspendido homogéneamente pudo disolverse y mantuvo el flujo de sustrato hacia la enzima, lo cual seguramente no ocurrió cuando la concentración de P fue 300 mM o superior, caso en el cual P precipitó en forma de sólido eliminándose de la fase fluida.

Existe un mecanismo que es indistinguible del secuencial ordenado cuando no existe inhibición. Este fue propuesto por Theorell and Chance (1951) y establece que el mecanismo secuencial ordenado Bi Bi puede transcurrir sin formar el complejos ternarios. La representación de Cleland para este mecanismo es:

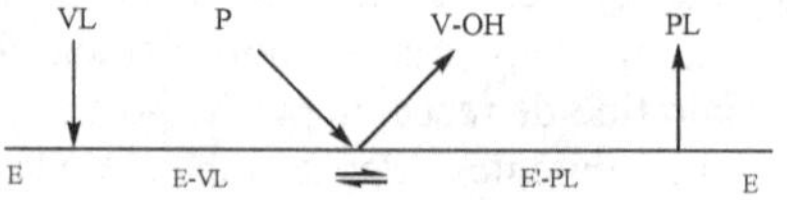

El mecanismo secuencial ordenado se reduce al de Theorell-Chance si $\{[E\text{-}LV\text{-}P]+[E'\text{-}LP\text{-}VOH]\}/[E]_T$ es esencialmente cero, lo que se traduce en energías de activación virtualmente de cero para la formación, isomerización y descomposición de los complejos ternarios propuestos en el mecanismo secuencial ordenado. Este mecanismo no fue reportado anteriormente para lipasas aunque sí para otras enzimas (McKay y Wright, 1995). Segel opina en su libro *Enzyme Kinetics* que es improbable que exista un mecanismo "verdadero" de Theorell-Chance.

5.5 CONCLUSIONES

En este capítulo se pudo determinar la ecuación cinética para la reacción de síntesis de laurato de 6"-O-prunina. El mecanismo que mejor ajustó los datos fue el secuencial ordenado Bi-Bi sin inhibición, sea por prunina o por grupo acilo. La ecuación encontrada tiene un ajuste satisfactorio con los datos experimentales en todo el rango de concentraciones estudiado. Incluso la ecuación es aplicable al sistema libre de solvente.

Una conclusión práctica interesante es que la reacción puede desarrollarse con una velocidad inicial tan elevada como 0,12 μmol min^{-1} mL^{-1} mg_{Enzyme}^{-1} (4,4 kg_{-LP} h^{-1} L^{-1} g_{Enzyme}^{-1}) [prunina 220 mM (95 g L^{-1}) y LV 3000 mM] a pesar de que prunina no está totalmente soluble.

5.6 REFERENCIAS - CAPÍTULO V

Cleland, W.W. (1963). "The kinetics of enzyme-catalyzed reactions with two or more substrates or products: II. Inhibition: Nomenclature and theory." Biochimica et Biophysica Acta 67: 173-187.

Chebil, L., Humeau, C., Falcimaigne, A., Engasser, J.-M. y Ghoul, M. (2006). "Enzymatic acylation of flavonoids." Process Biochemistry 41(11): 2237-2251.

Kodelia, G. y Kolisis, F.N. (1992). "Studies on the reaction catalyzed by protease for the acylation of flavonoids in organic solvents." Annals of the New York Academy of Sciences 672(1): 451-457.

Marangoni, A.G. (2003). *Enzyme Kinetics: A Modern Approach*. Hoboken, NJ., Wiley Interscience.

Mckay, G.A. y Wright, G.D. (1995). "Kinetic Mechanism of Aminoglycoside Phosphotransferase Type IIIa." Journal of Biological Chemistry 270(42): 24686-24692.

Segel, I.H. (1975). *Enzyme kinetics*. New York, Wiley Interscience.

Viskupičová, J., Šturdík, E. y Ondrejovič, M. (2009). "Enzymatic transformation of flavonoids." Acta Chimica Slovaca 2(1): 88-106.

Yadav, G.D. y Devi, K.M. (2002). "Enzymatic synthesis of perlauric acid using Novozym 435." Biochemical Engineering Journal 10(2): 93-101.

Yadav, G.D. y Dhoot, S.B. (2009). "Immobilized lipase-catalysed synthesis of cinnamyl laurate in non-aqueous media." Journal of Molecular Catalysis B: Enzymatic 57(1-4): 34-39.

Yadav, G.D. y Lathi, P.S. (2003). "Kinetics and mechanism of synthesis of butyl isobutyrate over immobilised lipases." Biochemical Engineering Journal 16(3): 245-252.

Yadav, G.D. y Lathi, P.S. (2004). "Synthesis of citronellol laurate in organic media catalyzed by immobilized lipases: kinetic studies." Journal of Molecular Catalysis B: Enzymatic 27(2-3): 113-119.

Yadav, G.D. y Trivedi, A.H. (2003). "Kinetic modeling of immobilized-lipase catalyzed transesterification of n-octanol with vinyl acetate in non-aqueous media." Enzyme and Microbial Technology 32(7): 783-789.

CAPÍTULO VI

PROPIEDADES ANTIFÚNGICAS DE ÉSTERES ALQUÍLICOS DE FLAVONOIDES CÍTRICOS Y COMPUESTOS RELACIONADOS

6.1 INTRODUCCIÓN

Los mohos crecen sobre los materiales vegetales produciendo el deterioro de éstos. Además, forman metabolitos secundarios que actúan como antibióticos favoreciendo la prevalencia del moho frente a otros microorganismos, muchos de los cuales son tóxicos para plantas y/o animales (Carrillo, 2003). Estos metabolitos que enferman o matan a los animales que los consumen se conocen como micotoxinas y las afecciones que causan se llaman micotoxicosis (Swanson, 1987). Las micotoxinas son consideradas dentro del grupo de los contaminantes de alimentos más importantes debido a su impacto negativo sobre la salud pública, la seguridad alimentaria y la economía de muchos países, particularmente los países en desarrollo (FAO/OIEA, 2003).

Las micotoxinas en la mesa del consumidor constituyen un problema que comienza en el campo y continúa durante el acopio y la comercialización, cuya única solución es prevenir el crecimiento fúngico (Carrillo, 2003). Por ello se está constantemente en busca de agentes de control fúngico. Esta necesidad, sumada al interés de los consumidores por la eliminación gradual de aditivos sintéticos y su reemplazo por compuestos de origen natural, impulsan la investigación hacia alternativas de control de origen natural. Este cambio se considera en beneficio de la calidad y la inocuidad de los alimentos (Viuda-Martos y cols., 2008).

Existen algunos estudios enfocados en el poder antifúngico de flavonoides naturales. Uno de ellos es de Wächter y cols. (1999), quienes encontraron que flavonoides prenilados aislados del arbusto *Eysenhardita texana* tuvieron actividad frente al patógeno oportunista *Candida albicans*. Otro trabajo reportó que dos flavonas de *Artemisia giraldii* exhibieron actividad frente a *Aspergillus flavus* (Zheng y cols., 1996). Otro flavonoide, galagina, comúnmente encontrado en propoleo mostró capacidad de inhibir el crecimiento de hongos (Afolayan y Meyer, 1997). Weidenbörner ha recopilado mucha de la información disponible sobre efecto antifúngico de diversos flavonoides en el libro “Encyclopedia of food mycotoxins” (2001), pero amén de esto son pocos los trabajos que estudian el posible efecto antifúngico de flavonoides, en especial los aislados de *Citrus*. Uno de ellos es el de Ortuño y cols. (2006) quienes mostraron que neohesperidina y naringina presentaron actividad para inhibir la producción de esporas de *Penicillium digitatum* y modificar sus hifas. No existen antecedentes donde se hayan estudiado la capacidad antifúngica de ésteres de flavonoides cítricos.

Para iniciar el estudio de las propiedades antifúngicas de los ésteres de flavonoides de *Citrus*, se eligieron 4 especies: *Aspergillus flavus, Aspergillus parasiticus, Fusarium semitectum* y *Penicillium expansum*. Las dos especies de *Aspergillus* escogidas están incluidas por la Organización de las Naciones unidas para la Agricultura y la Alimentación (FAO) entre los mohos de mayor importancia mundial. Éstas producen aflatoxinas (*Aspergillus flavus* B_1 y B_2, *Aspergillus parasiticus* B_1, B_2, G_1 y G_2), sustancias tóxicas y carcinogénicas para animales incluyendo humanos. Estas especies afectan la calidad de muchos productos agroindustriales. En cuanto a la importancia económica, los cultivos más afectados por este género son los cereales (maíz, sorgo, mijo, arroz, trigo) y las oleaginosas (olivo, soja, girasol, algodón). El género *Aspergillus* además está asociado a la "aspergilosis pulmonar", infección micótica oportunista que ejerce un efecto devastador del pulmón; es la segunda causa más frecuente de enfermedad micótica sistémica, solamente superada por la candidiasis. La aspergilosis tiene una alta morbilidad y mortalidad en grupos de individuos inmunodeprimidos (Kappe, 1997). En cuanto a la especie *Fusarium semitectum* se puede decir que afecta al maíz, avena, trigo, cebada y sorgo. Produce zearalenona, otra micotoxina reportada por la FAO de importancia mundial. La cuarta cepa es del género *Penicillium*. Este género produce varios metabolitos secundarios, entre ellos ácido ciclopiazónico, ácido penicílico, cicloclorotina, citroviridina, citrinina, griseofulvina, ocratoxina A, patulina y penitrem A (Pitt, 2002). Algunas de estas sustancias existen en cantidades significativas en el ambiente natural como para influir en la salud del hombre y otros animales. Suelen encontrarse en cereales y frutas. Este género tiene la capacidad de crecer en ambientes refrigerados. Incluso hay especies (*P. expansum*) que pueden proliferar a partir de -2 °C (Lacey, 1989).

El objetivo de este apartado fue probar la actividad antifúngica de los ésteres de glucósidos de flavonoides cítricos, como así también de los glucósidos sin modificar frente a *A. flavus*, *A. parasiticus*, *F. semitectum* y *P. expansum*. Conjuntamente se analizó la existencia de correlaciones entre actividad y estructura de los compuestos bajo estudio.

6.2 MATERIALES Y MÉTODOS

6.2.1 Compuestos ensayados.

Los compuestos probados fueron prunina (P) y sus ésteres butirato (BP), decanoato (DP), laurato (LP) y estearato (EP), glucósido de hesperetina (GH) y su éster laurato (LGH). Prunina (P) y glucósido de hesperetina (GH) fueron obtenidos por hidrólisis enzimática de acuerdo a lo detallado en el Capítulo III. La síntesis de los ésteres alquílicos de glicósidos de flavonoides cítricos se llevó a cabo como se ha detallado en el Capítulo IV.

6.2.2 Cepas de hongos.

Los hongos *Aspergillus parasiticus*, *A. flavus* y *Fusarium semitectum* fueron aislados de granos de soja mientras que *Penicillium expansum* se aisló de manzanas. Las cepas fueron conservadas en la Colección de Cepas de la Facultad de Ciencias Exactas y Naturales de la Universidad de Buenos Aires (*A. parasiticus:* BACF 611, *A. flavus*: BACF 2, *F. semitectum*: BACF 1060 y *P. expansum*: 3560). Estos hongos se cultivaron en un medio conteniendo extracto de malta agarizado (MEA) durante 7 días con el fin de asegurar la pureza de los hongos empleados. Luego, se separaron los conidios del resto del medio, agregando a cada tubo 10 mL de Tween 80 (Biokar, Francia) (0,02 %) y agitándolos 1 min con vortex. Las concentraciones de conidios en estas soluciones se determinaron por recuento usando una cámara de Neubauer. Los valores obtenidos fueron: *A. parasiticus*, 1,5 10^5 conidios mL^{-1} (DE = 0,2 10^5 conidios mL^{-1}); *A. flavus*, 2,0 10^7 conidios mL^{-1} (DE = 0,3 10^7 conidios mL^{-1}); *F. semitectum*, 8,2 10^7 conidios mL^{-1} (DE = 0,8 10^7 conidios mL^{-1}); *P. expansum*, 1,6 10^8 conidios mL^{-1} (DE = 0,3 10^8 conidios mL^{-1}).

6.2.3 Método de dilución en agar.

La actividad antifúngica se ensayó por el método de dilución en agar descripto por Fraternale y cols. (2003) con algunas modificaciones. El medio empleado fue MEA (Biokar, Francia), el cual contiene 30 g de extracto de malta, 15 g de agar y 3 g de peptona por litro de agua destilada. Los compuestos a ensayar se disolvieron en dimetilformamida (DMF) con el fin de preparar soluciones homogéneas 100 veces más concentradas que la concentración de ensayo, de tal forma que al diluir (1/100, v/v) la concentración de DMF no supere el 1 % (v/v). Los medios enriquecidos con los ésteres de cadena larga (decanoato de prunina (DP), laurato de prunina (LP), estearato de prunina (EP) y laurato de glucósido de hesperetina (LGH)) formaron dispersiones líquido-líquido, mientras que los demás sistemas fueron soluciones homogéneas. También se preparó un control con DMF (1 %). Luego se colocaron 10 mL de cada medio en placas de Petri (90 x 15 mm) descartables (Massobact, Argentina), las cuales se pusieron a secar dos días antes de inocularlas con 10 ± 0,2 μL de suspensión de conidios.

El rango de concentración de ensayo más comúnmente empleado para investigar la actividad antifúngica de flavonoide varía entre 0,2 y 0,8 mM (Weidenbörner y cols., 1990; Weidenbörner y Jha, 1994a; Martini y cols., 1997; Weidenbörner y Jha, 1997; Carrillo y cols., 1999). Es este estudio, se decidió trabajar a una concentración cercana al límite inferior, 0,25 mM. El estudio se realizó por quintuplicado. Las placas fueron incubadas a 25 °C en la oscuridad.

El control de la actividad antifúngica se siguió midiendo dos veces al día el diámetro de las colonias en dos direcciones (a ángulos rectos) durante 86 h. Para realizar estas medidas, las placas fueron fotografiadas y los diámetros se obtuvieron mediante el programa Corel Draw 11 para Windows. Los radios de las colonias se graficaron en función del tiempo. La fase de retardo del crecimiento (lag) se calculó como el tiempo necesario para que la colonia duplique el diámetro inicial del inóculo. Superada esta fase, se realizaron regresiones lineales para determinar la constante de velocidad de crecimiento (k) que es la pendiente entre diámetro de colonia y tiempo en la fase de crecimiento (ver Figura 6.2 b).

6.2.4 Análisis estadístico.

Se hizo un análisis ANOVA de dos colas para determinar diferencias significativas ($p < 0.05$). Para probar diferencias entre los compuestos se realizó la prueba de Bonferroni. El análisis ANOVA fue empleado para determinar la influencia de los diferentes flavonoides en los valores de k, lag y la relación entre k y lag. El análisis se realizó con el programa R (R Development Core Team (2008). R Foundation for Statistical Computing, Viena, Austria. ISBN 3-900051-07-0, http://www.r-project.org).

6.3 RESULTADOS Y DISCUSIÓN

Se pudo ensayar satisfactoriamente la capacidad de los ésteres de inhibir el crecimiento de hongos contaminantes de alimentos. La Figura 6.1 muestra un ejemplo de las fotografías obtenidas. Los diámetros de crecimiento se graficaron en función del tiempo para cada par hongo-flavonoide más el control. En la Figura 6.2 se presenta como ejemplo la gráfica de diámetro de crecimiento en función del tiempo para las 5 réplicas cuando se inocularon conidios de *Fusarium semitectum* en un medio con MEA y decanoato de prunina 0,25 mM (DMF 1 %, v/v).

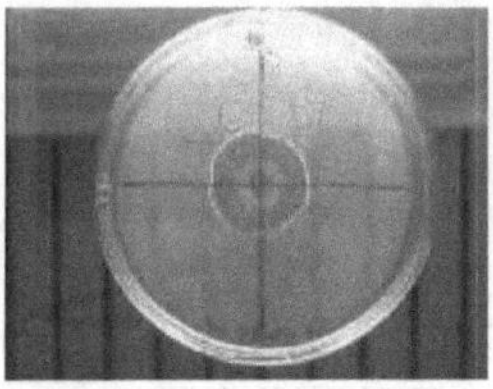

Figura 6.1 Fotografía de placa con *F. semitectum* en MEA con prunina 0,25 mM a 48 h de incubada a 25 °C.

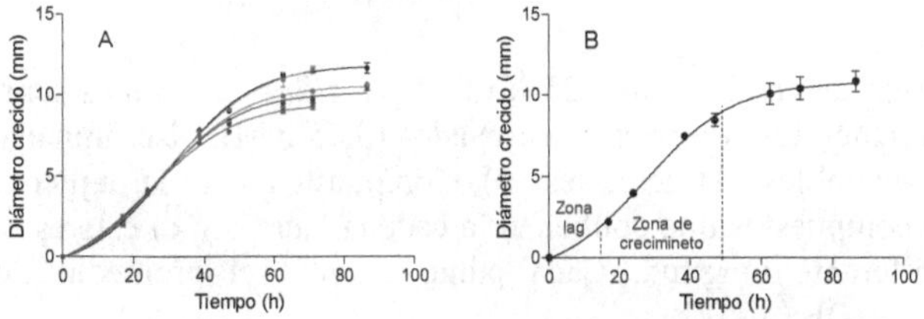

Figura 6.2 (a) Réplicas (5) de diámetro de crecimiento y (b) valor promedio (promedio ± LC 95%, n=5) en función del tiempo para *F. semitectum* inoculado en MEA con decanoato de prunina 0,25 mM.

En la siguientes gráficas se presentan las curvas de crecimiento obtenidas para los hongos estudiados (Figura 6.3 a Figura 6.6) separándolas en cada especie según las características estructurales de los flavonoides utilizados. En estas gráficas se incorporó la curva del control.

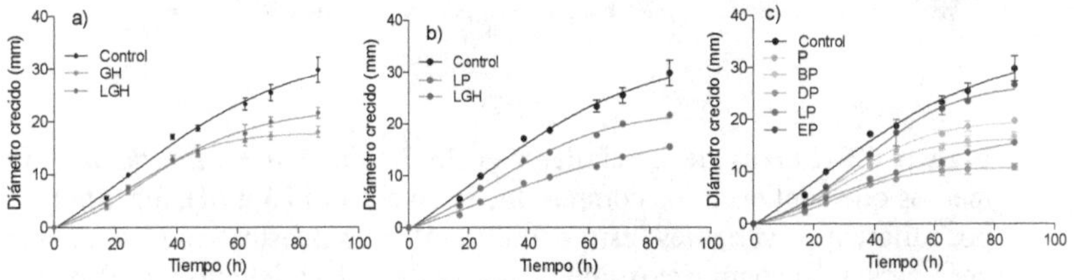

Figura 6.3 Curvas de crecimiento a 25 °C de *Fusarium semitectum* sobre medios que contienen los compuestos ensayados (0,25 mM), discriminadas por diferentes variables estructurales. a) Compuestos con la aglicona hesperetina, b) compuestos que contienen la cadena laurato y c) ésteres de prunina con diferente longitud. Cada punto expresa el promedio del diámetro crecido ± DE (n=5).

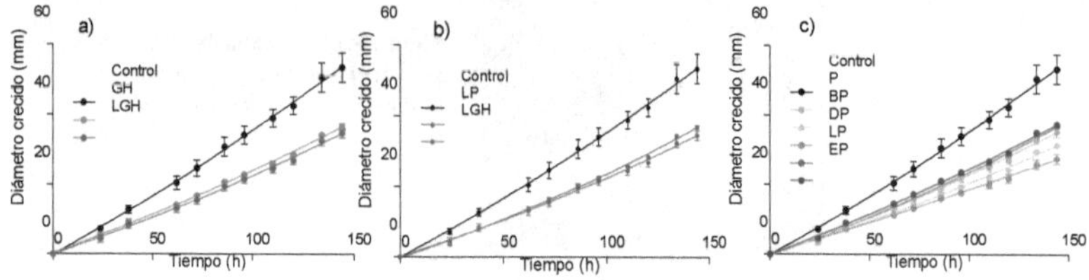

Figura 6.4 Curvas de crecimiento a 25 °C de *Aspergillus parasiticus* sobre medios que contienen los compuestos ensayados (0,25 mM), discriminadas por diferentes variables estructurales. a) Compuestos con la aglicona hesperetina, b) compuestos que contienen la cadena laurato y c) ésteres de prunina con diferente longitud. Cada punto expresa el promedio del diámetro crecido ± DE (n=5).

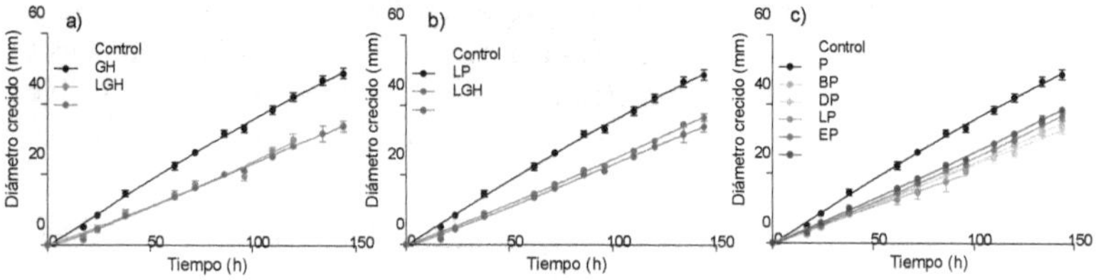

Figura 6.5 Curvas de crecimiento a 25 °C de *Aspergillus flavus* sobre medios que contienen los compuestos ensayados (0,25 mM), discriminadas por diferentes variables estructurales. a) Compuestos con la aglicona hesperetina, b) compuestos que contienen la cadena laurato y c) ésteres de prunina con diferente longitud. Cada punto expresa el promedio del diámetro crecido ± DE (n=5).

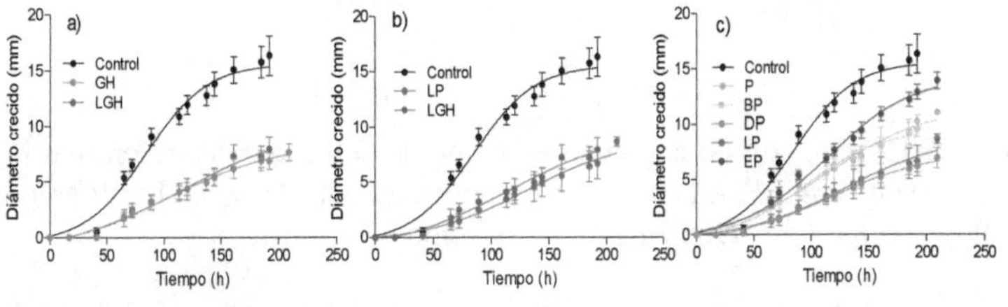

Figura 6.6 Curvas de crecimiento a 25 °C de *Penicillum expansum* sobre medios que contienen los compuestos ensayados (0,25 mM), discriminadas por diferentes variables estructurales. a) Compuestos con la aglicona hesperetina, b) compuestos que contienen la cadena laurato y c) ésteres de prunina con diferente longitud. Cada punto expresa el promedio del diámetro crecido ± DE (n=5).

Pudo determinarse que todos los compuestos ensayados poseen la capacidad de alterar el crecimiento de *A. parasiticus, A. flavus, F. semitectum* y *P. expansum* a 0,25 mM. A la concentración usada, no se alcanzó inhibición completa de ninguno de los hongos. La Tabla 6.1 muestra los valores obtenidos de k con sus respectivos valores de coeficientes de regresión cuadrático (R^2). La Tabla 6.2 muestra los valores porcentuales de reducción en la velocidad de crecimiento (k) para todos los hongos y flavonoides testeados.

De los compuestos ensayados DP fue el que mostró la capacidad inhibitoria más fuerte frente a *A. parasiticus, A. flavus* y *F. semitectun.* DP también presentó una actividad inhibitoria interesante frente a *P. expansum,* sin embargo fue LGH el que mejor impidió el desarrollo de este hongo. *P. expasum* también fue sensible a la presencia de P. Para *A. parasiticus,* LGH tuvo la misma fuerza inhibitorio de DP. BP también alcanzó un importante porcentaje de inhibición de crecimiento sobre *A. parasiticus* y *A. flavus.*

Es importante resaltar que se ha determinado que algunos flavonoides pueden inhibir o estimular el crecimiento de un hongo, dependiendo no sólo del hongo en estudio, sino además de la concentración usada. Weidenbörner y Jha (1994b) encontraron que, por ejemplo a 0,2 mM, naringina y hesperidina redujeron el crecimiento micelar de *Spicellum roseum,* pero naringina a la misma concentración estimuló el crecimiento de *Alternaria tenuissima.* En otro trabajo se determinó que naringina (a 1,72 mM) no tuvo efecto antifúngico sobre *A. niger* o *C. albicans* (Rauha y cols., 2000).

Tabla 6.1 Velocidad de crecimiento k (media ± SD con n = 5 en mm h^{-1}) para *F. semitectun, P. expansum, A. parasiticus* y *A. flavus* en los diferentes medios y rango del coeficiente de correlación cuadrático (R^2).

	A. flavus	*A. parasiticus*	*P. expansum*	*F. semitectum*
Control	$0,49\pm0,01^{a}$ (0,980–0,984)	$0,39\pm0,01^{e}$ (0,991–0,996)	$0,09\pm0,03^{i}$ (0,983–0,980)	$0,28\pm0,04^{k}$ (0,989–0,996)
P	$0,29\pm0,03^{cd}$ (0,981–0,989)	$0,24\pm0,01^{f}$ (0,992–0,997)	$0,05\pm0.02^{ij}$ (0,956–0,992)	$0,20\pm0,03^{klm}$ (0,984–0,999)
GH	$0,29\pm0,01^{cd}$ (0,985–0,996)	$0,24\pm0.01^{fg}$ (0,992–0,998)	$0,06\pm0,02^{ij}$ (0,961–0,996)	$0,16\pm0,03^{m}$ (0,993–1,00)
BP	$0,25\pm0,01^{d}$ (0,977–0,990)	$0,20\pm0,01^{gh}$ (0,990–0,967)	$0,07\pm0,02^{ij}$ (0,965–0,983)	$0,18\pm0,06^{lm}$ (0,970–0,996)
DP	$0,25\pm0,02^{d}$ (0,986–0,989)	0,18±0,01h (0,991–0,999)	$0,05\pm0,01^{ij}$ (0,969–0,987)	$0,13\pm0,06^{m}$ (0,975–0,999)
LP	$0,31\pm0,03^{bc}$ (0,981–0,989)	$0,24\pm0,01^{fg}$ (0,986–0,992)	$0,08\pm0,02^{ij}$ (0,981–0,999)	$0,16\pm0,02^{m}$ (0,983–0,996)
LGH	$0,29\pm0,01^{bcd}$ (0,980–0,986)	$0,18\pm0,04^{h}$ (0,969–0,985)	$0,04\pm0,01^{j}$ (0,856–0,983)	$0,15\pm0,05^{m}$ (0,974–0,998)
EP	$0,30\pm0,03^{bc}$ (0,981–0,984)	$0,25\pm0,01^{f}$ (0,993–0,977)	$0,08\pm0,01^{ij}$ (0,960–0,988)	$0,26\pm0,02^{kl}$ (0,984–0,998)

P: prunina, GH: glucósido de hesperetina, BP: Butirato de prunina, DP: decanoato de prunina, LP: laurato de prunina, LGH: laurato de glucósido de hesperetina y EP: estearato de prunina. Los valores dentro de cada columna con el mismo superíndice no son significativamente diferentes de acuerdo a la prueba de rango múltiple de Bonferroni ($p > 0.05$).

Tabla 6.2 Porcentaje de reducción de la velocidad de crecimiento (k) en relación al control. P: prunina, GH: glucósido de hesperetina, BP: Butirato de prunina, DP: decanoato de prunina, LP: laurato de prunina, LGH: laurato de glucósido de hesperetina y EP: estearato de prunina.

	F. semitectum	*P. expansum*	*A. parasiticus*	*A. flavus*
P	29	44	38	41
GH	43	33	38	41
BP	36	22	49	49
DP	54	44	54	49
LP	43	11	38	37
LGH	46	56	54	41
EP	7	11	36	39

En la Tabla 6.3 se presenta el efecto de los compuestos ensayados sobre la fase de retardo del crecimiento, lag (h), para los 4 hongos. Para *F. semitectum, A. parasiticus* y *A. flavus*, DP fue nuevamente el flavonoide que tuvo mayor actividad, presentando los mayores incrementos en lag. Es interesante resaltar que, a pesar que todos los hongos estuvieron afectados respecto al valor de lag comparados con el control, hubo un comportamiento similar en las cepas de *Aspergillus*, mientras que *P. expansum* fue más dependiente del tipo de flavonoide que las otras cepas.

Tabla 6.3 Efecto sobre la fase de retardo de crecimiento lag (promedio ± DE en horas, n = 5).

	A. flavus	*A. parasiticus*	*P. expansum*	*F. semitectum*
Control	25 ± 2 ^{c}	9 ± 3 ^{g}	40 ± 7 ^{ijk}	14 ± 7 ^{p}
P	38 ± 3 ^{ab}	21 ± 2 ^{def}	84 ± 13 ^{h}	22 ± 8 ^{nop}
GH	37 ± 2 ^{ab}	18 ± 2 ^{fe}	74 ± 25 ^{hi}	18 ± 2 ^{op}
BP	38 ± 7 ^{ab}	29 ± 2 ^{d}	57 ± 20 ^{hij}	11 ± 3 ^{p}
DP	40 ± 5 ^{a}	29 ± 1 ^{d}	42 ± 12 ^{jki}	57 ± 8 ^{m}
LP	30 ± 4 ^{bc}	8 ± 6 ^{g}	2 ± 12 ^{l}	39 ± 2 ^{mn}
LGH	36 ± 2 ^{ab}	7 ± 7 ^{g}	43 ± 15 ^{hijkl}	15 ± 12 ^{p}
EP	32 ± 1 ^{abc}	15 ± 1 ^{fg}	6 ± 12 ^{kl}	37 ± 1 ^{mno}

P: prunina, GH: glucósido de hesperetina, BP: Butirato de prunina, DP: decanoato de prunina, LP: laurato de prunina, LGH: laurato de glucósido de hesperetina y EP: estearato de prunina. Los valores dentro de cada columna con el mismo superíndice no son significativamente diferentes de acuerdo a la prueba de rango múltiple de Bonferroni ($p > 0.05$).

Hay muy poca información sobre la relación actividad antifúngica – estructura de flavonoides. Weidenbörner y Jha (1997) compararon la actividad de flavanona y de flavona frente a 34 cepas de diferentes hongos y determinaron que en general la molécula flavona es más activa que la molécula flavanona. Por otra parte, Silva y cols. (1998) demostraron que si se emplean mezclas de flavonas (o flavanonas) hidroxi o metoxi sustituidas se produce un efecto sinérgico que mejora el control del crecimiento micelar comparado con cualquiera de las sustancias por separado. Esto sugiere la necesidad de continuar el estudio probando diferentes combinaciones de los compuestos más promisorios. Cabe destacar que el mecanismo por el cual se produce la reducción del crecimiento micelar aún no ha sido develado.

A partir de los resultados obtenidos no se pudieron establecer criterios de relación actividad antifúngica – estructura química ya que no hubo una diferencias sistemáticas dentro de cada grupo o entre diferentes grupos (compuestos con la aglicona hesperetina, compuestos con la aglicona naringenina y compuestos que contienen la cadena laurato).

6.4 CONCLUSIONES

A una concentración de 0,25 mM los compuestos prunina, glucósido de hesperetina, butirato de prunina, decanoato de prunina, laurato de prunina, estearato de prunina y laurato de glucósido de hesperetina redujeron la velocidad de crecimiento de los hongos *A. flavus, A. parasiticus, P. expansum* y *F. semitectum*. La intensidad de la reducción dependió del tipo de hongo y del flavonoide empleado.

Esta investigación es para muchos de los compuestos probados el primer paso hacia el conocimiento de sus propiedades antifúngicas. No se pudo aportar datos en cuanto a la relación actividad – estructura o al modo de acción de estos compuestos, siendo necesarios más estudios. A pesar de ello, se estableció que los compuestos estudiados pueden disminuir considerablemente el crecimiento de 4 cepas de hongos comúnmente halladas en granos de soja y manzanas, cuyo desarrollo afecta directamente el valor comercial de las matrices donde se encuentran. El potencial uso de estos compuestos como agentes de control fúngico es otra interesante opción para acoplar a la industria de *Citrus*.

Si bien ninguno de los compuestos ensayados inhibió totalmente el desarrollo de los hongos a partir de conidios, debería probarse si otras concentraciones o mezclas de compuestos con igual concentración molar total (0,25 mM), pueden hacerlo. También es interesante probar otra técnica de contacto e incluso ensayar los compuestos en matrices reales de diferentes alimentos.

6.5 REFERENCIAS - CAPÍTULO VI

Afolayan, A.J. y Meyer, J.J.M. (1997). "The antimicrobial activity of 3,5,7-trihydroxyflavone isolated from the shoots of Helichrysum aureonitens." Journal of Ethnopharmacology 57(3): 177-181.

Carrillo, L. (2003). Los hongos de los alimentos y forrajes. Salta, Universidad Nacional de Salta.

Carrillo, L., Gomez Molina, S.E. y Benitez Ahrendts, M. (1999). "La acción de la naringenina y la naringina sobre varios hongos contaminantes." Revista Científica Agraria 3: 11-14.

Fao/Oiea (2003). Manual sobre la aplicación del sistema de análisis de peligros y de puntos críticos de control (APPCC) en la prevención y control de las micotoxinas. Roma, FAO.

Fraternale, D., Giamperi, L. y Ricci, D. (2003). "Chemical composition and antifungal activity of essential oil obtained from in vitro plants of Thymus mastichina L." Journal of Essential Oil Research 15: 278–281.

Kappe, R. (1997). "Fungal pulmonary infections." Current Opinion in Infectious Diseases 10(2): 123-127.

Lacey, J. (1989). "Pre- and post-harvest ecology of fungi causing spoilage of foods and other stored products." Journal of Applied Microbiology 67: 11s-25s.

Martini, H., Weidenbörner, M., Adams, S. y Kunz, B. (1997). "Increased antifungal activity of 3- and 7-hydroxyflavone against Cladosporium herbarum and Penicillium glabrum through ester formation." Mycological Research 101(8): 920-922.

Ortuño, A., Báidez, A., Gómez, P., Arcas, M.C., Porras, I., García-Lidón, A. y Río, J.A.D. (2006). "Citrus paradisi and Citrus sinensis flavonoids: Their influence in the defence mechanism against Penicillium digitatum." Food Chemistry 98(2): 351-358.

Pitt, J.I. (2002). Biology and ecology of toxigenic Penicillum species. En: Mycotoxins and Food Safety. J. W. DeVries, M. W. Trucksess y L. S. Jackson.

Rauha, J.-P., Remes, S., Heinonen, M., Hopia, A., Kähkönen, M., Kujala, T., Pihlaja, K., Vuorela, H. y Vuorela, P. (2000). "Antimicrobial effects of Finnish plant extracts containing flavonoids and other phenolic compounds." International Journal of Food Microbiology 56(1): 3-12.

Silva, A.M.S., Weidenbörner, M. y Cavaleiro, J.A.S. (1998). "Growth control of different Fusarium species by selected flavones and flavonoid mixtures." Mycological Research 102(5): 638-640.

Swanson, B.G. (1987). "Mycotoxins on fruits and vegetables." Acta Hort. 207: 49-62.

Viuda-Martos, M., Ruiz-Navajas, Y., Fernández-López, J. y Pérez-Álvarez, J. (2008). "Antifungal activity of lemon (Citrus lemon L.), mandarin (Citrus reticulata L.), grapefruit (Citrus paradisi L.) and orange (Citrus sinensis L.) essential oils." Food Control 19(12): 1130-1138.

Wächter, G.A., Hoffmann, J.J., Furbacher, T., Blake, M.E. y Timmermann, B.N. (1999). "Antibacterial and antifungal flavanones from Eysenhardtia texana." Phytochemistry 52(8): 1469-1471.

Weidenbörner, M. (2001). Encyclopedia of food mycotoxins. Berlin, Germany, Springer.

Weidenbörner, M., Hindorf, H., Chandra Jha, H., Tsotsonos, P. y Egge, H. (1990). "Antifungal activity of isoflavonoids in different reduced stages on Rhizoctonia solani and Sclerotium rolfsii." Phytochemistry 29(3): 801-803.

Weidenbörner, M. y Jha, H.C. (1994a). "Antifungal activity of flavonoids in relation to degree of hidroxylation, methoxylation and glycosidation." Acta Hort. (ISHS) 381: 702-709.

Weidenbörner, M. y Jha, H.C. (1994b). Optimization of the concentrations of flavone and flavanone with regard to their antifungal activities on four Deutermycotina. Stuttgart, ALLEMAGNE, Ulmer.

Weidenbörner, M. y Jha, H.C. (1997). "Antifungal spectrum of flavone and flavanone tested against 34 different fungi." Mycological Research 101(6): 733-736.

Zheng, W.F., Tan, R.X., Yang, L. y Liu, Z.L. (1996). "Two Flavones from Artemisia giraldii and their Antimicrobial Activity." Planta Medica 62(02): 160,162.

CAPÍTULO VII

ACTIVIDAD ANTIBACTERIANA DE ÉSTERES ALQUÍLICOS DE PRUNINA Y DE COMPUESTOS RELACIONADOS

7.1 INTRODUCCIÓN

El consumo de frutas cítricas parece estar asociado a reducir el riesgo de ciertas enfermedades (Peterson y cols., 2006a; Peterson y cols., 2006b; Tripoli y cols., 2007). A estas frutas incluso se les ha atribuido la capacidad de alargar la vida de seres humanos (Fortes y cols., 2000) y se ha sugerido que los flavonoides de estas frutas son los responsables de los efectos benéficos (Peterson y cols., 2006a). Por otra parte, se ha encontrado que estos flavonoides pueden prevenir ciertos tipos de cánceres (Le Marchand, 2002), tener actividad antiinflamatoria y anticancerígena *in vivo* (Manthey y cols., 2001). Además, se ha informado que los flavonoides de *Citrus* exhiben propiedades antimicrobianas (Cushnie y Lamb, 2005; Rhodes y cols., 2006; Mandalari y cols., 2007) y por ende, pueden ser considerados como posibles agentes antibacterianos para el control de patógenos, en especial aquellos que presentan resistencia a antibióticos.

A pesar de haber una gran cantidad de trabajos que estudian diferentes propiedades biológicas de flavonoides cítricos, son pocos los trabajos enfocados en sus propiedades antibacterianas. Es probable que esto se deba a que en general se ha encontrado que los flavonoides de *Citrus* no poseen una actividad antibacteriana relevante. Sin embargo, es bien sabido que la modificación estructural de una molécula puede modificar su relación hidrofobicidad/hidrofilicidad alterando las propiedades de solubilidad, por ejemplo. El cambio en la estructura también puede modificar propiedades biológicas. Se ha encontrado que cuando la modificación de una molécula involucra la incorporación de una cadena alifática, el derivado generalmente posee mayor actividad antimicrobiana que la molécula original, sobre todo frente a bacterias Gram-positivas (Kabara, 1984; Tsuchiya y cols., 1996; Kitahara y cols., 2004; Mellou y cols., 2005; Ávila y cols., 2008).

Entre las bacterias Gram-positivas patógenas *Listeria monocytogenes* y *Staphylococcus aureus* merecen especial atención. *L. monocytogenes* es un patógeno que causa una enfermedad severa conocida como "listeriosis" que afecta fácilmente a pacientes inmunocomprometidos. Se ha establecido que la transmisión por alimentos contaminados, mayormente productos que no deben cocinarse para ingerirse, tales como vegetales, fiambres, chacinados y quesos, constituyen la vía de adquisición de la enfermedad más frecuente, sumado al hecho de que las cepas de este patógeno aisladas de alimentos y ambientes intrahospitalarios frecuentemente exhiben resistencia a antibióticos (MacGowan y cols., 1990; Charpentier y Courvalin, 1999; Walsh y cols., 2001). Por su parte, se ha establecido que la principal causa de enfermedades transmitidas por alimentos es la intoxicación por ingerir comida contaminada con estafilococos (Mead y cols., 1999; WHO, 2002; Le Loir y cols., 2003), siendo necesaria atención hospitalaria para al menos uno de cada 10 individuos afectados. *Staphylococcus aureus* es ubicuo y la mayoría de sus cepas producen diferentes enterotoxinas termorresistentes (Balaban y Rasooly, 2001; Ortega y cols., 2010). Es decir que si bien el microorganismo puede eliminarse por cocción de los alimentos, la toxina prevalecerá siendo la responsable de producir intenso malestar gástrico y normalmente vómitos incontrolables (Tamarapu y cols., 2001). La aparición de la toxina es muy probable cuando se corta la cadena de frío de cualquier alimento.

El objetivo de este capítulo fue examinar las propiedades antibacterianas de los ésteres alquílicos de prunina y compararlas con la de prunina para determinar si la inserción de la cadena alquílica modifica el carácter antibacteriano del glucósido precursor frente a bacterias lácticas, patógenas y causantes de deterioro de alimentos. Por otra parte, se analizó la relación entre la estructura química y el efecto antagónico de flavonoides con la misma aglicona (naringenina), en cuanto a la incorporación de azúcares y a la longitud del éster de prunina, especialmente frente a *L. monocytogenes* y *S. aureus*.

7.2 MATERIALES Y MÉTODOS

7.2.1 Compuestos analizados.

Naringina (NAR) fue donada por el Ing. Hugo Geronazzo (INIQUI-UNSa). Prunina (P) se obtuvo a partir de naringina de acuerdo a lo descripto en el Capítulo III de esta tesis. Naringenina (NGE) se obtuvo por hidrólisis ácida de naringina de acuerdo al método descripto por Robín y cols. (2007). Los ésteres de flavonoides acetato de prunina (AP), butirato de prunina (BP), hexanoato de prunina (HP), octanoato de prunina (OP), decanoato de prunina (DP), laurato de prunina (LP) y estearato de prunina (EP) fueron obtenidos de acuerdo a la metodología descripta en el Capítulo IV de esta tesis. El laurato de vinilo y los ácidos alquílicos se obtuvieron de Sigma (Estados Unidos) y de Aldrich (Alemania).

7.2.2 Medios de cultivo.

Se emplearon los siguiente medios de cultivo: Infusión cerebro corazón (BHI), caldo DeMan-Rogose-Sharpe (MRS) y caldo Mueller-Hinton (MH,). Cuando se necesitó medio semisólido se adicionó 1,5 % p/v de agar. Las diluciones de bacterias se realizaron empleando peptona de carne al 0,1 %. Estos insumos fueron de Britania (Argentina). Los demás reactivos fueron de calidad analítica.

7.2.3 Cepas microbianas y condiciones de cultivos.

La procedencia de las 45 cepas empleadas se detalla en la Tabla 7.1. Las bacterias que pertenecen a los géneros *Listeria*, *Pseudomonas*, *Salmonella*, *Staphylococcus*, *Proteus*, *Klebsiella*, *Escherichia*, *Enterococcus* y *Bacillus* se hicieron crecer en BHI a 37 °C por 12 h. Los *Lactobacillus* fueron cultivados en MRS a 37 °C por 24 h bajo atmósfera de microaerofilia (del orden de 7 % O_2 y 14 % CO_2).

7.2.4 Espectros antibacterianos.

El primer análisis en pos de investigar la actividad antibacteriana de los ésteres alquílicos de prunina fue realizar un espectro antibacteriano de laurato de prunina (LP) y compararlo con el del glucósido precursor, prunina (P). Se eligió LP por ser un éster de longitud intermedia entre los sintetizados (C2-C18). También se investigó si el donador de grupo acilo, laurato de vinilo (LV) por si sólo tenía actividad antibacteriana. Debido a que los ésteres de prunina son extremadamente insolubles en matrices acuosas, los compuestos se disolvieron en dimetilsulfóxido (DMSO) para poder incorporarlos al medio en forma homogénea. Se emplearon 2 controles de crecimiento: a) medio de cultivo puro y b) medio de cultivo con 1 % v/v de DMSO.

La técnica consistió en colocar 10 mL de agar-MH en tubos con tapa y esterilizarlos en autoclave (15 min a 121 °C). Una vez que los tubos se enfriaron hasta unos 70 °C se les agregaron 100 µL de solución del compuesto a analizar en DMSO, por lo que la concentración de DMSO final fue de 1 % v/v en todos los tubos. Luego los tubos se agitaron y rápidamente se trasvasó el contenido a placas de Petri estériles descartables (Massobact, Argentina). Una vez que el medio solidificó y la superficie se secó, se sembraron sobre ésta 7 µL de cada cultivo de bacteria. Se esperó a que la gota se adsorbiera en el agar y recién entonces se procedió a invertir las placas e incubar durante 24 h a 37 °C en las condiciones adecuadas para cada género bacteriano, según lo detallado en el inciso anterior. Finalizada la incubación, se determinó el efecto causado en las bacterias por análisis visual de las colonias. Los experimentos se realizaron por duplicado.

7.2.5 Concentración mínima inhibitoria (CMI) de naringina y compuestos derivados.

Se estudiaron las concentraciones mínimas inhibitorias (CMI) de NAR, NGE, P y los ésteres de prunina frente a diferentes cepas por el método publicado por "Clinical and Laboratory Standards Institute" (2003). Para ello se hicieron diluciones seriadas de los compuestos de interés en DMSO (desde 1 mM hasta 25 mM) y se adicionaron 100 μL de cada solución a 10 mL de agar-MH fundido, obteniéndose medios con concentraciones de los compuestos entre 0,01 y 0,25 mM. Una vez que el medio solidificó y la superficie se encontró seca, se sembraron 7 μL de cada cultivo de bacteria de interés. Las placas se incubaron 24 h a 37 °C. Se ensayó, además, si ácidos grasos de entre 2 y 18 átomos de carbono causaban algún efecto negativo a las cepas sólo a la mayor concentración (0,25 mM). Se prepararon dos placas de control de crecimiento, una sólo con agar-MH y otra que además contenía DMSO 1 % (v/v). Cada experimento se realizó por triplicado.

7.2.6 Ensayos de viabilidad por contacto directo.

Se estudió el efecto de LP sobre la viabilidad de *S. aureus* ATCC29213, *L. monocytogenes* 99/287S y su mutante resistente a bacteriocinas, *L. monocytogenes* 99/287R por contacto directo. Para ello las bacterias se suspendieron en agua peptona. Las suspensiones se enriquecieron con diferentes cantidades de los compuesto de interés en DMSO (final 1 %, v/v). Para las cepas de *Listeria*, además se ensayó un medio conteniendo 0,25 mM de LP con una gota del detergente Tween 80. Las muestras se incubaron a 37 °C y las viabilidades se determinaron a tiempos comprendidos entre 30 y 120 min por recuento en placa empleando agar-MH. Los ensayos se realizaron por duplicado.

7.2.7. Análisis morfológico por microscopía electrónica.

L. monocytogenes 99/287 y su mutante resistente a bacteriocina se analizaron morfológicamente por microscopía electrónica de transmisión (TEM) y de barrido (SEM), mientras que la cepa de *S. aureus* ATCC29213 sólo se analizó por la segunda técnica. Los microorganismos controles y aquellos que fueron tratados con 0,25 mM de P o PL, se obtuvieron centrifugando a 9000 rpm durante 10 min a 4 °C. Luego fueron suspendidos en una mezcla compuesta por un volumen de MH y un volumen de solución fijadora (glutaraldehído al 3 % en solución reguladora de pH fosfato 0,1 M, pH 7,4) durante 30 min a 25 °C. Las células se recuperaron centrifugando igual que antes y fueron resuspendidas en solución fijadora sin diluir. Después de una post-fijación con OsO_4 (OsO_4 1

% en solución reguladora fosfato 0,1 M, pH 7,4), las muestras se deshidrataron aumentando gradualmente el contenido de acetona y alcohol etílico. Las microscopías SEM (LASEM, UNSa) y TEM (LaMENOA, UNT) fueron realizadas con equipos Joel JMS 6480 LV y Joel JSM35CF, respectivamente.

7.3 RESULTADOS

7.3.1 Espectros antibacterianos.

Se realizaron espectros de inhibición bacteriana de P, LP y LV. La adición de P en DMSO a 10 mL de agar-MH fundido produjo soluciones cristalinas, mientras que cuando se adicionaron LV o LP en DMSO se formaron dispersiones líquido-líquido.

Se determinó que las bacterias no fueron afectadas por medios conteniendo DMSO 1 % (v/v) o LV 0,25 mM (DMSO 1 %). En cuanto a P, no se encontró ningún efecto inhibitorio a concentraciones entre 0,10 mM y 2,3 mM. Por el contrario, visualmente, parecería haber algún efecto estimulante del crecimiento para *Listeria*, *Pseudomonas* y *Bacillus* spp. Sin embargo, el éster LP tuvo un amplio espectro de inhibición a una concentración de 0,25 mM. Por ejemplo, LP inhibió el crecimiento de casi todas las cepas Gram-positivas, incluyendo a *S. aureus* y *Listeria monocytogenes*. De las 24 cepas de *Listeria* probadas, sólo dos no fueron afectadas por LP a 0,25 mM y de 12 cepas espontáneamente resistentes a enterocinas (indicadas con un asterisco), sólo una presentó cierta resistencia a LP 0,25 mM (Tabla 7.1).

7.3.2 Concentración mínima inhibitoria (CMI).

Se determinaron las CMI de los compuestos derivados de naringina frente a 7 cepas Gram-positivas y 3 Gram-negativas, por el método de dilución en agar. La Tabla 7.2 muestra algunos resultados obtenidos para LP que luego se volcaron a la Tabla 7.3 en la cual se recopilan los resultados obtenidos.

Ninguno de los ácidos grasos libres a la concentración de 0,25 mM, mostró efectos inhibitorios frente a las cepas estudiadas. Naringina, prunina y la aglicona naringenina tampoco presentaron actividad antagónica a la máxima concentración ensayada (0,25 mM). El éster acetato de prunina (AP) tampoco tuvo actividad en una concentración igual a 0,25 mM. El éster butirato de prunina (BP) inhibió *P. aeruginosa*, *S. aureus*, *B. cereus* y tres cepas de *Listeria* sólo a 0,25 mM. El éster hexanoato de prunina (HP) presentó un comportamiento similar a BP, pero las CMI para *L. monocytogenes* 99/287 y 99/287R alcanzaron el valor de 0,10 mM.

Octanoato de prunina (OP) y decanoato de prunina (DP) inhibieron el desarrollo de *P. aeruginosa* en una concentración de 0,25 mM y presentaron además las menores CMI para *B. cereus* y *B. subtilis* C4 (0,05 y 0,10 mM, respectivamente). Frente a las listerias OP y DP presentaron CMI entre 0,01 y 0,05 mM y frente a *S. aureus* ambos tuvieron una CMI de 0,10 mM. Laurato de prunina inhibió *P. aeruginosa* y las cepas de *Bacillus* a una concentración de 0,25 mM. Dicho compuesto, además presentó CMI entre 0,01 y 0,05 mM frente a las listerias. El derivado con cadena de 18 átomos de carbono, estearato de prunina (EP) mostró la menor CMI frente a *S. aureus*: 0,025 mM. DP, LP y EP afectaron marcadamente a *Ent. faecium* con una CMI de 0,10 mM. *E. coli* y *S. enteritidis* fueron sólo afectadas por DP y LP a 0,25 mM.

Tabla 7.1 Espectro antimicrobiano de prunina y su éster de laurato a 0,25 mM.

Cepa	Origen	P	LP
Bacillus cereus C1	MO	+	-
B. subtilis subtilis Mori2	CA	+	-
B. subtilis G2III	CA	+	+
B. subtilis subtilis C4	CA	+	-
Bacillus spp. AJ3	CA	+	-
Pseudomonas aeruginosa 27853	ATCC	+	-
Salmonella enterica serovar Enteritidis	INTA	+	-
Salmonella enterica serovar Typhimurium	INTA	+	-
Klebsiella pneumoniae	CA	+	w+
Proteus mirabilis	CA	+	w+
Escherichia coli 21	CA	+	-
Staphylococcus aureus 29213	ATCC	+	-
Lactobacillus johnsonii CRL1647	CA	+	+
L. salivarius CRL1384	CA	+	+
L. johnsonii IG9	CA	+	+
Enterococcus faecium SM7	CA	+	+
Ent. faecium SM21	CA	+	+
Ent. faecium 1385	CRL	+	+
Ent. faecium CA12	CA	+	+
Ent. avium 17511	DSMZ	+	-
Enterococcus spp. AB2MSSC2	CA	+	+
Listeria monocytogenes 99/287S	CA	+	-
L. monocytogenes 99/287R*	CA	+	-
L. monocytogenes 99/287RMori1*	CA	+	-
L. monocytogenes 00/182RB6*	CA	+	-
L. monocytogenes 01/198RB6*	CA	+	-
L. monocytogenes 99/320RB6*	CA	+	-
L. monocytogenes 00/270RB6*	CA	+	-
L. monocytogenes 00/223RB6*	CA	+	-
L. monocytogenes 99/267RB6*	CA	+	-
L. monocytogenes 01/01RB6*	CA	+	-
L. monocytogenes 01/200RB6*	CA	+	-
L. monocytogenes 01/155	CA	+	-
L. monocytogenes 99/287RB6*	CA	+	-
L. monocytogenes 01/182RB6*	CA	+	-
L. monocytogenes 00/360	CA	+	-
L. monocytogenes 99/393	CA	+	-
L. monocytogenes 99/316	CA	+	-
L. monocytogenes 01/00	CA	+	+
L. monocytogenes 003/364	CA	+	+

Origen: MO: Dr. Morea (ISPA, Bari, Italia); ATCC: American Type Culture Collection; DMSZ: German Resource Centre for Biological Material; INTA: Instituto Nacional de Tecnología Agropecuaria, Argentina; CA: Dra. Carina Audisio, Salta, Argentina.
Referencias: +: crece (desarrollo de colonia comparable al control); w+: crece parcialmente (desarrollo de colonia menor al del control); -: no crece (no se detecta colonia).

L. monocytogenes 01/01	CA	+	-
L. monocytogenes 99/316	CA	+	-
L. monocytogenes 03/03	CA	+	-
L. monocytogenes 99/128	CA	+	-
L. monocytogenes 01/182	CA	+	-

Tabla 7.2 Actividad *in vitro* de laurato de prunina (LP) frente a diferentes cepas de *L. monocytogenes* (CMI).

Cepa indicadora	LP (mM)						
	0,000	0,010	0,025	0,050	0,100	0,150	0,250
L. monocytogenes 99/287s	+	-	-	-	-	-	-
L. monocytogenes 00/360	+	+	+	+	-	-	-
L. monocytogenes 99/287R*	+	+	-	-	-	-	-
L. monocytogenes 99/287R Mori1*	+	+	-	-	-	-	-

+ Crece (hay desarrollo de colonia); - no crece (no se detecta colonia).

Tabla 7.3 Concentración mínima inhibitoria (CMI) en mmol L^{-1}.

Bacteria/compuesto	**NAR**	**P**	**NGE**	**AP**	**BP**	**HP**	**OP**	**DP**	**LP**	**EP**
Bacterias Gram-positivas										
Bacillus cereus C1	N. I.	N. I.	N. I.	N. I.	0,250	0,250	0,050	0,050	0,250	N. I.
B. subtilis subtilis C4	N. I.	N. I.	N. I.	N. I.	N. I.	0,250	0,100	0,100	0,250	N. I.
Listeria monocytogenes 99/287 S	N. I.	N. I.	N. I.	N. I.	0,250	0,100	0,050	0,010	0,010	0,250
L. monocytogenes 99/287R*	N. I.	N. I.	N. I.	N. I.	0,250	0,100	0,025	0,025	0,025	N. I.
L. monocytogenes 01/155	N. I.	N. I.	N. I.	N. I.	0,250	0,250	0,025	0,050	0,050	0,250
Enterococcus faecium CRL1385	N. I.	N. I.	N. I.	N. I.	N. I.	0,250	N. I.	0,100	0,100	0,100
Staphylococcus aureus ATCC29213	N. I.	N. I.	N. I.	N. I.	0,250	0,250	0,100	0,100	0,100	0,025
Bacterias Gram-negativas										
Pseudomonas aeruginosa	N. I.	N. I.	N. I.	N. I.	0,250	0,250	0,250	0,250	0,250	N. I.
Salmonella Enteritidis	N. I.	N. I.	N. I.	N. I.	N. I.	N. I.	N. I.	N. I.	0,250	N. I.
Escherichia coli	N. I.	N. I.	N. I.	N. I.	N. I.	N. I.	N. I.	0,250	0,250	N. I.

Naringina (NAR), prunina (P), naringenina (NGE), acetato de prunina (AP), butirato de prunina (BP), hexanoato de prunina (HP), octanoato de prunina (OP), decanoato de prunina (DP), laurato de prunina (LP) y estearato de prunina (EP). "N.I." significa No Inhibido a 0,25 mM.

7.3.3 Ensayos de actividad de LP por contacto directo frente a *L. monocytogenes* 99/287 sensible y resistente a bacteriocina y a *S. aureus* ATCC29213.

- *L. monocytogenes* 99/287 sensible y resistente a bacteriocina.

Mediante el ensayo de contacto directo pudo determinarse que P no afectó negativamente el desarrollo de esta cepa patógena. Por el contrario, se determinó que causa estimulación del crecimiento, efecto que ya se había encontrado cualitativamente por la técnica de dilución en agar. Por su parte, LP presentó un importante efecto inhibitorio en ambas cepas a 0,08 mM. Más aún, la cepa resistente a bacteriocina fue la más sensible y tuvo un efecto dosis-respuesta más marcado que la cepa sensible. Luego de 30 min de contacto a 0,25 mM disminuyó en 4 órdenes el número de células viables. Para la cepa sensible a bacteriocinas las tres concentraciones ensayadas presentaron el mismo perfil: una rápida pérdida de viabilidad (30 min o menos) con disminución de 3 órdenes en el número de células viables (Figura 7.1 y Figura 7.2).

- *S. aureus* ATCC29213.

Como se observa en la Figura 7.3, hubo un claro efecto dosis-respuesta. Luego de 30 min de contacto la reducción en las células viables fue de 2 órdenes cuando el medio contuvo LP 0,025 mM y de 4 órdenes a 0,25 mM. También se observó que la pérdida de viabilidad aumentó con el tiempo de contacto. Luego de 2 h en medios con 0,25 mM de LP, se alcanzó una reducción de 6 órdenes en el número de unidades formadoras de colonia por mililitro. Esto sugiere que LP posee una cinética de inhibición frente a *S. aureus* mucho más lenta que frente a las cepas de *Listeria*.

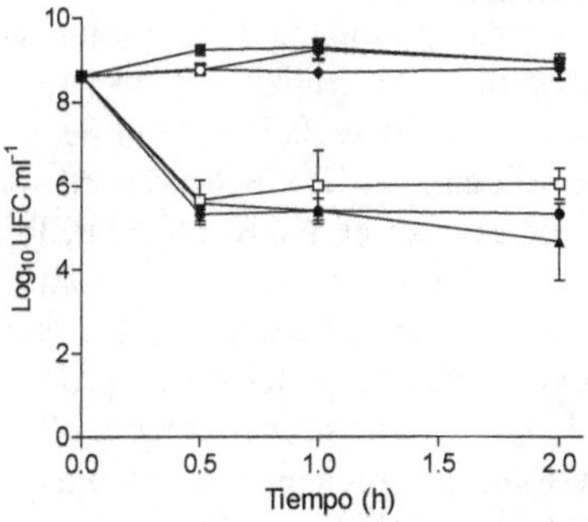

Figura 7.1 Curva de mortandad de *L. monocytogenes* 99/287 (sensible a bacteriocina) incubada sola (◆), con P 0,35mM (■) y con diferentes concentraciones de LP: 0,08 mM (□), 0,17 mM (●) y 0,25 mM (▲). (○) es LP 0,25 mM con una gota de Tween 80. Cada punto es la media de dos ensayos independientes con su respectiva DE.

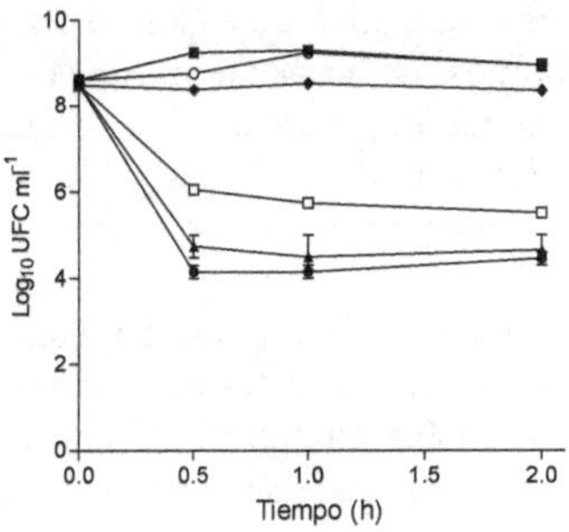

Figura 7.2 Curva de mortandad de (a) *L. monocytogenes* 99/287R (mutante resistente a bacteriocina) incubada sola (◆), con P 0,35 mM (■) y con diferentes concentraciones de LP: 0,08 mM (□), 0,17 mM (●) y 0,25 mM (▲). (○) es LP 0,25 mM con una gota de Tween 80. Cada punto es la media de dos ensayos independientes con su respectiva DE.

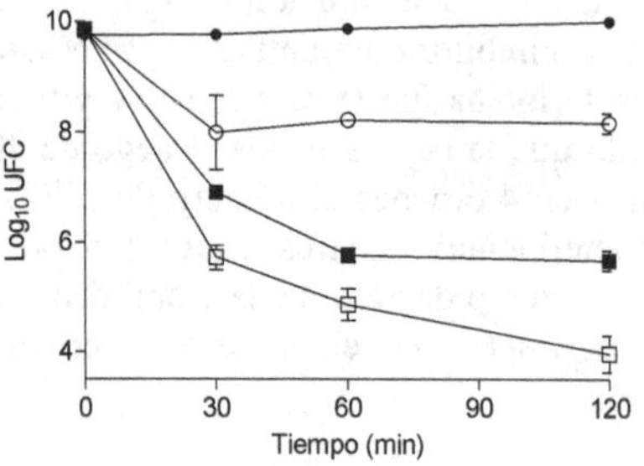

Figura 7.3 Efecto antagónico de LP frente a *S. aureus* ATCC29213 a 0,025 mM (○), 0,10 mM (■) y 0,25 mM (□). (●) Control. Cada punto es la media de dos ensayos independientes con su respectiva DE.

Un resultado llamativo es que los medios con LP que además contenían una gota de detergente (Tween 80) se comportaron como medios con prunina, es decir, medios sin capacidad inhibitoria que incluso estimularon el crecimiento. En estos casos se observó que los sistemas pasan de ser una dispersión líquido-liquido a ser medios translúcidos cristalinos.

7.3.4 Análisis de relación actividad-estructura frente a *S. aureus* ATCC29213 y a *L. monocytogenes* 99/287RB6.

Con el fin de relacionar la estructura química con la propiedad antibacteriana de los compuestos bajo estudio, se realizó un ensayo de contacto directo. Se trabajó a una concentración fija de 0,25 mM (1 %, v/v de DMSO). El agregado de 100 µL de solución en DMSO a 10 mL de caldo MH produjo soluciones cristalinas en el caso de NAR, NGE, P, PA, ácido acético y ácido butírico y suspensiones líquido-líquido en el caso de BP, HP, OP, DP, LP, EP y con los ácidos grasos saturados de 6 o más átomos de carbono. En los casos del ácido esteárico y del EP se produjo rápida precipitación de los compuestos. Las muestras se incubaron a 37 °C por 2 h y la viabilidad bacteriana se determinó por recuento de colonias. A continuación se presentan los resultados obtenidos (Figura 7.4).

- *L. monocytogenes 99/287RB6:* Los flavonoides y los ésteres alquílicos de prunina con 6 o menos átomos de carbono presentaron pequeñas diferencias con el control. Los ésteres de prunina con 8 o más átomos de carbono mostraron un elevado efecto inhibitorio. Luego de 2 h de contacto se observó una disminución de alrededor de 3-4 órdenes en el número de células viables.
- *Staphylococcus aureus ATCC29213:* La aglicona y sus derivados glicosilados no mostraron ningún efecto inhibitorio. Los ésteres de prunina con cadenas de hasta 4 átomos de carbono, no fueron significativamente diferentes al control, mientras que los ésteres con cadenas entre 6 y 12

átomos de carbono presentaron una actividad que se incrementó con la longitud de la cadena. Los compuestos más efectivos fueron aquellos con cadena de 10 o 12 átomos de carbono, causando una disminución de 6 órdenes. El éster con 18 átomos de carbono (EP) presentó una disminución sólo de un orden.

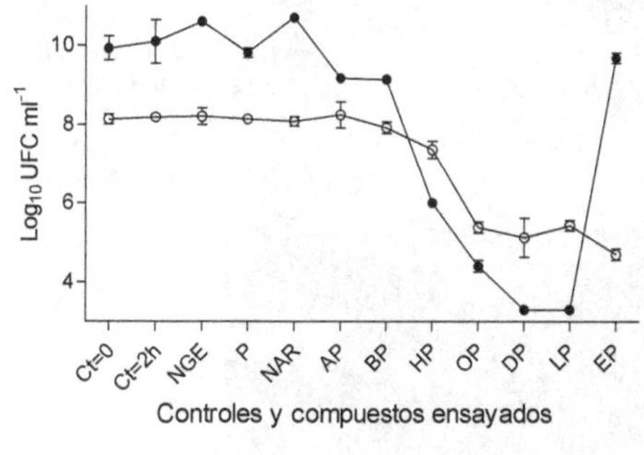

Figura 7.4 Relación actividad estructura de los compuestos derivados de naringina frente a *S. aureus* ATCC29213 (○) y la cepa resistente a bacteriocinas *L. monocytogenes* 99/287RB6 (■). Ct=0: control de tiempo cero, Ct=2h: control a 2h, NAR: naringina, P: prunina, NGE: naringenina, AP: acetato de prunina, BP: butirato de prunina, HP: hexanoato de prunina, OP: octanoato de prunina, DP: decanoato de prunina, LP: laurato de prunina y EP: estearato de prunina. Concentración 0,25 mM. Los datos son el promedio ± el error estándar (n=2).

7.3.5 Análisis morfológico por microscopía electrónica.

Las fotografías obtenidas por microscopía electrónica de transmisión (sólo para las listerias) y de barrido, revelaron que el efecto antagónico de laurato de prunina sobre las cepas *L. monocytogenes* 99⁄287R y *S. aureus* ATCC 29213 fue bactericida sin lisis celular (Figura 7.5 y Figura 7.6).

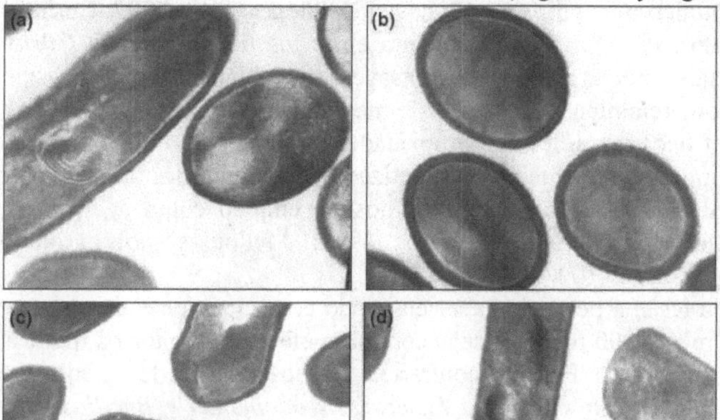

Figura 7.5 Fotografías de microscopía electrónica de transmisión (x34000) de las células control de *L. monocytogenes* 99⁄287S (a) y *L. monocytogenes* 99⁄287R (c) y las tratadas con LP 0,25 mM (b y d, respectivamente).

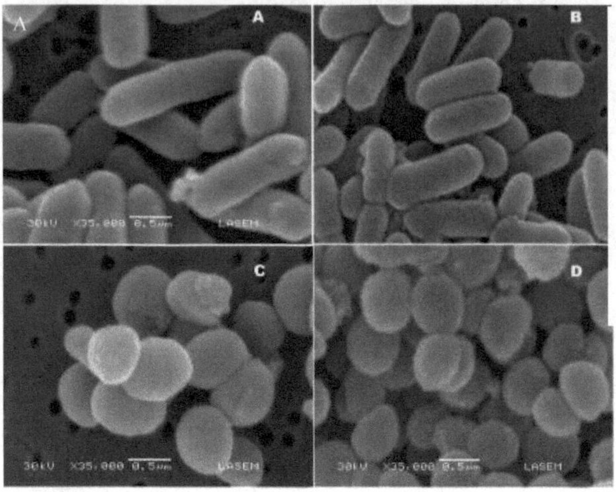

Figura 7.6 Fotografías de microscopía electrónica de barrido (x35000) de las células control de *L. monocytogenes* 99/287R (A) y *S. aureus* (C) y las tratadas con LP 0,25 mM (B y D, respectivamente).

7.4 DISCUSIÓN

7.4.1 Espectros antibacterianos.

Se acepta comúnmente que los flavonoides de *Citrus* poseen una actividad antimicrobiana discreta (Benavente-Garcia y cols., 1997; Cushnie y Lamb, 2005). Prunina no se encuentra entre los flavonoides de *Citrus* estudiados, salvo por algunos pocos ensayos, probablemente por no estar disponible comercialmente. Es necesario mencionar que existen muy pocos trabajos científicos que informen propiedades de ésteres de flavonoides ya que son compuestos recientemente sintetizados que están más orientados a otras propiedades biológicas que a su posible empleo como agentes de control bacteriano (Kodelia y cols., 1994; Mellou y cols., 2006; Montenegro y cols., 2007).

En esta tesis, a pesar de haber ensayado concentraciones de prunina de hasta 2.3 mM (1000 ppm) no se encontraron efectos inhibitorios frente a las cepas ensayadas. Por el contrario, se observó cierto grado de estimulación del crecimiento para *Listeria*, *Pseudomonas* y *Bacillus* spp. La estimulación en el crecimiento de *Pseudomonas* spp. podría ser un resultado favorable ya que las cepas de *Pseudomonas* producen ramnolípidos, biosurfactantes con importantes aplicaciones en biorremediación de suelos o biodegradación de alcanos (Zhang y Miller, 1994; Zhang y Miller, 1995). Como consecuencia de la estimulación, prunina podría emplearse para ayudar a producir estas moléculas tensioactivas.

Una situación diferente se encontró al ensayar LP, que en una concentración de 0,25 mM presentó un efecto inhibitorio sobre *Enterococcus avium, Escherichia coli, Salmonella enterica* serovar Enteritidis, *Salmonella enterica* serovar Typhimurium, *Staphylococcus aureus, Pseudomonas aeruginosa, Proteus mirabilis, Klebsiella pneumoniae* y cepas de *Bacillus*. En particular inhibió 22 de 24 cepas de *L. monocytogenes*, sensibles o no a bacteriocinas. Este dato tiene gran relevancia ya que *Listeria* se ha convertido en un patógeno emergente que afecta a niños, mujeres embarazadas y pacientes inmunocomprometidos (Farber y Peterkin, 1991; Jurado y cols., 1993; Hitchins y Whiting, 2001) y que está desarrollando resistencia no sólo frente a antibióticos, sino además frente a bacterocinas (Davies y Adams, 1994; Naghmouchi y cols., 2007; Ibarguren y cols., 2010). Por la técnica de dilución en agar, de 10 cepas mutantes resistentes a enterocinas sintetizadas por diferentes cepas de *Ent. faecium* (Audisio y cols., 2005; Ibarguren y cols., 2006), sólo una presentó cierta resistencia a LP 0,25 mM. Las fotografías obtenidas por microscopia electrónica, revelaron que el efecto inhibitorio no involucró lisis celular o modificaciones visibles en la estructura celular fina de listerias y de *S. aureus*.

7.4.2 Relación actividad – estructura.

Poco se conoce en cuanto a la relación "actividad antibacteriana – estructura química" de estos compuestos, pero se sabe que diferentes sustituyentes pueden tener una gran influencia en sus propiedades biofísicas y biológicas. Cambios estructurales, tales como la introducción de grupos hidrofóbicos en una molécula pueden causar cambios en la afinidad de la molécula por la membrana citoplasmática o por sitios de unión externos e internos en una bacteria, lo que influirá las propiedades antimicrobianas del compuesto (Fitzgerald y cols., 2004). En general los investigadores del área concuerdan en que la actividad antimicrobiana de un compuesto puede mejorar cuando se le añaden grupos lipofílicos. De hecho, los mismos ácidos grasos que pueden unirse tienen propiedades antimicrobianas por sí solos (Nieman, 1954).

Es sabido que la membrana plasmática es el primer sitio donde los ácidos grasos deben interactuar para producir la inhibición, independientemente del mecanismo de inhibición involucrado (Desbois y Smith, 2010). Mientras que la membrana externa de bacterias Gram-negativas se comporta como una barrera para ácidos grasos, la pared celular de las bacterias Gram-positivas permite la libre circulación de los ácidos grasos hacia la membrana citoplasmática (Galbraith y Miller, 1973; Sheu y Freese, 1973). Por ello, la actividad antibacteriana de ácidos grasos es usualmente mayor frente a bacterias Gram-positivas que frente a Gram-negativas (Nieman, 1954; Sheu y Freese, 1973; Desbois y Smith, 2010).

Cuando se realizó la técnica de dilución en agar ninguno de los ácidos grasos (C2-C18) presentó actividad antimicrobiana a 0,25 mM. Este resultado concuerda con el informado por Kitahara y cols. (2004), quienes estudiaron la actividad antibacteriana de ácidos grasos y aminas grasas frente a cepas meticilina-resistente de *S. aureus* (MRSA). Los autores encontraron que los ácidos grasos láurico y decanoico sólo presentaron actividad anti-MRSA a una concentración de 400 μg mL^{-1} (2,0 mM) y 800 μg mL^{-1} (4,65 mM) respectivamente. Los ácido esteárico y octanoico no mostraron actividad incluso a 1600 μg mL^{-1} (5,6 mM y 11,1 mM, respectivamente). Más aún, ellos informaron que las CMI de las aminas dependieron de la cadena hidrofóbica y las mayores actividades fueron para una amina con una cadena de 14 átomos de carbono.

Considerando específicamente los antecedentes de actividad antibacteriana de flavonoides, es importante mencionar el trabajo de Tsuchiya y cols. (1996) quienes estudiaron la actividad de flavanonas frente a 18 cepas MRSA y encontraron que naringenina tuvo actividad antibacteriana a concentración entre 0,75 y 1,5 mM. Además, las flavanonas con grupos alifáticos en las posiciones 6 u 8 (anillo A del flavonoide) tuvieron mayor actividad antimicrobiana. Por otra parte, la actividad en compuestos sustituidos en la posición 8 fue más elevada cuando el grupo unido fue el lavandulil (cadena ramificada de 10 carbonos) que cuando fue el grupo prenil (cadena ramificada de 5 carbonos). Por su parte, Alcaráz y cols. (2000) estudiaron la relación actividad - estructura de flavanonas, flavonas y chalconas hidroxi y metoxi sustituidas frente a *S. aureus*. Encontraron que las flavanonas fueron las moléculas menos activas y que la actividad de estas estuvo en el rango de concentración entre 0,5 y 6,0 mM, lo que concuerda con lo informado por Tsuchiya (1996) para compuestos similares. Mellou y cols. (2005) sintetizaron enzimáticamente dos ésteres láuricos de 6''O-glicósidos de flavonoides (anillo A) aislados de una planta griega y encontraron que sólo uno de ellos presentó un efecto antagónico en *B. cereus* a 500 μg mL^{-1} (0,65 mM) y que a una concentración de 1000 μg mL^{-1} (1,3 mM) éste también inhibió *S. aureus*. Estos autores no encontraron ningún efecto adverso sobre bacterias Gram-negativas. Ellos propusieron que el efecto antibacteriano podría deberse a la mayor hidrofobicidad del éster comparado con la del glicósido sin modificar. Gatto y cols. (2002) trabajaron con quercetina y 3-O (anillo C) acil ésteres derivados (con cadenas entre C2 y C16) frente a hongos y bacterias (Gram-negativas y Gram-positivas). Ellos encontraron que a una concentración de 100 μg mL^{-1} (0,21 mM para laurato de 3-O-quercetina) ninguno de los compuestos presentó actividad. A pesar que los autores de este trabajo atribuyeron la falta de actividad a la concentración ensayada, es posible que la falta de actividad se haya debido a que la acilación en la posición 3-O (anillo C) no conduce a una interacción adecuada a nivel de membrana entre la molécula y la célula blanco.

En este estudio se encontró que a pesar que prunina y las cadenas libres de ácidos grasos no presentaron actividad inhibitoria, los alquil ésteres de 6"-O-prunina fueron potentes agentes antimicrobianos a una concentración de 0,25 mM frente a bacterias Gram-positivas, pero no frente a bacterias Gram-negativas. Esta actividad estuvo directamente relacionada con la hidrofobicidad de la cadena incorporada, con una longitud óptima entre 10-12 átomos de carbono. Esta cadena proveería la hidrofobicidad que la glucosil-flavanona no posee para interactuar de forma adecuada a nivel de membrana o incluso podría ayudar a que el flavonoide ingrese a la célula (Kodelia y cols., 1994).

Es interesante resaltar que los medios de cultivo conteniendo LP se tornaron medios inertes cuando se les añadió una pequeña cantidad de detergente. Esto pudo deberse a que el detergente interactuó con el éster de flavonoide formando micelas en las cuales quedaron retenidos los ésteres, disminuyendo drásticamente la concentración de los mismos en el medio de cultivo. Esta hipótesis está soportada por haber observado un cambio en el aspecto de los medios que de ser dispersiones líquido – líquido turbias, se convirtieron en soluciones cristalinas con el agregado del detergente, lo cual se debe a la formación de micelas.

Es necesario señalar que la actividad anti-*Staphylococcus* de EP fue sustancialmente diferente, según la técnica empleada para su determinación. Una razón para este comportamiento podría ser la baja solubilidad de EP en matrices acuosas. Mientras que EP permanece dispersado uniformemente y en contacto con el microorganismo en el método de dilución en agar, en la técnica de contacto directo EP precipita, quedando el microorganismo suspendido. Por consiguiente, la concentración efectiva de EP disminuye drásticamente. Otros autores han observado diferencias en la determinación de actividades antimicrobianas de flavonoides según la técnica empleada y el flavonoide involucrado (Cushnie y Lamb, 2005). Esta situación no se observó cuando la bacteria blanco fue *L. monocytogenes*, lo que seguramente es debido a la mayor velocidad de inhibición. Para todos los otros compuestos estudiados las propiedades encontradas fueron independientes de la técnica.

Basado en los resultados hallados y en aquellos encontrados en bibliografía, es posible realizar ciertas observaciones generales en relación a la relación actividad estructura de los compuestos estudiados:
Sustitución con glicósidos: Concentraciones bajas de la aglicona naringenina (0,25 mM) no inhibieron bacterias Gram-positivas. Más aún, la presencia de glicósidos (glucosa en prunina y el di-glicósido neohesperidosa en naringina), no mejoraron la actividad antimicrobiana. Otros autores han comparado la actividad antimicrobiana de agliconas y sus glicosil-derivados. Mandalari y cols. (2007) compararon la actividad antimicrobiana de naringenina, hesperetina y eriodictiol y sus di-glicósidos naringina, hesperidina y eriocitrina frente a *Listeria innocua* y *S. aureus* FI10139, entre otras cepas. Sus resultados sugieren que si existe una diferencia entre las agliconas y sus di-glicósidos, las agliconas serían las más activas. Han y You (1988) encontraron que la aglicona naringenina fue más activa que naringina inhibiendo bacterias Gram-positivas. Esto indicaría que la unión de sustituyentes hidrofílicos en la posición 7-O de la aglicona, disminuye la interacción entre la aglicona y la célula blanco. Esto seguramente se debe a la falta de afinidad de estos compuestos por la bicapa fosfolipídica, o tal vez a la falta de receptores específicos de membrana.
Sustitución con cadenas alquílicas: Respecto al carácter lipofílico, es obvio que la incorporación de grupos hidrofóbicos no es suficiente para transformar un flavonoide inactivo (o con muy poca actividad) en uno activo frente a bacterias Gram-positivas. Sin embargo, la adición de una cadena alifática con una longitud de 10-12 átomos de carbono al anillo A del flavonoide, o a un azúcar unido a este anillo, parece ser la modificación más promisoria. Esta conclusión estaría de acuerdo con aquellos autores que trabajando con aceites esenciales demostraron que la hidrofobicidad y las propiedades estéricas juegan papeles principales en la actividad antimicrobiana (Shapiro y Guggenheim, 1998a; Shapiro y Guggenheim, 1998b).

Por último, es importante enfatizar que las bacterias lácticas (BAL), estudiadas por sus propiedades probióticas y antimicrobianas (Audisio y cols., 2000; 2001; 2006), no fueron afectadas por LP. Por ende una proyección de este estudio podría estar dirigida al análisis de combinaciones entre ésteres de flavonoides y metabolitos sintetizados por BAL, para determinar si existe un efecto sinérgico.

7.5 CONCLUSIONES

En este capítulo se estudiaron las propiedades antibacterianas de los ésteres alquílicos de prunina y de otros flavonoides derivados de naringenina. Se determinó que los grupos hidrofílicos en la posición 7-O no colaboran con la actividad inhibitoria de naringenina. Por otra parte, se estableció que prunina se convierte en un poderoso antibacteriano de amplio espectro cuando se le incorpora una cadena alquílica. A una concentración de 0,25 mM el éster laurato de prunina inhibió a *S. enterica* serovar Enteritidis, *S.* Typhimurium, *S. aureus, Ent. avium,* cepas de *Bacillus, Ent. faecium, P. mirabilis, E. coli, P. aeruginosa* y 22 de 24 cepas de *L. monocytogenes*, sensibles o no a bacteriocinas. El mecanismo de inhibición sería bactericida ya que no se observó, con las dosis estudiadas, lisis celular.

Los ésteres alquílicos de prunina mostraron una actividad antimicrobiana que aumentó al incrementarse la longitud de la cadena. La actividad inhibitoria máxima la presentaron los ésteres de prunina con cadenas de 10-12 átomos de carbono. Por ejemplo, a concentraciones de 0,25 mM y luego de 2 h de contacto directo, el éster LP disminuyó el número de bacterias viables de *L. monocytogenes* sensibles o resistentes a bacteriocinas en al menos 3 órdenes de magnitud, mientras que disminuyó en alrededor de 6 órdenes el número de células viables de *S. aureus* ATCC29213.

Estos resultados, muestran que los ésteres alquílicos de prunina poseen importantes propiedades antimicrobianas, especialmente frente a bacterias Gram-positivas, lo que podría aprovecharse para proteger a los alimentos de sus contaminaciones bacterianas más frecuentes.

7.6 REFERENCIAS – CAPÍTULO VII

Alcaráz, L.E., Blanco, S.E., Puig, O.N., Tomás, F. y Ferretti, F.H. (2000). "Antibacterial activity of flavonoids against methicillin-resistant *Staphylococcus aureus* strains." Journal of Theoretical Biology 205(2): 231-240.

Audisio, M.C. y Apella, M.C. (2006). "Bacteriocin-like substance produced by *Lactobacillus salivarius* subsp. *salivarius* CRL1384 with anti-*Listeria* and anti-*Salmonella* effects. ." Research Journal of Microbiology 1: 61-69.

Audisio, M.C., Oliver, G., Apella, M., Iacute y A, C. (2000). "Protective Effect of *Enterococcus faecium* J96, a Potential Probiotic Strain, on Chicks Infected with Salmonella Pullorum." Journal of Food Protection 63: 1333-1337.

Audisio, M.C., Oliver, G. y Apella, M.C. (2001). "Effect of different complex carbon sources on growth and bacteriocin synthesis of *Enterococcus faecium*." International Journal of Food Microbiology 63(3): 235-241.

Audisio, M.C., Terzolo, H.R. y Apella, M.C. (2005). "Bacteriocin from Honeybee Beebread *Enterococcus avium*, Active against *Listeria monocytogenes*." Applied and Environmental Microbiology 71(6): 3373-3375.

Ávila, H.P., Smânia, E.D.F.A., Monache, F.D. y Smânia Júnior, A. (2008). "Structure-activity relationship of antibacterial chalcones." Bioorganic & Medicinal Chemistry 16(22): 9790-9794.

Balaban, N. y Rasooly, A. (2001). "Analytical chromatography for recovery of small amounts of staphylococcal enterotoxins from food." International Journal of Food Microbiology 64(1-2): 33-40.

Benavente-Garcia, O., Castillo, J., Marin, F.R., Ortuno, A. y Del Rio, J.A. (1997). "Uses and properties of citrus flavonoids." Journal of Agricultural and Food Chemistry 45(12): 4505-4515.

Cushnie, T.P. y Lamb, A.J. (2005). "Antimicrobial activity of flavonoids." International Journal of Antimicrobial Agents 26(5): 343-356.

Charpentier, E. y Courvalin, P. (1999). "Antibiotic resistance in *Listeria spp*." Antimicrobial Agents & Chemotherapy 43(9): 2103-2108.

Davies, E.A. y Adams, M.R. (1994). "Resistance of *Listeria monocytogenes* to the bacteriocin nisin." International Journal of Food Microbiology 21(4): 341-347.

Desbois, A. y Smith, V. (2010). "Antibacterial free fatty acids: activities, mechanisms of action and biotechnological potential." Applied Microbiology and Biotechnology 85(6): 1629-1642.

Farber, J.M. y Peterkin, P.I. (1991). "*Listeria monocytogenes*, a food-borne pathogen." Microbiology and Molecular Biology Reviews 55(3): 476-511.

Fitzgerald, D.J., Stratford, M., Gasson, M.J., Ueckert, J., Bos, A. y Narbad, A. (2004). "Mode of antimicrobial action of vanillin against *Escherichia coli, Lactobacillus plantarum* and *Listeria innocua*." Journal of Applied Microbiology 97: 104-113.

Fortes, C., Forastiere, F., Farchi, S., Rapiti, E., Pastori, G. y Perucci, C.A. (2000). "Diet and Overall Survival in a Cohort of Very Elderly People." Epidemiology 11(4): 440-445.

Galbraith, H. y Miller, T.B. (1973). "Physicochemical effects of long chain fatty acids on bacterial cells and their protoplasts." Journal of Applied Microbiology 36(4): 647-658.

Gatto, M.T., Falcocchio, S., Grippa, E., Mazzanti, G., Battinelli, L., Nicolosi, G., Lambusta, D. y Saso, L. (2002). "Antimicrobial and anti-lipase activity of quercetin and its C2-C16 3-O-acyl-esters." Bioorganic & Medicinal Chemistry 10(2): 269-272.

Han, S.S. y You, I.J. (1988). "Studies on antimicrobial activities and safety of natural naringin in Korea." Korean Journal of Mycology 16(1): 33-40.

Hitchins, A.D. y Whiting, R.C. (2001). "Food-borne *Listeria monocytogenes* risk assessment." Food Additives & Contaminants: Part A: Chemistry, Analysis, Control, Exposure & Risk Assessment 18(12): 1108 - 1117.

Ibarguren, C., Raya, R.R., Apella, M.C. y Audisio, M.C. (2006). "Efecto de bacteriocinas sobre cepas sensibles y resistentes de *Listeria monocytogenes*." In Actas Simposio Internacional de Bacterias Lácticas y Primer Encuentro red BAL (Bacterias Lácticas), Argentina: Tucumán.

Ibarguren, C., Raya, R.R., Apella, M.C. y Audisio, M.C. (2010). "*Enterococcus faecium* isolated from honey synthesized bacteriocin-like substances active against different *Listeria monocytogenes* Strains." Journal of Microbiology 48(1): 44-52.

Institute, C.A.L.S. (2003). "Methods for dilution antimicrobial susceptibility tests for bacteria that grow aerobically." Approved standard. 6th ed. M7-A6. Wayne, PA: CLSI.

Jurado, R.L., Farley, M.M., Pereira, E., Harvey, C.R., Schuchat, A., Wenger, J.D. y Stephens, D.S. (1993). "Increased risk of meningitis and bacteremia due to *Listeria monocytogenes* in patients with human immunodeficiency virus Infection." Clinical Infectious Diseases 17(2): 224-227.

Kabara, J. (1984). "Antimicrobial agents derived from fatty acids." Journal of the American Oil Chemists' Society 61(2): 397-403.

Kitahara, T., Koyama, N., Matsuda, J., Aoyama, Y., Hirakata, Y., Kamihira, S., Kohno, S., Nakashima, M. y Sasaki, H. (2004). "Antimicrobial activity of saturated fatty acids and fatty amines against methicillin-resistant *Staphylococcus aureus*." Biological & Pharmaceutical Bulletin 27(9): 1321-1326.

Kodelia, G., Athanasiou, K. y Kolisis, F. (1994). "Enzymatic synthesis of butyryl-rutin ester in organic solvents and its cytogenetic effects in mammalian cells in culture." Applied Biochemistry and Biotechnology 44(3): 205-212.

Le Loir, Y., Baron, F. y Gautier, M. (2003). "*Staphylococcus aureus* and food poisoning." Genetics and Molecular Research 1(2): 63-76.

Le marchand, L. (2002). "Cancer preventive effects of flavonoids--a review." Biomedecine & Pharmacotherapy 56(6): 296-301.

Liu, M., Gray, J.M. y Griffiths, M.W. (2006). "Occurrence of Proteolytic Activity and N-Acyl-Homoserine Lactone Signals in the Spoilage of Aerobically Chill-Stored Proteinaceous Raw Foods." Journal of Food Protection 69: 2729-2737.

Macgowan, A.P., Reeves, D.S. y Mc Lauchlin, J. (1990). *Antibiotic resistance of Listeria monocytogenes*. Kidlington, ROYAUME-UNI, Elsevier.

Mandalari, G., Bennett, R.N., Bisignano, G., Trombetta, D., Saija, A., Faulds, C.B., Gasson, M.J. y Narbad, A. (2007). "Antimicrobial activity of flavonoids extracted from bergamot (*Citrus bergamia Risso*) peel, a byproduct of the essential oil industry." Journal of Applied Microbiology 103(6): 2056-2064.

Manthey, J.A., Guthrie, N. y Grohmann, K. (2001). "Biological Properties of Citrus Flavonoids Pertaining to Cancer and Inflammation." Current Medicinal Chemistry 8: 135-153.

Mead, P.S., Slutsker, L., Dietz, V., Mccaig, L.F., Bresee, J.S., Shapiro, C., Griffin, P.M. y Tauxe, R.V. (1999). "Food-related illness and death in the United States." Emerging Infectious Diseases 5(5): 607-625.

Mellou, F., Lazari, D., Skaltsa, H., Tselepis, A.D., Kolisis, F.N. y Stamatis, H. (2005). "Biocatalytic preparation of acylated derivatives of flavonoid glycosides enhances their antioxidant and antimicrobial activity." Journal of Biotechnology 116(3): 295-304.

Mellou, F., Loutrari, H., Stamatis, H., Roussos, C. y Kolisis, F.N. (2006). "Enzymatic esterification of flavonoids with unsaturated fatty acids: Effect of the novel esters on vascular endothelial growth factor release from K562 cells." Process Biochemistry 41(9): 2029-2034.

Montenegro, L., Carbone, C., Maniscalco, C., Lambusta, D., Nicolosi, G., Ventura, C.A. y Puglisi, G. (2007). "In vitro evaluation of quercetin-3-O-acyl esters as topical prodrugs." International Journal of Pharmaceutics 336(2): 257-262.

Naghmouchi, K., Kheadr, E., Lacroix, C. y Fliss, I. (2007). "Class I/Class IIa bacteriocin cross-resistance phenomenon in *Listeria monocytogenes*." Food Microbiology 24(7-8): 718-727.

Nieman, C. (1954). "Influence of trace amounts of fatty acids on the growth of microorganisms." Microbiology and Molecular Biology Reviews 18(2): 147-163.

Ortega, E., Abriouel, H., Lucas, R. y Gálvez, A. (2010). "Multiple roles of *Staphylococcus aureus* enterotoxins: pathogenicity, superantigenic activity, and correlation to antibiotic resistance." Toxins 2(8): 2117-2131.

Otead, D. (1986). "Microbial lipases: their characteristics, role in food spoilage and industrial uses." Journal of Dairy Research 53: 481-505.

Peterson, J.J., Beecher, G.R., Bhagwat, S.A., Dwyer, J.T., Gebhardt, S.E., Haytowitz, D.B. y Holden, J.M. (2006a). "Flavanones in grapefruit, lemons, and limes: A compilation and review of the data from the analytical literature." Journal of Food Composition and Analysis 19(Supplement 1): S74-S80.

Peterson, J.J., Dwyer, J.T., Beecher, G.R., Bhagwat, S.A., Gebhardt, S.E., Haytowitz, D.B. y Holden, J.M. (2006b). "Flavanones in oranges, tangerines (mandarins), tangors, and tangelos: a compilation and review of the data from the analytical literature." Journal of Food Composition and Analysis 19(Supplement 1): S66-S73.

Rhodes, P.L., Mitchell, J.W., Wilson, M.W. y Melton, L.D. (2006). "Antilisterial activity of grape juice and grape extracts derived from *Vitis vinifera* variety Ribier." International Journal of Food Microbiology 107(3): 281-286.

Robin, J., Blanco, S., Macoritto, A., Soria, F. y Geronazzo, H. (2007). "Obtención de prunina, ramnosa y naringenina por hidrólisis ácida de naringina." In Actas XI Congreso Argentino de Ciencia y Tecnología de Alimentos. Buenos Aires, Argentina. 1(13): 1-7.

Shapiro, S. y Guggenheim, B. (1998a). "Inhibition of oral bacteria by phenolic compounds. Part 1. QSAR analysis using molecular connectivity." Quantitative Structure-Activity Relationships 17(04): 327-337.

Shapiro, S. y Guggenheim, B. (1998b). "Inhibition of oral bacteria by phenolic compounds. Part 2. Correlations with molecular descriptors." Quantitative Structure-Activity Relationships 17(04): 338-347.

Sheu, C.W. y Freese, E. (1973). "Lipopolysaccharide layer protection of Gram-negative bacteria against inhibition by long-chain fatty acids." Journal of Bacteriology 115(3): 869-875.

Tamarapu, S., Mckillip, J.L. y Drake, M. (2001). "Development of a multiplex polymerase chain reaction assay for detection and differentiation of *Staphylococcus aureus* in dairy products." Journal of Food Protection 5(64): 664-668.

Tripoli, E., Guardia, M.L., Giammanco, S., Majo, D.D. y Giammanco, M. (2007). "Citrus flavonoids: Molecular structure, biological activity and nutritional properties: A review." Food Chemistry 104(2): 466-479.

Tsuchiya, H., Sato, M., Miyazaki, T., Fujiwara, S., Tanigaki, S., Ohyama, M., Tanaka, T. y Iinuma, M. (1996). "Comparative study on the antibacterial activity of phytochemical flavanones against methicillin-resistant *Staphylococcus aureus*." Journal of Ethnopharmacology 50(1): 27-34.

Walsh, D., Duffy, G., Sheridan, J.J., Blair, I.S. y Mcdowell, D.A. (2001). "Antibiotic resistance among *Listeria*, including *Listeria monocytogenes*, in retail foods." Journal of Applied Microbiology 90(4): 517-522.

Who (2002). "Statistical information on food-borne disease in Europe. Microbiological and chemical hazards." FAO/WHO Pan-European conference on food quality
and safety, Budapest.

Zhang, Y. y Miller, R. (1995). "Effect of Rhamnolipid (Biosurfactant) Structure on Solubilization and Biodegradation of n-Alkanes." Applied and Environmental Microbiology 61(6): 2247-2251.

Zhang, Y. y Miller, R.M. (1994). "Effect of a Pseudomonas rhamnolipid biosurfactant on cell hydrophobicity and biodegradation of octadecane." Applied and Environmental Microbiology 60(6): 2101-2106.

CAPÍTULO VIII

OTRAS PROPIEDADES DE ÉSTERES DE FLAVONOIDES CÍTRICOS

8.1 INTRODUCCIÓN

Si bien los flavonoides han comenzado a ser intensamente estudiados hace un par de décadas (Havsteen, 1983), los ésteres de flavonoides son compuestos recientemente sintetizados y poco se conoce en cuanto a sus propiedades, sean fisicoquímicas o biológicas. Las conclusiones halladas en el desarrollo de esta tesis prueban que la acilación con cadenas alquílicas puede cambiar drásticamente las propiedades del flavonoide sin modificar, lo que evidencia la necesidad de estudiar cada propiedad de interés nuevamente.

En este capítulo se estudiaron propiedades de ésteres de glucósidos de flavonoides tales como solubilidad en diversas matrices, termoestabilidad de los ésteres suspendidos en medios acuosos, poder antirradicalario *in vitro* y la capacidad de proteger grasa bovina del enranciamiento. Estas propiedades se compararon con las de las moléculas sin modificar. Además, se prepararon películas bioactivas aplicables a alimentos enriquecidas con ésteres de flavonoides y bacteriocinas. Las mismas se ensayaron en cuanto a sus propiedades físicas y antimicrobianas frente a patógenos comunes de alimentos.

8.2 SOLUBILIDAD

8.2.1 Introducción.

A pesar del auge en el que se hayan los flavonoides, se han encontrado muy pocos estudios que determinen sus solubilidades. Es importante mencionar que en los últimos años hubo un creciente número de trabajos que incluyeron entre sus objetivos la determinación de las propiedades de solubilidad para compuestos potencialmente aplicables a las industrias de alimentos y de fármacos (Petereit y Saal, 2011).

La necesidad de estudiar las propiedades de solubilidad tiene varias fundamentaciones. En primer lugar, el empleo de un compuesto en una matriz estará estrechamente ligado a las propiedades de solubilidad que éste posea en dicha matriz. Por ejemplo, un fármaco con baja solubilidad a pH fisiológico que no alcance una concentración farmacológicamente activa, carece de sentido. Además, para la determinación de muchas propiedades debe conocerse el rango de concentración en el cual el sustrato es totalmente soluble, pudiendo haber falsos resultados si se realiza en medios no homogéneos.

Un punto central de esta tesis es determinar si los derivados poseen mayor solubilidad en matrices hidrofóbicas que los flavonoides originales. Por otra parte, se obtuvieron mejores resultados para producir glucósido de hesperetina hidrolizando neohesperidina en vez de hesperidina, lo cual se debió principalmente a la mayor solubilidad del primero en medio acuoso (Capítulo III). Además es interesante determinar la solubilidad máxima del glucósido de hesperetina (GH) en los solventes de síntesis de ésteres (Capítulo IV), ya que se observó que a 50 °C este sustrato no fue totalmente soluble en tres de los cuatro solventes orgánicos empleados a una concentración de 20 mM.

En este apartado se determinaron las solubilidades de flavonoides naturales y aquellos modificados enzimáticamente en medios acuosos y orgánicos, como así también en un aceite de origen vegetal. También se determinó la estabilidad de dos ésteres en agua.

8.2.2 Solubilidad en agua y 1-octanol

Con el fin de determinar la solubilidad de los flavonoides naturales y aquellos derivados en esta tesis, se llevaron a cabo medidas de solubilidad en agua y en 1-octanol. Para ello, se prepararon soluciones saturadas equilibrando los compuestos en los solventes a 20 °C durante una noche. Luego de centrifugar y filtrar por membrana de 0,45 μm (Microclar, Argentina), se determinó la solubilidad de cada compuesto por HPLC en condiciones variables según cada compuesto (ver Tabla 4.1).

Las solubilidades determinadas se presentan en la Tabla 8.1. Puede verse con claridad que existió un aumento de la solubilidad en 1-octanol y una disminución de la solubilidad en agua a medida que se incrementó la longitud de la cadena del éster.

Tabla 8.1 Solubilidades en agua y en 1-octanol de flavonoides y de alquil ésteres de 6"-O-flavonoide a 20 °C. ND: significa "No Detectado". Los datos son la media de duplicados. Las desviaciones estándar fueron menores al 10 %.

	Solubilidad a 20 °C	
	Agua	1-octanol
Serie de naringenina	(mM)	

Naringina	0,69	0,09
Prunina	1,07	1,11
Butirato de prunina	0,64	26,0
Decanoato de prunina	ND	66,0
Laurato de prunina	ND	66,7
Estearato de prunina	ND	116
Serie hesperetina	(mM)	
Hesperidina	0,032	0,05
Neohesperidina	2,6	0,38
Glucósido de hesperetina	1,1	0,83
Laurato de glucósido de hesperetina	ND	66

Los resultados demuestran fehacientemente que existe una mejora sustancial de la solubilidad del grupo aglicona en matrices lipofílicas al esterificar los glucósidos de flavonoides con cadenas alquílicas. Dicha diferencia alcanza un factor de 80 entre GH y LGH y un factor de 60 al comparar P y LP.

8.2.3 Solubilidad en aceites comestibles.

Para comprobar la solubilidad de los lauratos de glucósidos de flavonoides en matrices reales se preparó aceite virgen de girasol (Apéndice II). Este aceite fue saturado con cada compuesto dejando los sistemas 24 h a 20 °C antes de tomar una muestra del sobrenadante y filtrarla por membrana de 0,45 μm. Una vez que el aceite saturado se filtró, se diluyó convenientemente con acetonitrilo. La cuantificación se hizo por HPLC realizando curvas patrones.

Los resultados (Tabla 8.2) mostraron que tanto los diglicósidos (naringina y neohesperidina) como los glucósidos (prunina y glucósido de hesperetina), son muy insolubles en aceite de girasol. Por otro lado, los lauratos de ambos glucósidos fueron solubles en esta matriz.

Tabla 8.2 Solubilidades en aceite virgen de girasol a 20 °C.

Sustancia	Solubilidad
Naringina, neohesperidina y hesperidina	No detectado
Prunina y glucósido de hesperetina	No detectado

Laurato de prunina	30 ppm
Laurato de glucósido de hesperetina	40 ppm

Estos resultados corroboran la factibilidad que poseen los derivados de ser incorporados a matrices lipídicas como lo son los aceites o alimentos preparados a partir de éstos. Cabe mencionar que la cinética de solubilización, si bien no se determinó, parece ser bastante lenta y por ende los valores encontrados con sólo 24 h de contacto podrían no haber sido suficientes para alcanzar el equilibrio de solubilidad.

8.3 DETERMINACIÓN DE PODER ANTIOXIDANTE POR LA TÉCNICA DEL DPPH

8.3.1 Introducción.

Químicamente los radicales libres son sustancias que presentan un electrón desapareado en un orbital externo, configuración de gran inestabilidad. Poseen vida media corta, por lo que actúan muy cerca al lugar donde se forman (Cheeseman y Slater, 1993). Desde el punto de vista bioquímico son pequeñas moléculas ubicuas que se generan a nivel intracelular y extracelular en diferentes procesos biológicos como la cadena respiratoria mitocondrial, la cadena de transporte de electrones (microsomal y en cloroplastos) y en reacciones de oxidación.

Existe un término que agrupa a los radicales libres y a otras especies no radicalarias que pueden aumentar la concentración de agentes prooxidantes del organismo. Así, estas sustancias se denominan Especies Reactivas del Oxígeno (ERO) (Barry, 1991), y se clasifican en:

1. Radicales libres inorgánicos o primarios: Se originan por transferencia de electrones con un átomo de oxígeno y son la consecuencia de estados de oxidación intermedios e inestables. Tienen vida media muy corta; estos son el anión superóxido, el radical hidroxilo y el óxido nítrico.

2. *Radicales libres orgánicos o secundarios*: Se pueden originar por la transferencia de un electrón de un radical primario a un átomo o molécula orgánica. Poseen una vida media más larga que los primarios; los principales átomos que centran el electrón desapareado son carbono, nitrógeno, oxígeno y azufre.

3. Intermediarios estables relacionados con los radicales libres del oxígeno: Aquí se incluye un grupo de especies químicas que sin ser radicales libres, son generadoras de estas sustancias o resultan de la reducción o metabolismo de ellas, entre las que están oxígeno singulete, peróxido de hidrógeno, ácido hipocloroso, peroxinitrito, peróxidos orgánicos y otros (Cheeseman y Slater, 1993).

Las ERO pueden causar daño celular afectando a diversas biomoléculas, por ejemplo:

1. *Lípidos*. Los lípidos son las moléculas donde las ERO producen su mayor daño a través de un proceso que se conoce como "Peroxidación Lipídica". Afecta a las estructuras ricas en ácidos grasos poliinsaturados, lo que altera la permeabilidad de la membrana celular, produciendo edemas y luego muerte celular. La peroxidación lipídica o enranciamiento oxidativo representa una forma de daño hístico que puede ser desencadenado por el oxígeno, el oxígeno singulete, el peróxido de hidrógeno y el radical hidroxilo. Una vez que se inicia la peroxidación lipídica toma forma de "cascada", con producción de radicales libres que llevan a la formación de peróxidos orgánicos y otros productos.

2. *Proteínas*. Puede haber oxidación de aminoácidos, entrecruzamientos de cadenas peptídicas y generación de grupos carbonilos. De hecho, el daño a proteínas puede ser directo, cuando el radical libre oxida directamente a ciertos aminoácidos como fenilalanina, tirosina, histidina y metionina o indirecto, cuando los productos de la peroxidación lipídica reaccionan covalentemente con otros aminoácidos. En general, los carbonilos se generan en este último caso (Stadtman y Levine, 2003).

3. *Ácido desoxirribonucleico (ADN)*. Ocurren fenómenos de mutaciones y carcinogénesis, hay pérdida de expresión o síntesis de una proteína por daño a un gen específico, modificaciones oxidativas de las bases, fragmentaciones, interacciones estables ADN-proteínas, reordenamientos cromosómicos y desmetilación de citosinas del ADN que activan genes. El daño se puede realizar por la alteración de algunos genes supresores de tumores que pueden conducir a la iniciación, progresión, (o ambas) de la carcinogénesis. Los genes supresores de tumores pueden ser modificados por un simple cambio en una base crítica de la secuencia del ADN (Fraga y cols., 1990).

Las ERO son el resultado de utilizar oxígeno para las funciones vitales en todos los organismos aeróbicos. Estas sustancias, además, tienen funciones fisiológicas en el organismo como la de participar en la fagocitosis, favorecer la síntesis de colágeno, favorecer la síntesis de prostaglandinas, activar enzimas de la membrana celular, disminuir la síntesis de catecolaminas por las glándulas suprarrenales, modificar la membrana celular y favorecer la quimiotaxis (Barry, 1991).

Los organismos aerobios han desarrollado sistemas de defensa antioxidante con el fin de mantener los niveles de ERO en valores saludables. El "Estrés Oxidativo" se definió como una alteración del equilibrio prooxidante-antioxidante, en favor del primero (Sies, 1986).

Estos sistemas están constituidos por enzimas (que eliminan las moléculas oxidadas) y sustancias antioxidantes, que neutralizan los radicales. Los antioxidantes exógenos son moléculas suicidas, ya que se oxidan al neutralizar radicales libres y deben reponerse continuamente, mediante la ingesta.

Se ha determinado que los flavonoides cítricos poseen acción antirradicalaria (Bors y cols., 1990; Cook y Samman, 1996) la cual es atribuida a que pueden donar hidrógenos. De hecho, los grupos fenólicos (principalmente los del anillo B) sirven como una fuente de átomos de hidrógeno de fácil acceso y el radical que resulta de la entrega de hidrógeno puede estabilizarse deslocalizando la carga. La capacidad antirradicalaria está directamente ligada a la suficiencia que posea el flavonoide de deslocalizar el electrón desapareado (Rice-Evans y cols., 1996). Es interesante, entonces, determinar si las modificaciones estructurales realizadas alteran la capacidad antirradicalaria de los compuestos sin modificar.

A pesar de que existen varios métodos para medir la actividad antirradicalaria (Prior y cols., 2005), el método que emplea 1,1-difenil-2-pricrilhidrazil (DPPH), es el más usado para cuantificar la capacidad de una molécula de capturar radicales libres. La molécula DPPH (Figura 8.1) es un radical libre estable que deslocaliza el electrón desapareado que posee en toda su estructura, de modo tal que las moléculas no pueden formar dímeros, como sucede con la mayoría de los radicales libres (Molyneux, 2004). Esta deslocalización también es la responsable del intenso color violeta del sólido y se caracteriza por una banda de absorción en etanol centrada alrededor de 520 nm.

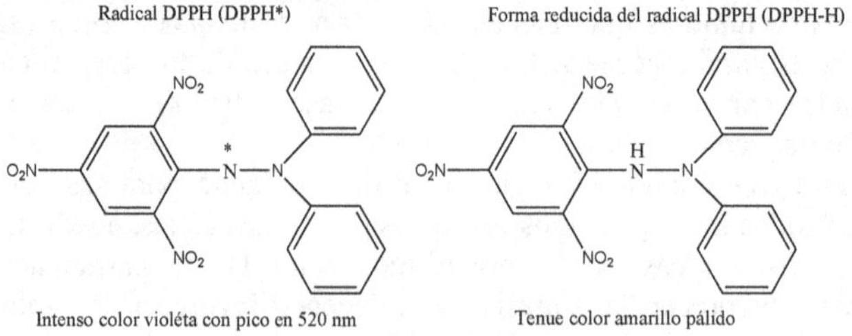

Figura 8.1 Formas oxidadas y reducidas del radical 1,1-difenil-2-pricrilhidrazil (DPPH).

Cuando una solución de DPPH (DPPH*) se mezcla con una sustancia que puede donar un átomo de hidrógeno, la molécula reacciona sustrayendo un hidrógeno atómico y genera una molécula de DPPH reducida (DPPH-H) con la consecuente pérdida de color (en realidad las soluciones de DPPH reducidas tienen color amarillo pálido que se debe al grupo picrilo todavía presente). Si representamos la molécula del agente antiradicalario como AH, la reacción es:

$$DPPH^* + AH = DPPH\text{-}H + A^*$$

donde A* es otro radical que dependiendo de qué molécula se trate, puede donar otro hidrógeno a otra molécula de DPPH* generando una molécula más oxidada y estable. Este es el caso, por ejemplo, de la vitamina C (Figura 8.2). Los radicales A* deben ser lo suficientemente estables como para mantenerse inerte y no propagar reacciones radicalarias. Según de qué molécula antioxidante se trate podemos encontrar estequiometrias 1:1, 1:2 e incluso mayores con DPPH*.

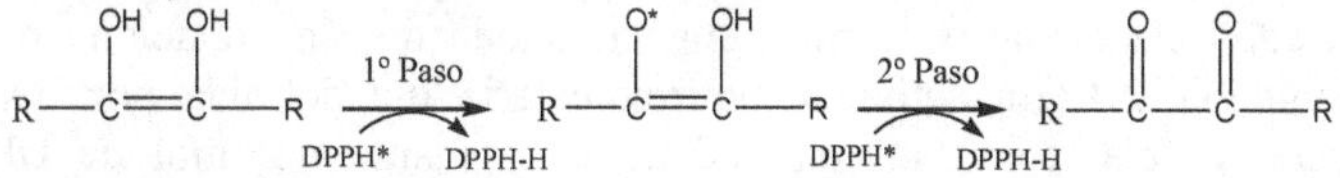

Figura 8.2 Esquema de la oxidación de Vitamina C en presencia de DPPH.

8.3.2 <u>Materiales y métodos.</u>

El método del DPPH para determinar actividad antioxidante consiste en trabajar con una solución metanólica de DPPH de concentración conocida próxima a 6 10^{-5} M a la cual se le agrega el antioxidante disuelto en metanol. Luego se registra la disminución de la absorbancia a 520 nm con el tiempo. Las variaciones posibles en la técnica y las formas de informar los resultados son muchas y no existe aún consenso en este sentido (Prior y cols., 2005), por ende suele ser difícil (por no decir imposible) contrastar resultados de diferentes autores. En esta tesis se siguió la metodología descripta por Brand-Williams y cols. (1995).

Curva de Calibración de DPPH: Se preparó una disolución patrón de DPPH (Sigma, Estados Unidos) próxima a 1 10^{-4} mol L^{-1} en metanol (Sintorgan, Argentina). Luego, se determinó la longitud de onda de máxima absorbancia del DPPH (518 nm) en un espectrofotómetro GBC Cintra 101 (GBC, Australia). A partir de esta solución, se preparan diluciones 1/2, 1/3, 1/4, 1/5 y 1/6 (v/v) que se emplearon para construir una curva de calibrado. Como blanco se utilizó metanol puro.

Determinación del poder antioxidante: Se preparó una solución de DPPH aproximadamente 6,0 10^{-5} M a la cual se le determinó la concentración exacta empleando la curva de calibrado. Los flavonoides se disolvieron en metanol. Para la reacción se colocaron en tubos plásticos con tapas, 50 μL de cada solución de flavonoide y 950 μL de la solución stock de DPPH. Los tubos se conservaron tapados, en la oscuridad y a 4 °C. La concentración se expresó en moles de antioxidante por mol de DPPH. Como control se utilizó 50 μL de metanol más 950 μL de la solución stock de DPPH. Este control es importante porque representa el DPPH que desaparece por factores ajenos al antioxidante. Se siguió la concentración de DPPH remanente en función del tiempo y se transformó en porcentaje de DPPH remanente según:

$$\%DPPH = \frac{[DPPH]_t}{[DPPH]_0} * 100\%$$

donde $[DPPH]_t$ es la concentración de DPPH a un determinado tiempo y $[DPPH]_o$ es la inicial. De éstos gráficos, se determinó el porcentaje de DPPH remanente cuando la variación de la absorbancia con el tiempo fue prácticamente constante (estado estacionario) y estos valores fueron transferidos a otra gráfica que muestra el porcentaje de DPPH remanente en el estado estacionario como una función de la relación molar flavonoide/DPPH. La actividad antirradicalaria fue definida por Brand-Williams y cols. como la cantidad de antioxidante por mol de DPPH necesaria para disminuir la concentración inicial de DPPH en un 50 % en el estado estacionario (EC50) y por razones de claridad propusieron informar la inversa de este valor como el "Poder Antirradicalario" o ARP (anti-radical power).

8.3.3 Resultados.

La Figura 8.3 presenta la curva de calibrado obtenida, con la cual se transformaron absorbancias en concentraciones. La Figura 8.4 muestra, como ejemplo, las cinéticas de decoloración obtenidas para algunas especies, a una relación molar de 10. De esta gráfica puede verse que el tiempo necesario para alcanzar el estado estacionario está próximo a las 8 h. Además puede verse que los flavonoides derivados de naringenina no llegaron a disminuir el DPPH inicial en un 50 %, ni a la máxima concentración probada. Por esta razón es imposible determinar el ARP para los compuestos derivados de naringenina.

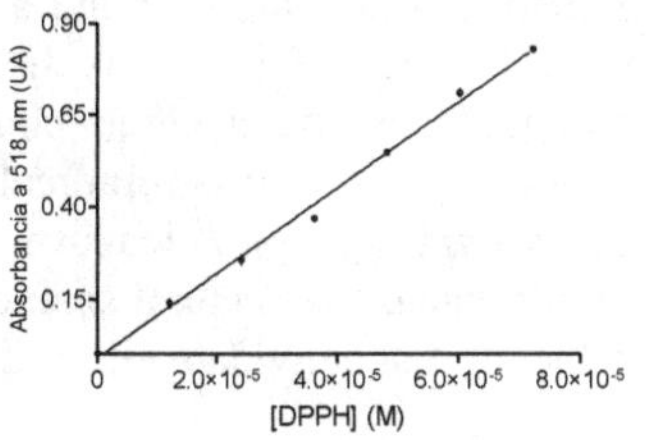

Figura 8.3 Curva de calibración obtenida de DPPH por expectrofotometría a 520 nm.

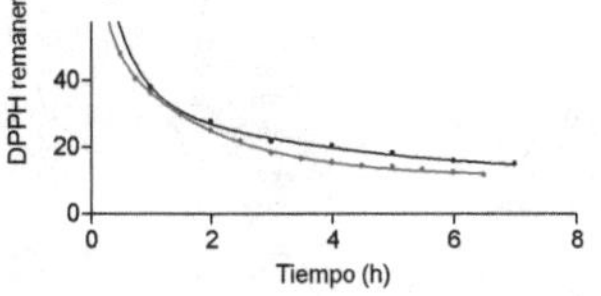

Figura 8.4 Perfil de neutralización de DPP (6.5 10^{-5} M) empleando P (azul), LP (rojo), G (negro) y LGH (bordó). Relación molar 10.

La Figura 8.5 muestra los porcentajes de DPPH remanentes en el estado estacionario a diferentes relaciones molares iniciales para todos los compuestos ensayados.

De esta gráfica se observó que la capacidad antioxidante de las especies derivadas de naringenina son menores a las derivadas de hesperetina, lo cual está de acuerdo a los resultados presentados por Di Majo y cols. (2005) y a lo que se espera de sus estructuras (Rice-Evans y cols., 1996).

El valor de ARP determinado para las especies derivadas de hesperetina (0,5 a 0,7 moles de DPPH / mol de antioxidante), pone en evidencia que si bien el valor es interesante, la capacidad antirradicalaria son 6 o 7 veces menores a los de moléculas actualmente usadas como protectores de oxidación en alimentos como el terbutilhidroxi-tolueno (BHT) y el terbutilhidroxi-anisol (BHA). Sin embargo, eriocitrina dio valores de ARP comparables a los de estas sustancias, presentándose como el flavonoide con mayor actividad antirradicalaria de los estudiados.

La Figura 8.5 también muestra claramente que no existen diferencias importante en el poder antirradicalario frente a DPPH entre compuestos con la misma aglicona a pesar de haber importantes diferencias estructurales. Este resultado contradice los obtenidos por Salem y cols.

(2010), quienes afirmaron que la actividad antirradicalaria frente a DPPH disminuyó a medida que se incrementó la longitud de la cadena de ésteres alquílicos de isoquercitrina. Sin embargo, están de acuerdo con otras investigaciones en las que se concluyó que la actividad antirradicalaria es independiente de la acilación (Figueroa-Espinoza y Villeneuve, 2005; Viskupicova y cols., 2010) ya que la modificación estructural se encuentra en un sector de poca importancia en relación a la actividad antirradicalaria (Pietta, 2000; Williams y cols., 2004).

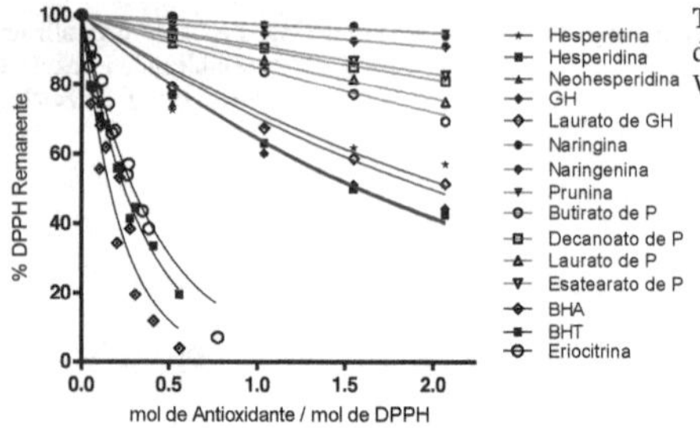

Figura 8.5 Poder antioxidante de diversos compuestos frente a DPPH. Líneas rojas: serie de compuestos con la aglicona naringina. Líneas azules: serie de compuestos con la aglicona hesperetina. Líneas negras: Eriocitrina, BHT y BHA.

Tabla 8.4 Valores de ARP de diferentes compuestos (Brand-Williams

Compound	ARP
Isoeugenol	1.94
Ascorbic acid	3.70
Isoascorbic acid	3.70
δ-tocopherol	4
Rosmarinic acid	6.90
Phenol	0.002
Coumaric acid	0.02
Vanillin	0.05
Vanillic acid	0.17
γ-resorcylic acid	0.36
Ferulic acid	2.33
Eugenol	3.7
Zingerone	3.7
Guaiacol	4
BHA	4.17
BHT	4.20
Protocatechuic acid	7.14
Caffeic acid	9.1
Gentisic acid	11.1
Gallic acid	12.5

8.3.4 Conclusiones.

Como conclusiones generales de esta sección se puede asegurar que todos los derivados de las principales flavanonas de *Citrus* poseen acción antirradicalaria *in vitro* de diferente intensidad (naringenina: baja intensidad; hesperetina: intensidad mediana, eriocitrina: alta intensidad). Esto los convierte en potenciales agentes antioxidantes lipo o hidrosolubles para vehiculizar en fármacos o alimentos basados en matrices lipídicas con el fin de reforzar el sistema inmunitario, ya que el mismo se va deteriorando con el paso del tiempo y mejora significativamente si se lo suplementa con antioxidantes (De la Fuente, 2000). La capacidad antioxidante está directamente vinculada a la estructura sólo de la aglicona y la esterificación no altera el poder antirradicalario de forma significativa y sistemática.

8.4 TERMOESTABILIDAD

Los ésteres de flavonoides cítricos son sustancias nuevas y por ende se le deben determinar propiedades para asegurar su factibilidad en el uso industrial. Ya se comprobó que estas sustancias pueden disolverse en matrices lipídicas y que, además, pueden ejercer sus propiedades antimicrobianas estando en dispersiones liquido-líquido. A continuación se presenta un ensayo de termoestabilidad basado en el trabajo de Kohji Ishihara y Nobuyoshi Nakajima (2003), diseñado con el fin de medir la estabilidad de la unión éster en matrices acuosas.

Para este fin, se prepararon soluciones de los glucósidos y suspensiones de sus respectivos lauratos 5 10^{-4} M en solución reguladora citrato/fosfato pH=7, las que se distribuyeron en fracciones de 450 µL en tubos plásticos con tapa de 1 mL. Los sistemas se colocaron en baño termostático protegidos de la luz a 50 °C. Se retiró un tubo por día a los que se les agregaron 450 µL de dimetilsulfóxido (DMSO), se agitaron con vortex y se analizaron por HPLC.

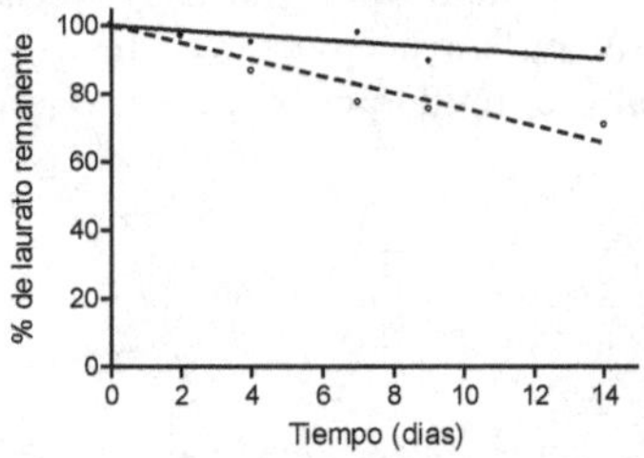

Figura 8.6 Estabilidad de la unión éster de los lauratos de prunina (línea discontinua) y de glucósido de hesperetina (línea continua) dispersos en solución reguladora citrato/fosfato pH=7.

Los resultados (Figura 8.6) mostraron que luego que los ésteres de glucósidos permanecieran 2 semanas a 50 °C suspendidos en una matriz acuosa sólo se descompusieron aproximadamente el 25 % de las uniones ésteres a pesar de ser un medio compuesto por nucleófilos (moléculas de agua) aptos para atacar el enlace éster. Si bien no se determinó si el glucósido sufrió modificaciones, por HPLC se obtuvo un pico coincidente con los glucósidos prunina o glucósido de hesperetina, siendo probable que la estructura de los mismos no haya visto alterada.

8.5 EFECTO PROTECTOR DE FLAVONOIDES EN GRASA BOVINA

8.5.1 Introducción.

Los antioxidantes, tanto sintéticos como naturales, se añaden a aceites y grasas para prevenir el avance de la oxidación lipídica la cual produce compuestos que otorgan a la matriz donde se encuentran colores, olores y/o sabores no deseables. La oxidación lipídica de ácidos grasos insaturados consta de tres etapas: iniciación, propagación y terminación. Las reacciones de iniciación más importantes involucran la sustracción de un hidrógeno atómico de un carbono vecino a un doble enlace (hidrógeno α) por parte de radicales hidroxilo ($HO^{\bullet}$) o hidroperóxido ($HOO^{\bullet}$). Luego, la etapa de propagación involucra el ataque del radical centrado en carbono con oxígeno para formar un radical peroxilipídico, el cual puede sustraer un hidrógeno α de otro ácido graso para formar un hidroperóxido y otro radical lipídico que continuará la reacción en cadena (Figura 8.7). En la fase de terminación, los radicales pueden combinarse entre sí y los peróxidos pueden consumirse en numerosas y complicadas reacciones (secundarias) cuyos productos son los responsables de alterar las propiedades organolépticas de las grasas. Los principales derivados son hidrocarburos simples y aldehídos de cadena corta los cuales se forman por la escisión del enlace C-C adyacente al grupo hidroperóxido. Otras productos minoritarios contienen grupos epoxi, alcohol, cetona, ácidos mono o dicarboxílicos, ya sean solos o combinados (Cubero y cols., 2002). Un antioxidante efectivo debe interrumpir la reacción en cadena capturando el radical iniciador, el lípido radical o el lípido peroxilradical (Galleano y cols., 2010).

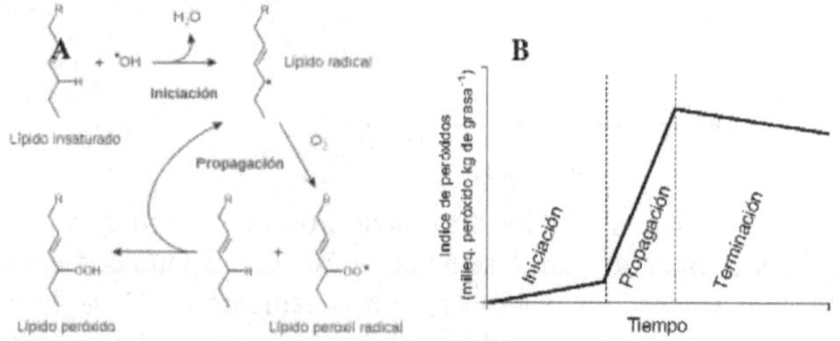

Figura 8.7 A) Esquema de las reacciones de iniciación y propagación sobre ácidos grasos insaturados. B) Gráfica esquemática en función del tiempo de la oxidación lipídica.

Los antioxidantes sintéticos, más empleados son el terbutilhidroxitolueno (BHT), el terbutilhidroxianisol (BHA) y el terbutilhidroxiquinona (TBHQ). En la siguiente figura se presenta el mecanismo por el cual BHT inhibe la continuidad de la peroxidación lipídica.

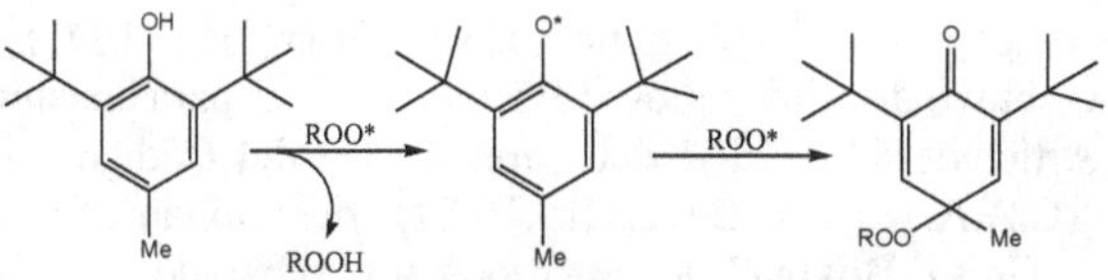

Figura 8.8 Mecanismo de destrucción de radicales peroxilo por el antioxidante sintético BHT.

El empleo de los antioxidantes sintéticos citados presenta controversias. Para empezar, son bastante volátiles y se descomponen con facilidad a temperaturas altas, por lo que no son útiles en cocciones. Desde hace varios años se ha trabajado en comprobar la seguridad de los antioxidantes sintéticos y el uso de estos se ha regulado y restringido ya que se comprobó que niveles altos de BHT, BHA y TBHQ producen un aumento significativo del peso del hígado. También se ha señalado que BHT ocasiona disminución del crecimiento y caída del pelo en ratas, alteraciones de células epiteliales y efecto tóxico en células de mono (Hirose, 1986). Otros estudios indican que BHT puede ocasionar daños en otros órganos, como los pulmones y la mucosa gastrointestinal (Branen, 1975). La FDA de Estados Unidos (U.S. Food and Drugs Administration) advierte que aunque no hay evidencias que demuestren que estos antioxidantes sintéticos sean peligrosos para la población "*...en los niveles y formas de empleo reguladas, existen incertidumbres que requieren estudios adicionales*" (F.D.A., 1973). Sin embargo, cataloga a estas sustancias como GRAS.

Ante la creciente oposición al empleo de antioxidantes sintéticos en la alimentación, las investigaciones se han dirigido a encontrar productos naturales con actividad antioxidante, lo cual permitirá sustituirlos o, por lo menos, disminuir su carga para proteger los alimentos.

Una forma común de medir la oxidación de un alimento graso es por el "Índice de Peróxidos". Esta prueba sólo interesa en las primeras etapas de la rancidez oxidativa, donde se producen muchos peróxidos que posteriormente se degradan a compuestos más oxidados y estables propios de la rancidez (Swern, 1982). En esta sección se probó la capacidad de glucósido de hesperetina y de su éster laurato de retrasar la oxidación de grasa bovina, una matriz real totalmente libre de antioxidantes.

8.5.2 Materiales y métodos.

Debido a que los aceites del reino vegetal contienen naturalmente grandes cantidades de antioxidantes, se eligió trabajar empleando grasa bovina cuya composición promedio es 25 % de ácido palmítico (C16:0), 15 % de ácido esteárico (C18:0) y 47 % de ácido oleico (C18:1) y naturalmente no posee ningún antioxidante (Grompone, 1991). La grasa empleada se obtuvo de tejidos grasos frescos de vacas para consumo.

Los Artículos 543 y 544 del Capítulo VII del Código Alimentario Argentino (C.A.A.) (Res 2012, 19.10.84) denominan "Primer Jugo Bovino" y "Grasa Bovina" a los productos separados por fusión (a temperaturas no mayores a 80°C para Primer Jugo Bovino) de los tejidos y partes adiposas limpias e inalteradas de animales bovinos (*Bos taurus*). Por este motivo los tejidos grasos se fundieron en balón cerrado a temperaturas no mayores a 100 °C. Luego se descartó el tejido sólido en caliente y la grasa fundida se purificó precipitando proteínas con sal (NaCl), filtrando y eliminando la sal mediante lavados con agua. Finalmente la grasa se secó con carbonato de calcio.

La grasa fundida se enriqueció con GH y LGH a una concentración 0,3 mM, disolviendo previamente los compuestos en etanol. Luego, se distribuyó en porciones de 4-5 g en pocillos. La grasa control y las enriquecidas se colocaron en estufa a 50 °C con circulación forzada de aire.

Entre las exigencias que las grasas deben cumplir en el Código Alimentario Argentino (C.A.A.) está fijado un valor máximo de Índice de Peróxido de 10,0 miliequivalentes de oxígeno por kilogramo de grasa (meq kg^{-1}) (Artículos 540 y 543). Por este motivo se cuantificó el avance de la oxidación determinando por índice de peróxido hasta que se superó el valor permitido.

Técnica para la determinación del Índice de Peróxidos:

Se siguió la metodología analítica oficial del C.A.A. (Horwitz, 2005). La técnica del Índice de Peróxidos es una determinación volumétrica de los grupos peróxidos e hidroperóxidos. La cuantificación se basa en la reacción del yoduro de potasio con los peróxidos de la muestra para liberar yodo, el cual es titulado con tiosulfato de sodio, empleando almidón como indicador (Nielsen, 1998).

Cada determinación consistió en pesar en erlenmeyer (250 mL) la masa de grasa fundida de cada pocillo, agregar 25 mL de solución ácido acético-cloroformo (3:2, v/v) y agitar hasta comprobar la disolución total de la grasa. Luego se agregaron 0,5 mL de solución saturada de KI, se agitó vigorosamente 10 segundos. Luego el sistema se mantuvo en reposo en la oscuridad por 1 minuto y se añadieron 75 mL de agua destilada hervida y fría. Acto seguido, se titulo con $Na_2S_2O_3$ 0,01 N hasta que se obtuvo un color amarillo pálido. En este punto se adicionaron 0,5 mL de solución indicadora de almidón (1 % en agua) y se continuó la titulación hasta la desaparición del color azul. El índice de peróxidos se obtiene calculando los miliequivalentes de tiosulfato utilizados en la titulación por kg de muestra.

8.5.3 Resultados.

Se determinó el perfil de oxidación de grasa vacuna pura y dopada con GH y LGH a 50 °C en una estufa con circulación forzada de aire. La Figura 8.9 presenta los resultados obtenidos.

Puede verse que el control tuvo un período de iniciación bastante corto que no se diferenció de la fase de propagación radicalaria. A partir del día 25 de incubación superó el Índice de Peróxido de 10. Por su parte las muestras de grasa dopadas con GH (140 ppm) o LGH (200 ppm) tuvieron un comportamiento claramente diferente al control. Estas muestras alcanzaron el valor máximo permitido (10 meq kg^{-1}) luego de 220 días de incubación a 50 °C con circulación forzada de aire. Esto representa una mejora en la vida útil del alimento del orden de 900 %. Luego, se observó un salto pronunciado, lo que significa la propagación de la oxidación lipídica.

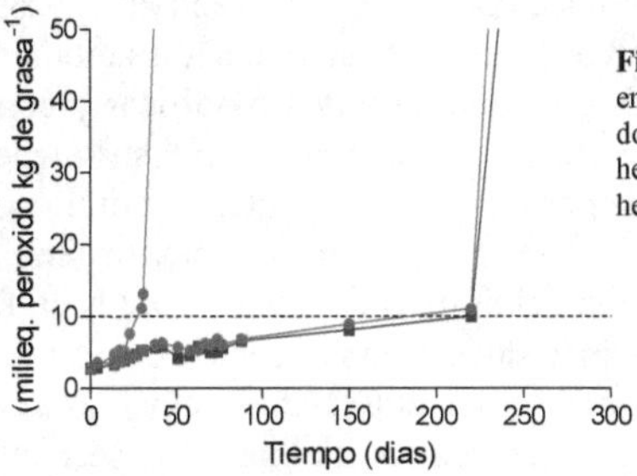

Figura 8.9 Índice de peróxidos en grasa bovina en función del tiempo a 50 °C. Control (rojo), dopada con 200 ppm de: glucósido de hesperetina (verde); laurato de glucósido de hesperetina (azul).

8.5.4 Discusión.

El Artículo 549 (Res 2012, 19.10.84) del C.A.A. prohíbe adicionar a las grasas alimenticias substancias extrañas destinadas a dar sabor, aroma, color o a modificar sus caracteres fisicoquímicos, pero aclara que se permite el agregado de antioxidantes y sinergistas autorizados en las proporciones listadas en el Artículo 523 bis, cuyo máximo valor es 200 mg por kg de grasa. Este máximo será el mismo cuando los antioxidantes se utilicen solos o en mezclas sinérgicas. Con el fin de comparar la efectividad del glucósido de hesperetina con su éster laurato en cuanto a capacidad de retardar la oxidación lipídica se trabajó a una concentración molar igual al máximo permitido respecto a LGH (200 ppm).

Se determinó que los compuestos GH y LGH protegieron sustancialmente la grasa bovina de la oxidación a la concentración permitida por el C.A.A., otorgándole una estabilidad 9 veces mayor que la del control. No se observaron diferencias significativas entre ambos compuestos, lo que significa que la incorporación de la cadena alquílica al glucósido de flavonoide no modifica la capacidad de inhibir la peroxidación lipídica de la aglicona.

8.6 ÉSTERES DE FLAVONOIDES EN PELÍCULAS DE GELATINA BIOACTIVAS

8.6.1 Introducción.

La creciente demanda de mayor calidad y extensión de la vida útil de alimentos por parte de los consumidores junto con las políticas de cuidado del medio ambiente, han alentado a la investigación y el desarrollo de recubrimientos y películas comestibles biodegradables para ser empleadas en el embalaje de alimentos (Tharanathan, 2003; Kuorwel y cols., 2011). Estas películas se forman a partir de sustancias de origen natural que actúan como matriz continua y cohesiva (polisacáridos, proteínas, poliésteres, lípidos), que puede actuar además como soporte de otras sustancias, convirtiéndose en lo que se conoce como "películas activas" (Cagri y cols., 2004). Así, los "envases activos" cumplen una función adicional a la de proteger al alimento del medio, ya que permiten modificar y controlar las condiciones de la superficie de los alimentos. Entre sus beneficios se encuentran la retención superficial de agentes antimicrobianos o antioxidantes, la disminución de su difusión al interior del alimento, mantener una alta concentración del aditivo en lugar donde hace falta y que puedan combinarse con otros métodos de conservación como refrigeración o atmósfera controlada (Bertuzzi y cols., 2007; Kuorwel y cols., 2011).

Los flavonoides cítricos esterificados mostraron poseer una notable capacidad antimicrobiana, fundamentalmente frente a cepas Gram-positivas (Capítulo VII) además de presentar propiedades antioxidantes, por lo que son atractivos para la formulación de esta clase de recubrimientos. Además es interesante probar si la combinación de estas sustancias con otras que también posean actividad antimicrobiana mejora las propiedades preservantes de películas bioactivas, por ejemplo con bacteriocinas que son péptidos con actividad antimicrobiana sintetizados por bacterias lácticas (Jack y cols., 1995).

La introducción directa es el método estándar para aplicar antimicrobianos a productos alimenticios. Sin embargo, la interacción del antimicrobiano con los componentes del alimento reduce su eficacia sobre el patógeno. Por ello, el uso de métodos que reducen dichas interacciones pueden contribuir a aumentar la actividad y la estabilidad del antimicrobiano en sistemas complejos (Were y cols., 2004). La inclusión de antimicrobianos en el recubrimiento de un alimento constituye un mecanismo útil de vehiculización, ya que los aditivos en las películas no constituyen un aditivo directo para el alimento (Gennadios y cols., 1997).

En esta sección se planteó elaborar películas activas comestibles a base de gelatina y analizar si la incorporación de laurato de prunina y/o laurato de glucósido de hesperetina, solos o combinados con bacteriocinas otorga carácter antimicrobiano a la película frente a *Listeria monocytogenes*, *Staphylococcus aureus* y *Bacillus cereus*, microorganismos potencialmente patógenos para alimentos.

8.6.2 Materiales y métodos.

Cepas bacterianas y condiciones de cultivo

La solución de bacteriocinas se obtuvo a partir de la cepa *Enterococcus faecium* SM21 aislada de intestino de abeja (Audisio y cols., 2011). Como cepa indicadora se utilizaron *Listeria monocytogenes* 01/155 (MCA, INIQUI-CONICET, Salta, Argentina), *Staphylococcus aureus* ATCC29213 (American Type Culture Collection, EE.UU) y *Bacillus cereus* M2 (Instituto de Microbiología "Dr. Carlos Malbrán", Buenos Aires, Argentina). Los cultivos fueron activados por repiques sucesivos en caldo infusión cerebro-corazón (BHI, Britania, Argentina) e incubados a 37 °C durante 16-20 h. Cuando se requirió el empleo de medios agarizados, se adicionó 1,5 % p/v de agar (Britania). Todas las cepas fueron mantenidas a -20 °C en caldo BHI con el agregado de 10 % v/v de glicerol.

Obtención de las sustancias ensayadas

Los ésteres laurato de prunina (LP) y laurato de glucósido de hesperetina (LGH) fueron sintetizados en base a la metodología descripta en el Capítulo IV.

Como fuente de bacteriocinas se utilizó una solución de bacteriocinas (SB) obtenida por la Dra. Carolina Ibarguren a partir de sobrenadante libre de células de un cultivo de 6 h a 37 °C de la bacteria láctica *Enterococcus faecium* SM21 en el siguiente medio de cultivo: peptona de carne 1 %, extracto de soja 0,5 %; extracto de carne 0,3 %, glucosa 1 %, Tween 80 0,1 % (todos % p/v) a pH 6,5 (Ibarguren, 2010).

Elaboración y caracterización de las películas

Las películas se prepararon disolviendo gelatina de grado alimenticio al 5 % (p/v) en agua caliente con la incorporación de glicerol como plastificante en un 10 % (p/p) respecto del polímero. A esta matriz se adicionaron las siguientes sustancias: Solución de bacteriocinas hasta una concentración de 63 UA cm^{-2} (a partir de SB cuyo rótulo fue de 800 UA mL^{-1}), soluciones de LP y LGH hasta 0,039 µmoles cm^{-2} (a partir de soluciones stock de 25 mM disuelto en etanol). Se usaron como control películas elaboradas con gelatina y con solvente puro (agua).

Las películas funcionalizadas fueron caracterizadas por la Dr. Alejandra Bertuzzi en cuanto a su permeabilidad al vapor de agua, propiedades mecánicas y SEM. La permeabilidad se determinó por la técnica ASTM E-96 "Standard test methods for water vapor transmission of materials" mediante mediciones continuas de peso con una balanza de precisión conectada a una computadora. Las propiedades mecánicas se determinaron por la norma ASTM D882 "Standard test methods for tensile properties of thin plastic sheeting" utilizando un equipo QTS Texture Analisys (Brookfield, Inglaterra). La microestructura de las películas se estudió utilizando un microscopio electrónico de barrido marca JEOL modelo JSM 6480 LV (Estados Unidos). A tal fin, las películas se congelaron con nitrógeno líquido, se fracturaron y se metalizaron con plasma de oro.

Evaluación de la actividad inhibitoria.

Se evaluó la actividad de los compuestos soportados en las películas frente a *L. monocytogenes* 01/155, *S. aureus* ATCC29213 y *B. cereus* M2, empleando una adaptación de la técnica de difusión en agar (Ibarguren, 2010). Se recortaron fragmentos de 1 cm^2 de cada película y, una vez esterilizados bajo luz UV, se colocaron sobre un césped fresco de cepa indicadora en agar BHI y se determinó la presencia de halos de inhibición luego de una incubación de 24 h a 37 °C.

8.6.3 Resultados y discusión.

Se obtuvieron películas comestibles a base de gelatina adicionadas con los ésteres de flavonoides LP y LGH bacteriocinas sintetizadas por *E. faecium* SM21. Se seleccionaron estos aditivos debido a que en ensayos anteriores los ésteres de flavonoides mostraron inhibición hacia *S. aureus* y *B. cereus* (Capítulo VII) y las bacteriocinas presentaron un marcado efecto anti-*L. monocytogenes* (Audisio y cols., 2011). Se emplearon diferentes combinaciones de estas sustancias en las películas para determinar qué tipo de efecto (sinergismo, antagonismo, etc.) tendrían respecto a las sustancias por separado.

La Tabla 8.5 presenta los resultados de los ensayos de propiedades mecánicas y de barrera de las películas de gelatina sola y con diferentes combinaciones de los aditivos estudiados. Como puede observarse, no se detectaron diferencias importantes en las propiedades mecánicas de las películas formuladas, las que mostraron una resistencia a la rotura promedio de 4,33 MPa y una deformación promedio del 30,7 %. La permeabilidad al vapor de agua tampoco sufrió variaciones significativas, siendo el valor promedio de las películas con y sin aditivos de 2,64 10^{-10} g/(m.s.Pa). Estos resultados indican que en las concentraciones utilizadas, los aditivos no producen cambios en la estructura de la matriz que alteren su funcionalidad, situación que favorece su posible aplicación.

La morfología de las películas elaboradas con y sin aditivos se observó mediante microscopía electrónica de barrido (MEB). Las películas fueron densas (sin poros). No hubieron diferencias estructurales entre las membranas de gelatina pura o las que poseían agregados (Figuras 8.10), lo que permite conjeturar que existe buena miscibilidad o distribución de estas sustancias en la matriz. Estos resultados están de acuerdo con los obtenidos en las propiedades funcionales donde no se observan modificaciones significativas en los parámetros. Por lo tanto se puede concluir que el agregado de estas sustancias en las concentraciones estudiadas no afecta funcionalmente a las películas ya que no se observa deterioro en sus propiedades mecánicas ni de barrera.

Tabla 8.5 Propiedades mecánicas y de barrera de las películas de gelatina sola y con las diferentes combinaciones de aditivos estudiados.

Película	Resistencia a la tracción.	%E	Permeabilidad 10^{10} g/(m.s.Pa)
Gel	3,25	48,52	2,356
Gel + LGH	3,74	30,04	2,064
Gel + LP	3,36	47,58	1,979
Gel + SB	4,16	30,04	2,862
Gel + LGH + SB	4,85	13,25	3,162
Gel + LP + SB	5,02	35,90	2,568
Gel + LP + LGH	5,15	10,10	2,564
Gel + SB + LP + LGH	5,11	30,42	3,576

Gel: gelatina; **LGH**: laurato de glucósido de hesperitina; **LP**: laurato de prunina; **SB**: solución de bacteriocinas

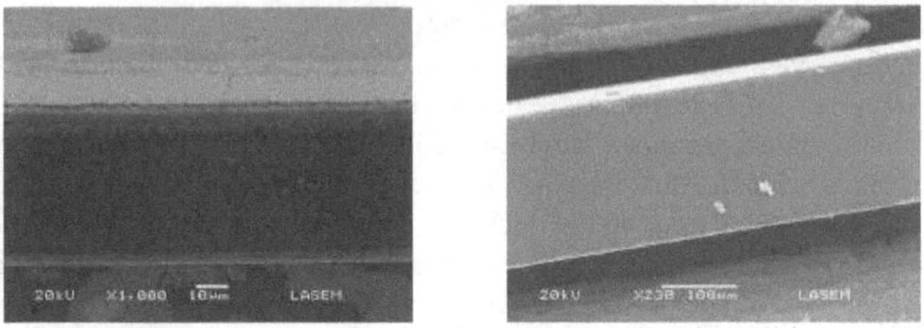

Figura 8.10 MEB de una película de gelatina A) sin aditivos y B) adicionada con bacteriocina, LP y LGH.

El análisis del efecto antibacteriano de las distintas películas indicó que la inhibición fue cepa dependiente, obteniéndose en todos los casos películas bioactivas.

L. monocytogenes 01/155 fue claramente inhibido por las películas elaboradas con bacteriocinas. Los ésteres de flavonoides soportados en las películas no inhibieron a este patógeno y el agregado en combinación con SB no modificó la inhibición que las bacteriocinas ejercieron actuando individualmente (Figura 8.12A). Es necesario mencionar que los ésteres sí inhibieron este patógeno por la técnica clásica de dilución en agar y por contacto directo (Capítulo VII). La diferencia pudo haberse debido a una menor interacción del agente con el microorganismo, ya que al estar soportados en la película y no ser solubles en medios acuosos no pudieron migrar para ejercer su actividad antilisteria, lo cual no ocurre cuando los ésteres se vehiculizan en dispersiones.

S. aureus ATCC29213 fue inhibido levemente por las películas adicionadas con LP. LGH, mientras que las bacteriocinas no lo inhibieron, pero se observó un incremento del efecto antimicrobiano cuando los compuestos actuaron conjuntamente (Figura 8.12B). *B. cereus* M2 fue inhibido principalmente por las películas que contenían LP y el efecto fue mayor en aquellas que contenían además las bacteriocinas (Figura 8.12C).

8.6.4 Conclusiones.

Los ensayos muestran que las películas estudiadas pueden constituir una herramienta alternativa para la conservación de alimentos propensos a contaminación por parte de estos patógenos. La matriz de gelatina constituye un soporte adecuado para las sustancias estudiadas ya que no afecta su actividad, además de permitir la concentración de las sustancias antimicrobianas en la superficie de los alimentos, zona de mayor probabilidad de contaminación.

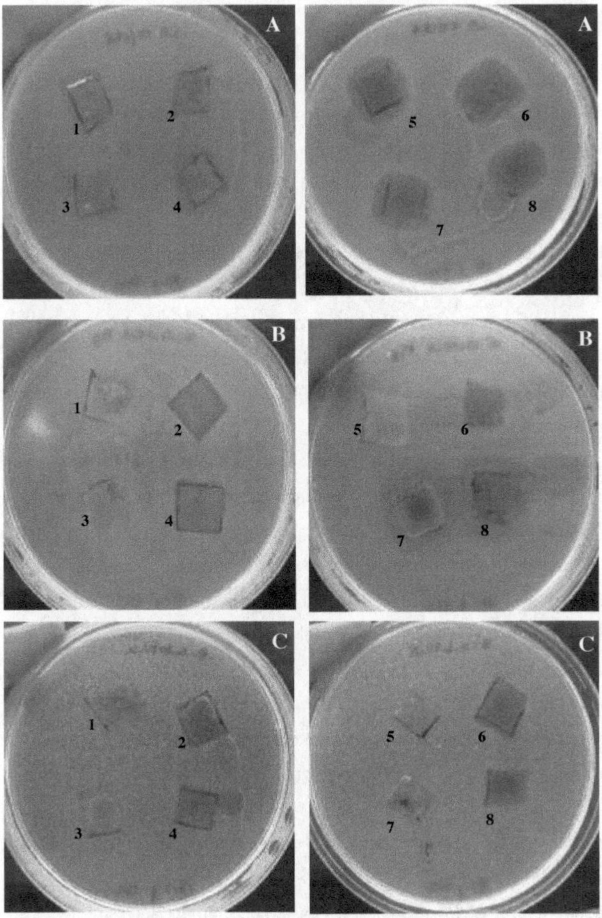

Figura 8.12 Efecto sobre A) *L. monocytogenes* 01/155; B) *S. aureus* ATCC29213 y C) *B. cereus* M2 de los ésteres LP y LGH y las enterocinas sintetizadas por *E. faecium* SM21 soportados en películas comestibles de gelatina según el método de difusión en agar. 1: controles con agregado de medio de cultivo; 2: LP; 3: LGH; 4: LP/LGH; 5: SB; 6: SB/LP; 7: SB/LGH; 8: SB/LP/LGH.

8.7 REFERENCIAS - CAPÍTULO VIII

ASTM. Standard test methods for tensile properties of thin plastic sheeting. D882-91. 1993. In Annual Book of ASTM Standards American Society for Testing and Materials, Philadelphia.

ASTM. Standard test methods for water vapor transmission of materials. E96-95. 1995. In Annual Book of ASTM Standards American Society for Testing and Materials, Philadelphia.

Audisio, M.C., Torres, M.J., Sabaté, D.C., Ibarguren, C. y Apella, M.C. (2011). "Properties of different lactic acid bacteria isolated from Apis mellifera L. bee-gut." Microbiological Research 166(1): 1-13.

Barry, H. (1991). "Reactive oxygen species in living systems: Source, biochemistry, and role in human disease." The American Journal of Medicine 91(3, Supplement 3): S14-S22.

Bertuzzi, M.A., Armada, M. y Gottifredi, J.C. (2007). "Physicochemical characterization of starch based films." Journal of Food Engineering 82(1): 17-25.

Bors, W., Heller, W., Michel, C. y Saran, M. (1990). Flavonoids as antioxidants: Determination of radical-scavenging efficiencies. En: *Methods in Enzymology*. A. N. G. Lester Packer, Academic Press. **Volume 186:** 343-355.

Brand-Williams, W., Cuvelier, M.E. y Berset, C. (1995). "Use of a free radical method to evaluate antioxidant activity." LWT - Food Science and Technology 28(1): 25-30.

Cagri, A., Ustunol, Z. y Ryser, E.T. (2004). "Antimicrobial Edible Films and Coatings." Journal of Food Protection 67(4): 833-848.

Cook, N.C. y Samman, S. (1996). "Flavonoids--Chemistry, metabolism, cardioprotective effects, and dietary sources." The Journal of Nutritional Biochemistry 7(2): 66-76.

Cubero, N., Monferrer, A. y Villalta, J. (2002). *Aditivos alimentarios*. Madrid, Mundi-Prensa Libros.

Cheeseman, K.H. y Slater, T.F. (1993). "An introduction to free radical biochemistry." British Medical Bulletin 49(3): 481-493.

De La Fuente, M. (2000). "Papel de los antioxidantes en la nutrición del anciano." Rev Esp Geriatr Gerontol 35(S4): 63-71.

F.D.A. (1973). Butylated Hydroxytoluene (BHT). Database of Select Committee on GRAS Substances (SCOGS) Reviews.

Figueroa-Espinoza, M.-C. y Villeneuve, P. (2005). "Phenolic Acids Enzymatic Lipophilization." Journal of Agricultural and Food Chemistry 53(8): 2779-2787.

Fraga, C.G., Shigenaga, M.K., Park, J.W. y Degan, P. (1990). "Oxidative damage to DNA during aging." Proc Natl Acad Sci 87: 4533-4537.

Galleano, M., Verstraeten, S.V., Oteiza, P.I. y Fraga, C.G. (2010). "Antioxidant actions of flavonoids: Thermodynamic and kinetic analysis." Archives of Biochemistry and Biophysics In Press, Uncorrected Proof.

Gennadios, A., Hanna, M.A. y Kurth, L.B. (1997). "Application of Edible Coatings on Meats, Poultry and Seafoods: A Review." LWT - Food Science and Technology 30(4): 337-350.

Grompone, M.A. (1991). *Propiedades físicas y químicas de las grasas bovinas fraccionadas e interesterificadas%B 1991*.

Havsteen, B. (1983). "Flavonoids, a class of natural products of high pharmacological potency." Biochemical Pharmacology 32(7): 1141-1148.

Horwitz, W., Ed. (2005). Official methods of Analysis of AOAC International, 18th edition. Maryland, USA, AOAC International.

Ibarguren, C. (2010). "Bacteriocinas síntetizadas por bacterias lácticas como potenciales protectores de alimentos." Tesis Doctoral (Fac. de Ingeniería, UNSa).

Ishihara, K. y Nakajima, N. (2003). "Structural aspects of acylated plant pigments: stabilization of flavonoid glucosides and interpretation of their functions." Journal of Molecular Catalysis B: Enzymatic 23(2-6): 411-417.

Jack, R., Tagg, J. y Ray, B. (1995). "Bacteriocins of gram-positive bacteria." Microbiological Reviews 59(2): 171-200.

Kuorwel, K.K., Cran, M.J., Sonneveld, K., Miltz, J. y Bigger, S.W. (2011). "Antimicrobial Activity of Biodegradable Polysaccharide and Protein-Based Films Containing Active Agents." Journal of Food Science 76(3): R90-R102.

Majo, D.D., Giammanco, M., Guardia, M.L., Tripoli, E., Giammanco, S. y Finotti, E. (2005). "Flavanones in Citrus fruit: Structure-antioxidant activity relationships." Food Research International 38(10): 1161-1166.

Molyneux, P. (2004). "The use of the stable free radical diphenylpicrylhydrazyl (DPPH) for estimating antioxidant activity. ." Songklanakarin J. Sci. Technol. 26(2): 211-219.

Nielsen, S. (1998). *Food Analysis Second Edition*. Gaithersburg, Maryland, An Aspen Publication.

Petereit, A.C. y Saal, C. (2011). "What is the solubility of my compound? Assessing solubility for pharmaceutical research and development compounds." American Pharmaceutical Review 14: 68-73.

Pietta, P.-G. (2000). "Flavonoids as Antioxidants." Journal of Natural Products 63(7): 1035-1042.

Prior, R.L., Wu, X. y Schaich, K. (2005). "Standardized Methods for the Determination of Antioxidant Capacity and Phenolics in Foods and Dietary Supplements." Journal of Agricultural and Food Chemistry 53(10): 4290-4302.

Rice-Evans, C.A., Miller, N.J. y Paganga, G. (1996). "Structure-antioxidant activity relationships of flavonoids and phenolic acids." Free Radical Biology and Medicine 20(7): 933-956.

Salem, J.H., Humeau, C., Chevalot, I., Harscoat-Schiavo, C., Vanderesse, R., Blanchard, F. y Fick, M. (2010). "Effect of acyl donor chain length on isoquercitrin acylation and biological activities of corresponding esters." Process Biochemistry 45(3): 382-389.

Sies, H. (1986). "Biochemistry of oxidative stress." Angew Chem 25: 1058-1071.

Stadtman, E.R. y Levine, R.L. (2003). "Free radical-mediated oxidation of free amino acids and amino acid residues in proteins." Amino Acids 25(3): 207-218.

Swern, D. (1982). *Bailey's industrial oil and fat products*.

Tharanathan, R.N. (2003). "Biodegradable films and composite coatings: past, present and future." Trends in Food Science & Technology 14(3): 71-78.

U.S.-F.D.A. (2010a). "Everything Added to Food in the United States (EAFUS)."

U.S.-F.D.A. (2010b). "Substances generally recognized as safe.", from http://www.accessdata.fda.gov/scripts/cdrh/cfdocs/cfcfr/CFRSearch.cfm?fr=182.20.

Viskupicova, J., Danihelova, M., Ondrejovic, M., Liptaj, T. y Sturdik, E. (2010). "Lipophilic rutin derivatives for antioxidant protection of oil-based foods." Food Chemistry 123(1): 45-50.

Were, L.M., Bruce, B., Davidson, P.M. y Weiss, J. (2004). "Encapsulation of Nisin and Lysozyme in Liposomes Enhances Efficacy against Listeria monocytogenes." Journal of Food Protection 67(5): 922-927.

Williams, R.J., Spencer, J.P.E. y Rice-Evans, C. (2004). "Flavonoids: antioxidants or signalling molecules?" Free Radical Biology and Medicine 36(7): 838-849.

CAPÍTULO IX

INTERACCIÓN DE ÉSTERES ALQUÍLICOS DE GLUCÓSIDOS DE FLAVONOIDES CÍTRICOS CON LA MEMBRANA PLASMÁTICA DE CÉLULAS HUMANAS

9.1 INTRODUCCIÓN

Los ésteres sintetizados en esta tesis han demostrado poseer propiedades antimicrobianas, antioxidantes y solubilidad en matrices lipídicas (Capítulos VI, VII y VIII). Esto los convierte en potenciales aditivos alimentarios y agentes activos para fármacos. Sin embargo, la aplicabilidad estará supeditada a que sean sustancias inocuas para el reino animal. Como una primera aproximación al estudio de sus propiedades toxicológicas se propuso estudiar los efectos que causan en células animales.

La interacción de los flavonoides con las membranas surge como un importante mecanismo que media alguno de los efectos biológicos de estos compuestos. Existen evidencias experimentales que muestran que como consecuencia de la interacción de los flavonoides con los diferentes componentes de las membranas biológicas se pueden alterar las propiedades biofísicas de las mismas, afectar la actividad de ciertas enzimas, las interacciones ligando-receptor, el flujo de iones tanto pasivo como mediado por canales, la transducción de ciertas señales intracelulares, el transporte de metabolitos y otras funciones asociadas a la membrana plasmática (para una revisión Hendrich, 2006; Morris y Zhang, 2006). Además, los flavonoides pueden afectar tanto la aparición como la extensión del daño a las membranas producido por ciertos eventos nocivos, tales como oxidación lipídica y la disrupción de la bicapa entre otros (Verstraeten y cols., 2003; López-Revuelta y cols., 2006).

La naturaleza y grado de interacción de los flavonoides con las membranas depende fundamentalmente de las características químicas de éstos, el tamaño molecular, la estructura tridimensional y la hidrofobicidad/hidrofilicidad de la molécula. Por ejemplo, los flavonoides que son altamente hidrofílicos interactúan principalmente con la cabeza polar de los fosfolípidos de membrana y se ubican en la región de la interfase agua-lípido (Verstraeten y cols., 2005; Erlejman y cols., 2006; Verstraeten y cols., 2008). Por el contrario, los flavonoides hidrofóbicos ingresarán a la bicapa lipídica, ubicándose en la región comprendida principalmente por los ácidos grasos de los lípidos. En el caso de los derivados acílicos (C4-C18) de prunina y de glucósido de hesperetina, estos compuestos son hidrofílicos pero poseen un ácido graso de longitud variable, hecho que determinará su incorporación espontánea a las membranas mientras que el grupo flavonoide quedaría ubicado en la interfase agua-lípido. Por lo tanto, la presencia de los residuos acilos en estos flavonoides será determinante en la localización de estos compuestos en la bicapa, y podría tener efectos diferenciales sobre las propiedades biofísicas de la misma y sobre ciertos eventos que allí ocurren.

En este Capítulo se investigó la capacidad de derivados acilados de prunina y glucósido de hesperetina como así también de flavonoides y de ácidos grasos de modificar las propiedades biofísicas de membranas de células eucariotas.

Como modelo de trabajo se utilizaron células de leucemia T humanas (línea Jurkat). Se investigó en primera instancia si estos compuestos pueden causar pérdida de viabilidad o lisis a las células empleadas. En una segunda etapa se investigaron los efectos de estos compuestos sobre ciertas propiedades biofísicas de la membrana plasmática (tamaño celular, potencial transmembrana, fluidez e hidratación). También se investigó si estos compuestos poseen capacidad de proteger a las células del daño oxidativo a nivel de membrana y/o a nivel del citoplasma. Para ello se hicieron ensayos induciendo la oxidación tanto con la especie radicalaria que se genera por descomposición térmica de un azo-compuesto (AAPH), así como con peróxido de hidrógeno.

9.2 MATERIALES Y MÉTODOS

9.2.1 Compuestos ensayados.

Los derivados acilados de los flavonoides prunina y glucósido de hesperetina se obtuvieron de acuerdo a lo descripto en el Capítulo IV de la presente tesis. Los ácidos grasos libres utilizados como controles del efecto de la cadena fueron provistos por Sigma-Aldrich (Estados Unidos).

Los compuestos ensayados se dividieron en tres grupos según se detalla a continuación:

GRUPO 1: Ácidos grasos libres: ácido acético, ácido butírico, ácido hexanoico, ácido octanoico, ácido decanoico, ácido láurico y ácido esteárico.

GRUPO 2: Flavonoides derivados de naringenina: naringina (NR) y naringenina (NG), prunina (P) y sus 6''-O -acil ésteres: acetato (AP), butirato (BP), hexanoato (HP), octanoato (OP), decanoato (DP), laurato (LP), estearato (EP).

GRUPO 3: Flavonoides derivados de hesperetina: hesperidina (HESP) y neohesperidina (NEO), glucósido de hesperetina (GH) y sus 6``-O-acil ésteres: butirato (BGH), hexanoato (HGH), octanoato (OGH), decanoato (DGH), laurato (LGH), y estearato (EGH).

Para cada compuesto ensayado se preparó una solución 10 mM en dimetilsulfóxido (DMSO) a partir de la cual se hicieron diluciones seriadas (1/10) en DMSO para obtener soluciones 1 mM, 0,1 mM y 0,01 mM. Estas soluciones son 100 veces mayores a las que se planificó estudiar por lo que al diluirlas (1/100), la concentración de DMSO fue la misma en todos los casos (1 %, v/v).

9.2.2 Incubaciones.

Las células de leucemia T humano (línea Jurkat) se cultivaron en frascos estériles de 75 cm^2 de superficie a 37 °C en un medio de cultivo RPMI 1640 suplementado con L-glutamina 2 mM, suero fetal bovino 10 % (v/v), penicilina 50 U mL^{-1} y estreptomicina 50 μg mL^{-1}. Las células fueron centrifugadas a 800 x g, y luego de remover el sobrenadante se las resuspendió en una solución reguladora de HEPES 20 mM (pH 7,4) que contenía NaCl 140 mM, KCl 5 mM, $MgSO_4$ 1 mM, $CaCl_2$ 1 mM, NaH_2PO_4 1 mM y glucosa 5,5 mM, de manera de obtener una concentración final de 1 10^6 células.mL^{-1}.

De esta suspensión celular se tomaron alícuotas de 0,2 mL y se las sembraron en placas de 96 pocillos aptas para determinaciones de fluorescencia. Luego de agregar 2 μL de las soluciones de los compuestos, las células se incubaron a 37 °C durante 1 h y se procedió a realizar las determinaciones que se detallan a continuación. En todos los casos se realizaron controles de las células (sólo suspensión celular) y del solvente (suspensión celular más 2 μL del solvente, DMSO).

9.2.3 Evaluación de la viabilidad celular.

Se estudió el efecto de los compuestos sobre la viabilidad celular empleando el método descripto por Mosmann el cual se basa en la conversión del catión 3-[4,5-dimetil-tiazol-2-il]-2,5-difenil tetrazolio o MTT, que posee color amarillo y es soluble en medios acuosos, a cristales de formazán, que son de color púrpura e insolubles en medio acuoso (Figura 9.1). Esta reacción sólo se puede llevar a cabo en el interior de células vivas por la acción de las deshidrogenasas mitocondriales durante el proceso de respiración celular y por ende guarda relación directa con el número de células viables (Mosmann, 1983).

Para ello, al finalizar la incubación de las células en presencia de los compuestos (1 h a 37 °C) se agregaron a las muestras 10 µL de una solución de MTT (0,05 mg mL^{-1}) y se las incubaron durante 1 h a 37 °C. Los cristales generados de formazán quedan en el interior de las células vivas. Estos se liberaron y solubilizaron, agregando 0,1 mL de solución de dodecilsulfato de sodio al 10 % (p/v) preparado en HCl 0,01 N. Para la cuantificación se registró la absorbancia a 562 nm (referencia: 620 nm) en un lector de microplaca Biotrak II (Biochrom Ltd., Eugendorf, Austria). La viabilidad de las muestras se calculó en base a la absorbancia registrada en las células incubadas en ausencia de agregados (control).

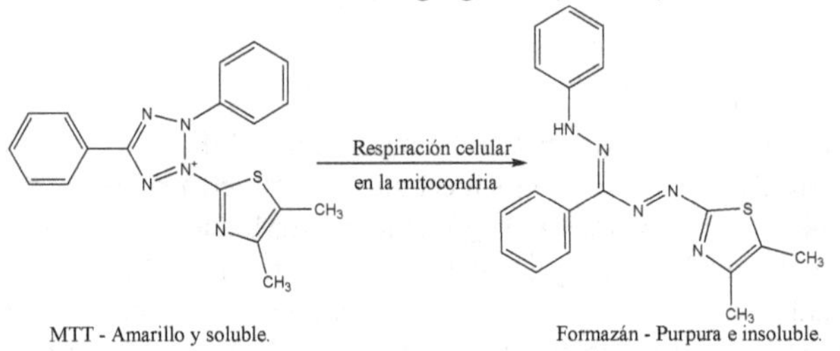

Figura 9.1 Reacción de reducción del catión de tetrazolio (MTT) a formazán por acción mitocondrial.

9.2.4 Evaluación de la lisis celular.

Se estudió el efecto que generan los compuestos de los tres Grupos de compuestos sobre la ruptura celular, midiendo la liberación del ADN al medio de incubación por tinción con el agente intercalante ioduro de propidio (IP) Esta molécula al intercalarse entre las bases del ADN adquiere fluorescencia, con un máximo de emisión a 590 nm (λexcitación: 538 nm, filtro de interferencia: 515 nm). Luego de registrar la intensidad de fluorescencia de las muestras en un espectrofluorómetro PerkinElmer LS-55 (PerkinElmer Ltd., Beaconsfield, Inglaterra) con sistema de termostatización, las células fueron lisadas por agregado de 2 µL del detergente Igepal al 10 % (v/v) y posterior incubación a 37 °C durante 30 min. El porcentaje de células lisadas se calculó a partir de la relación de fluorescencia registrada en las muestras en ausencia y presencia de Igepal (Verstraeten, 2006).

9.2.5 Evaluación del tamaño celular.

Los cambios en el tamaño de las células se estimaron a partir de dispersión de luz en estado estacionario (Verstraeten, 2006). Para ello, al finalizar la incubación se determinó la dispersión de luz a 550 nm (λexcitación y emisión) registrada a 37 °C. Dado que la dispersión de luz aumenta no sólo debido a un aumento en el tamaño celular sino que también depende del número de células en las muestras, el contenido de células se estimó a partir de la sonda Hoechst 32258 al ADN. Para ello se adicionaron las muestras con 2 μl de Hoechst 32258 0,5 mM y luego de 5 min de incubación en la oscuridad se registró la emisión de fluorescencia a 420 nm (λexcitación 370 nm). Los resultados se expresaron como la relación entre la dispersión de luz (LS) y la intensidad de fluorescencia de la sonda Hoechst.

9.2.6 Evaluación del potencial de la membrana plasmática.

El efecto de los compuestos sobre el potencial de la membrana plasmática se determinó a partir de la fluorescencia intracelular de la sonda DiBacC4(3), la cual es una sonda potenciométrica aniónica que se reparte entre las células y la solución extracelular de una manera dependiente del potencial de membrana: ante un fenómeno que cause la despolarización de la membrana plasmática (por ejemplo, un aumento en la concentración de K^+ extracelular) la sonda ingresa a la célula y queda retenida al interactuar con las proteínas intracelulares. Esto se evidencia como un incremento de la fluorescencia de la sonda. Por el contrario, la hiperpolarización de la membrana plasmática resulta en una menor captación de la sonda y por lo tanto, en una menor fluorescencia (Verstraeten y cols., 2008). Al finalizar la incubación con los flavonoides, a las suspensiones celulares se les adicionaron 50 μL de una solución de DiBacC4(3) 0,5 μM (concentración final) y se las incubó durante 15 min a 37 °C. La intensidad de fluorescencia en las muestras se registró a 515 nm (λexcitación: 490 nm). El contenido de ADN en las muestras se estimó por tinción con la sonda Hoechst 32258 como se explicara anteriormente. Los resultados se expresaron como la relación de intensidades de ambas sondas.

9.2.7 Evaluación de la fluidez de la membrana plasmática.

La fluidez de la membrana plasmática se evaluó utilizando los 6 y 12-antroiloxil derivados del ácido esteárico (6-AS y 12-AS, respectivamente) y el 16-antroiloxi derivado del ácido palmítico (16-AP). Estas sondas se incorporan espontáneamente en la membrana y sensan la fluidez de su entorno. La diferente ubicación del fluoróforo respecto del ácido graso determina que se sitúe a distintas profundidades de la bicapa. Así, la sonda 6-AS tiene el grupo antroiloxilo en el C6 del ácido esteárico y queda ubicado en interfase agua-lípido (aproximadamente 7 Å desde la superficie de la bicapa) correspondiente a la región de la membrana más expuesta al medio extracelular. Por otro lado, el 12-AS posee el fluoróforo en el C12 del mismo ácido graso y se ubica en la región media de la bicapa, mientras que el 16-AP, ubicado en el C16 del ácido palmítico se aloja en región más profunda de la membrana (aproximadamente 16 Å desde la superficie) (Abrams y cols., 1992; Verstraeten y Oteiza, 2002).

Al finalizar la incubación, las células se adicionaron con 0,5 μM (concentración final) de las sondas 6-AS, 12-AS o 16-AP y se las incubó durante 15 min a 37 °C a fin de que éstas se incorporen a la membrana plasmática. Los cambios en la fluidez de la membrana se estimaron a partir de la polarización de fluorescencia de las sondas evaluada a 435 nm (λexcitación: 384 nm). Los resultados se expresaron como el porcentaje de cambio respecto del valor hallado en las muestras control.

9.2.8 Evaluación de la hidratación de la membrana plasmática.

La penetración de las moléculas de agua en la bicapa lipídica (hidratación) se determinó a partir de los cambios en la polarización generalizada (PG) de la sonda fluorescente Laurdan (Verstraeten y Oteiza, 2000). Para ello, al finalizar la incubación se adicionaron las muestras con 0,5 μM (concentración final) de la sonda Laurdan, se las incubó durante 15 min a 37 °C y se registró la emisión de fluorescencia a 430 nm (λexcitación 350 y 380 nm). Las PG correspondiente al espectro de excitación (PGexc) se calculó como:

$$PGexc = \frac{I_{380nm} - I_{350nm}}{I_{380nm} + I_{350nm}}$$

donde I_{350nm} e I_{380nm} representan las intensidades de fluorescencias registradas a 380 y 350 nm (λemisión: 430 nm), respectivamente.

9.2.9 Evaluación del comportamiento antioxidante de los compuestos.

Los flavonoides tienen una reconocida capacidad antioxidante tanto *in vitro* como *in vivo* (Pietta, 2000; Rice-Evans, 2001). Para determinar si los compuestos flavonoides bajo estudio pueden actuar como antioxidantes sobre las células de leucemia T humana (línea Jurkat), se evaluó si la inserción de estos compuestos en la membrana plasmática es capaz de prevenir el daño oxidativo celular. La oxidación se indujo con dos compuestos. En primer lugar, se utilizó el azo-compuesto dihidrocloruro de 2,2'-azobis (2-amidinopropano) (AAPH) que por descomposición térmica genera radicales centrados en carbono, en una reacción que sigue una cinética de primer orden (Rojas Wahl y cols., 1998). Estos radicales reaccionan con oxígeno molecular generando radicales alquilperoxilos, solubles en el medio intra y extracelular, los cuales inician el daño oxidativo interactuando con las diferentes macromoléculas celulares (Figura 9.2).

En segundo lugar, se utilizó como iniciador del daño oxidativo al peróxido de hidrógeno, molécula que se genera en todas las células aerobias durante el metabolismo celular y que puede alterar la actividad de enzimas, además de generar radicales hidroxilos (Rojkind y cols., 2002).

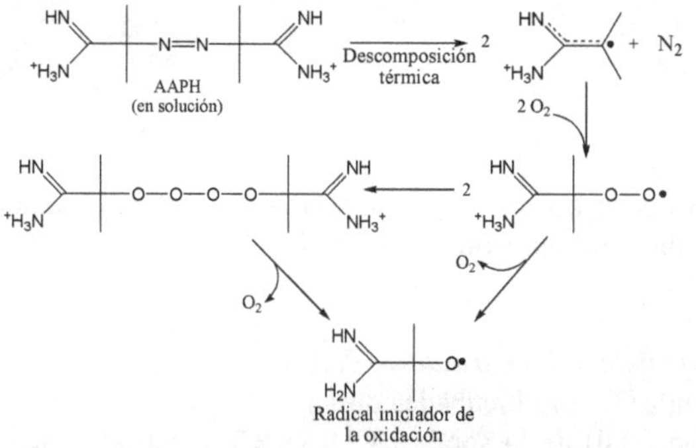

Figura 9.2 Estructura de AAPH y reacciones involucradas en la generación radicales que inician oxidación.

9.2.9a Evaluación de la producción de especies oxidantes citosólicas.

El contenido de especies oxidantes en el citoplasma celular se determinó a partir de la oxidación de la sonda diacetato de dicarboxidiclorodihidrofluoresceína (DCDCDHFDA). Este compuesto difunde en las células donde las esterasas hidrolizan los grupos acetatos, y la molécula resultante reacciona con oxidantes intracelulares para dar el compuesto fluorescente diclorofluoresceina, DCF (Bass y cols., 1983). En la Figura 9.2 se presenta un esquema de las reacciones químicas producidas.

Las células fueron incubadas durante 30 min en presencia de 10 μM (concentración final) de DCDCDHF (Verstraeten, 2006). Al finalizar la incubación, las células se lavaron con buffer fosfato salino (PBS) pH=7,4 a fin de eliminar la sonda no incorporada, y se incubaron con los compuestos 1 h a 37 °C. Luego se agregó el agente oxidante dihidrocloruro de 2,2'-azobis (2-amidinopropano) (AAPH) hasta una concentración de 1 mM. La oxidación de la sonda se evaluó luego de 1 h de incubación a 37 °C registrando la intensidad de fluorescencia a 525 nm (λexcitación: 475 nm, filtro de interferencia a 515 nm). Al finalizar la medición, las células se lisaron y el contenido de ADN en las muestras se determinó por reacción con la sonda fluorescente ioduro de propidio, como se describiera previamente. Los resultados se expresaron como el cociente entre las intensidades de fluorescencia de las sondas DCF e IP.

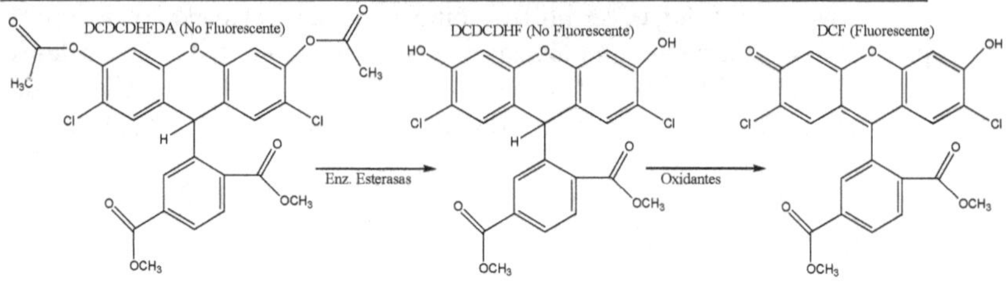

Figura 9.2 Mecanismo propuesto para la oxidación de la sonda diacetato de dicarboxidiclorodihidrofluoresceína (DCDCDHF) en el citoplasma celular.

9.2.9b Evaluación del daño oxidativo causado por H_2O_2.

Las células fueron incubadas durante 30 min en presencia de 10 μM (concentración final) de la sonda DCDCDHCF como se describiera en el punto anterior. A fin de seleccionar la concentración de H_20_2 y tiempo óptimos para el ensayo, las células se incubaron a 37 °C en presencia de diferentes concentraciones de H_2O_2. Una vez elegidas estas condiciones, las células cargadas con DCDCDHF se incubaron en presencia de los compuestos del Grupo 1 y Grupo 2 (1 h a 37 °C) en concentraciones 10, 1 y 0,1 μM. Luego, se agregó el agente oxidante en la concentración óptima (1 mM de H_2O_2) y se incubó a 37 °C durante 1 h. Finalizada esta incubación se registró la intensidad de fluorescencia a 525 nm (λexcitación: 475 nm, filtro de interferencia a 515 nm). Por último se cuantificó el contenido de ADN con la sonda fluorescente ioduro de propidio, como se describió previamente. Los resultados se expresaron como el cociente entre las intensidades de fluorescencia de las sondas DCF e IP.

9.3 RESULTADOS Y DISCUSIÓN

9.3.1 Efecto de los compuestos sobre la integridad celular.

A fin de evaluar el efecto de los compuestos sobre la integridad celular se determinó si los compuestos afectan la viabilidad celular y si ocasionan lisis celular.

9.3.1a Efecto de los compuestos sobre la viabilidad celular.

Se evaluó si los compuestos afectan la viabilidad de las células de leucemia T (línea Jurkat) determinando la capacidad de las células de reducir el compuesto MTT luego de ser incubadas con éstos.

En las condiciones ensayadas, los tres grupos de compuestos disminuyeron la viabilidad con un efecto que dependió de la concentración ensayada y que estuvo asociado a la longitud de la cadena alquílica (Figura 9.3). Entre los compuesto del Grupo 1 se observó que tanto el ácido láurico (10-100 µM) como el ácido esteárico (10 µM) presentaron diferencias estadísticas con el control. El ácido láurico parecería causar pérdida de viabilidad proporcionalmente a su concentración. La máxima disminución de viabilidad en este grupo fue causada por ácido láurico a 100 µM el cual disminuyó la viabilidad hasta un 41 % respecto al control. Los compuestos del Grupo 2 (compuestos derivados de naringenina) tuvieron comportamientos diferentes dependiendo de su esterificación. Los compuestos no esterificados no alteraron estadísticamente la viabilidad celular respecto al control mientras que los ésteres derivados de prunina, fundamentalmente a la máxima concentración, mostraron una fuerte disminución de la viabilidad. Los ésteres de prunina más nocivos fueron aquellos con cadenas de entre 6 y 12 átomos de carbono, los cuales a una concentración de 100 µM disminuyeron la viabilidad respecto al control a un 10 %. Los compuestos del Grupo 3 (derivados de hesperetina) tuvieron un comportamiento similar a los del Grupo 2, pero en esta serie los ésteres que causaron mayor disminución de la viabilidad a 100 µM fueron aquellos con cadenas de entre 4 y 12 átomos de carbono. El caso extremo lo presentó el éster octanoato de glucósido de hesperetina el disminuyó prácticamente a cero el porcentaje de células viables.

9.3.1b Evaluación de la lisis celular.

Con el propósito de investigar si la disminución de la viabilidad celular estaba relacionada con la lisis de la membrana plasmática, se cuantificó la liberación de ADN al medio de incubación.

Se observó que los ácidos grasos libres (Grupo 1) de hasta 8 carbonos no causaron lisis celular. Más aún, las células tratadas con los ácidos acético y butírico a 100 µM presentaron una viabilidad levemente mayor a la del control. Por su parte, los ácidos decanoico y esteárico a 100 µM disminuyeron en menos del 8 % las células enteras respecto al control. El compuesto más nocivo fue el ácido láurico que a una concentración 100 µM disminuyó el porcentaje de células enteras en un 55 % (Figura 9.4A). Entre los compuestos del Grupo 2 se observó que la aglicona naringenina causó un leve efecto protector en comparación al control a todas las concentraciones. Naringina, prunina y los ésteres de prunina con 2, 4 y 6 átomos de carbono hasta 100 µM no mostraron diferencias con el control. Los ésteres de prunina con longitud de cadena entre 8 y 12 átomos de carbono a 100 µM causaron lisis, en promedio, del 10 % respecto al control

(Figura 9.4B). EP se comportó prácticamente como el control. Los compuestos del Grupo 3 no esterificados y los ésteres con cadena de hasta 6 carbonos tampoco causaron lisis. Entre los ésteres de glucósido de hesperetina sólo aquellos con cadenas alquílicas entre 8 y 12 átomos de carbono causaron lisis. El éster decanoato fue el más nocivo produciendo un 20 % de lisado a 100 μM.

La comparación de los resultados obtenidos para los tres grupos de compuestos en los ensayos de viabilidad y lisis celular permitió extraer algunas conclusiones interesantes.

Primero, la incorporación de la cadena alquílica a los glucósidos de flavonoides si bien no causó que los compuestos produjeran una elevada lisis celular sí hizo que causaran pérdidas de viabilidad mayores a la de los compuestos no acilados. En lo que respecta a perdida de viabilidad, la longitud de la cadena del éster más activa fue dependiente del glucósido involucrado. Para prunina los ésteres más activos tuvieron cadenas entre 6 y 12 átomos de carbono mientas que para el glucósido de hesperetina las cadenas con mayor actividad fueron aquellas con longitudes entre 4 y 12 átomos de carbono.

Segundo, el único ácido graso que causó perdida de viabilidad fue el ácido láurico y el efecto fue comparable a la lisis que ocasionó. Sin embargo, los ésteres lauratos prácticamente no causaron lisis celular pero si perdidas de viabilidad mucho mayor a la observada para el ácido láurico. Es evidente entonces, que la disminución de la viabilidad causada por los ésteres no se debió a una ruptura mecánica de la membrana plasmática, por lo que deberían estar involucrados otros mecanismos. Es probable, por la elevada lipofilicidad que poseen los ésteres (Capítulo VIII), que se hayan incorporado a la membrana plasmática alterando diferentes mecanismos celulares (Verstraeten y cols., 2009).

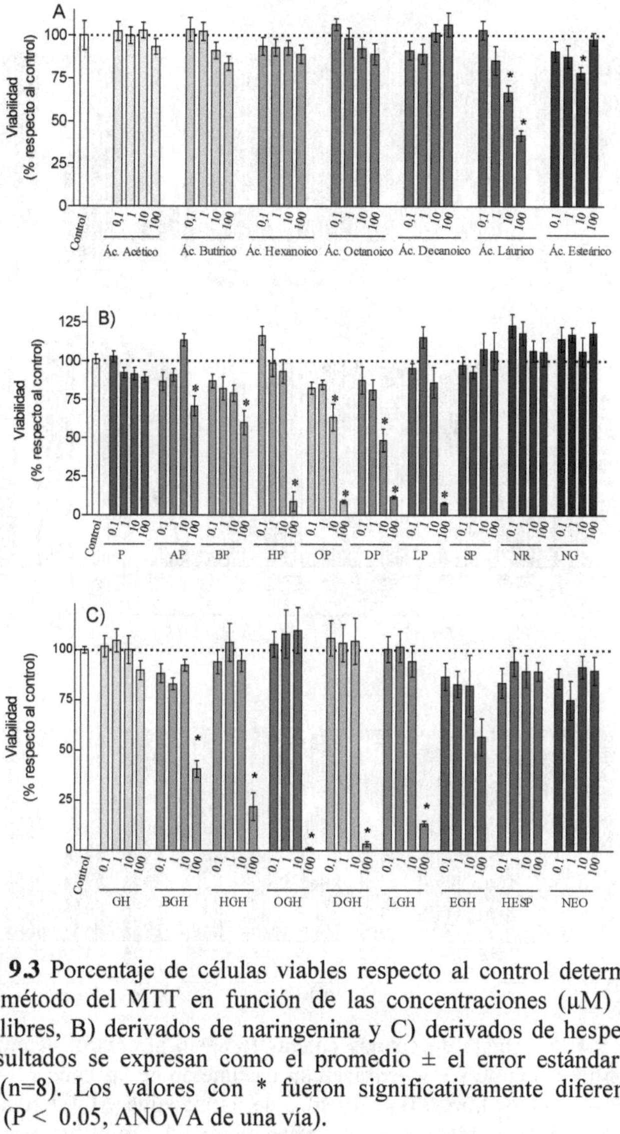

Figura 9.3 Porcentaje de células viables respecto al control determinado por el método del MTT en función de las concentraciones (μM) de A) ácidos libres, B) derivados de naringenina y C) derivados de hesperetina. Los resultados se expresan como el promedio ± el error estándar de la media (n=8). Los valores con * fueron significativamente diferentes al control ($P < 0.05$, ANOVA de una vía).

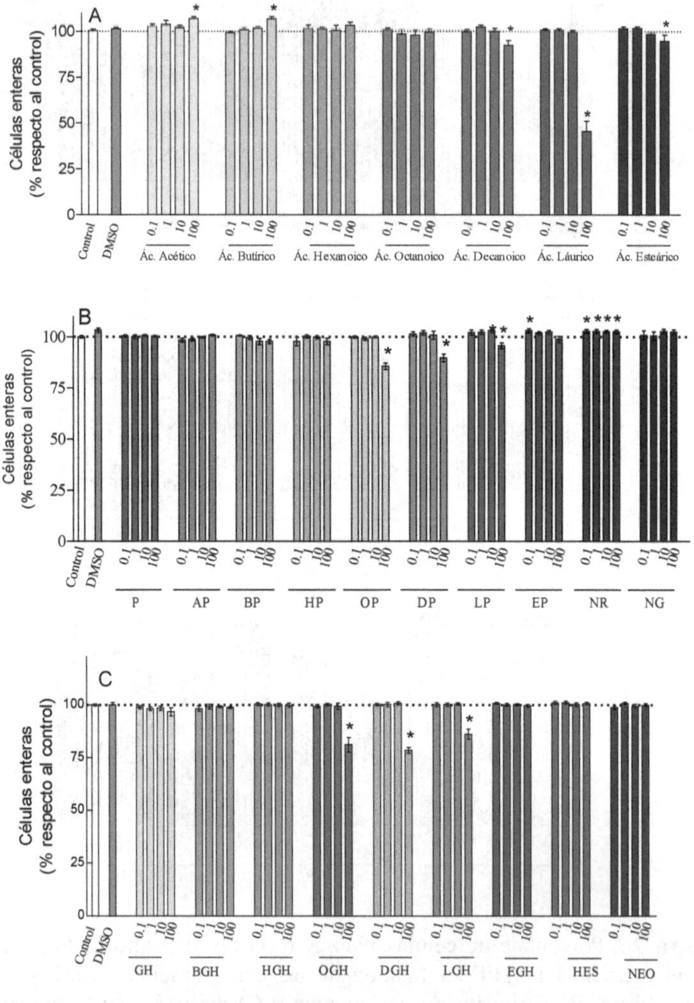

Figura 9.4 Porcentaje de células enteras respecto al control determinado por cuantificación de ADN extracelular en función de las concentraciones (µM) de A) ácidos libres, B) derivados de naringenina y C) derivados de hesperetina. Los resultados se expresan como el promedio ± el error estándar de la media (n=8). Los valores con * fueron significativamente diferentes al control ($P < 0.05$, ANOVA de una vía).

9.3.2 Efectos de los compuestos sobre el tamaño celular y las propiedades biofísicas de la membrana.

Con el propósito de investigar si los flavonoides cítricos, modificados o no, tienen impacto en el tamaño celular o las propiedades biofísicas de la membrana plasmática de las células Jurkat se realizaron determinaciones de cambio de tamaño celular, de potencial transmembrana, de fluidez y de hidratación, de las células control y de aquellas incubadas previamente con los compuestos bajo estudio.

9.3.2a Evaluación del cambio de tamaño celular.

Se determinaron los cambios en el tamaño de las células por medidas de dispersión de luz en el estado estacionario. Pudo observarse que naringina, naringenina y octanoato de prunina mostraron un aumento relativo del tamaño celular. Por su parte, los ésteres con cadenas de 6, 10 y 12 carbonos para prunina y entre 8 y 12 para glucósido de hesperetina causaron una disminución relativa del tamaño celular.

Los cambios del tamaño celular se deben principalmente a la combinación de dos efectos. Por un lado a la variación del potencial osmótico con un cambio consecuente en la hidratación de la célula, lo cual ocasiona una variación real del volumen celular. Por otro lado la incorporación de los compuestos a la membrana puede favorecer o dificultar la agregación de células vecinas (Huh y cols., 1996) lo que conduce a variaciones de la dispersión de luz y cambios aparentes del tamaño celular.

En base a esto, es posible pensar que la incorporación de los ésteres a la membrana impide el agregamiento de las células respecto al control y tal vez ocasionan eliminación de agua, mientras que naringina y naringenina permitirían agregación celular e incorporación de agua.

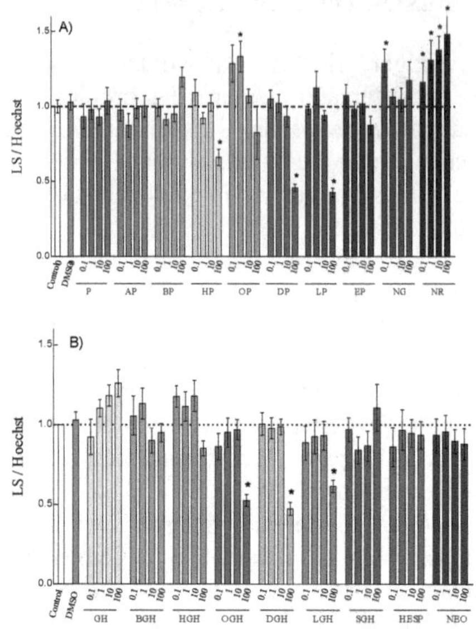

Figura 9.5 Tamaño celular evaluado a partir de la dispersión de luz en el estado estacionario (LS) normalizado por el contenido de ADN en las muestras (Hoechst) en función de las concentraciones (μM) de A) derivados de naringenina y B) derivados de hesperetina. Los resultados se expresan como el promedio ± el error estándar de la media (n=8). Los valores con * fueron significativamente diferentes al control ($P < 0.05$, ANOVA de una vía).

9.3.2b Evaluación del potencial de membrana plasmática.

Se estudió el efecto de los compuestos sobre el potencial de la membrana plasmática empleando la sonda de fluorescencia DiBacC4(3), la cual ingresa a la célula según el potencial de membrana.

Hasta una concentración de 10 μM ninguno de los compuestos ensayados modificó significativamente el potencial de la membrana plasmática (Figura 9.6). Sin embargo, a la mayor concentración (100 μM) las células tratadas con los compuestos con cadenas de 6 a 12 átomos de carbono mostraron una menor captación de la sonda. Este efecto podría deberse parcialmente a que la sonda sólo es captada por las células enteras y estos compuestos causaron lisis celular a la mayor concentración ensayada. Sin embargo, la magnitud en la disminución de la captación de la sonda en las muestras incubadas con 100 μM de los compuestos sugiere que podrían haber afectado el potencial transmembrana de las células, causando su hiperpolarización.

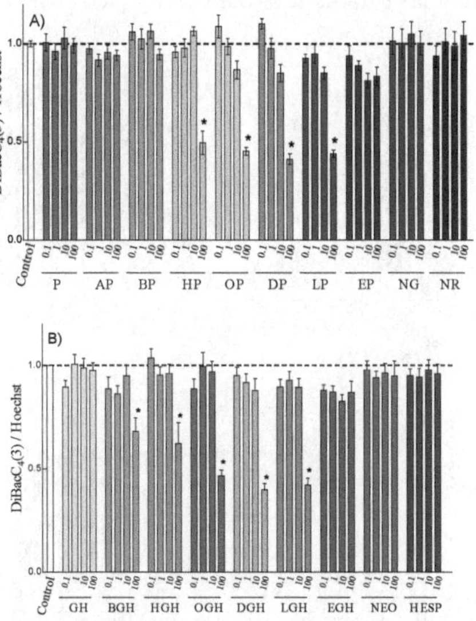

Figura 9.6 Potencial de membrana plasmática evaluado a partir de la captación de la sonda fluorescente DiBacC4(3) normalizado por el contenido de ADN en las muestras (Hoechst) en función de las concentraciones (μM) de A) derivados de naringenina y B) derivados de hesperetina. Los resultados se expresan como el promedio ± el error estándar de la media (n =8). Los resultados con * fueron significativamente diferentes al control (P < 0.05, ANOVA de una vía).

9.3.2c Evaluación de la hidratación de la membrana plasmática.

Se investigó si la interacción de los compuestos afectaba la hidratación de la membrana plasmática de las células estudiadas. Para ello se utilizó la sonda fluorescente Laurdan, sensible al número de moléculas de agua que hidratan la interfase agua-lípido, región que comprende las cabezas polares de los fosfolípidos y hasta una profundidad aproximadamente equivalente al C6 de los ácidos grasos.

Respecto al grupo de naringenina, mientras se observó una tendencia hacia una mayor hidratación de las células tratadas con naringina y su aglicona (sólo significativos para NR), prunina y sus ésteres hasta 10 μM parecieron no alterar la hidratación de la superficie celular. Debe recordarse que OP, DP y LP a 100 μM causaron lisis celular, por lo que dichos datos no son vinculantes. Por su parte, la serie de hesperetina en todas sus formas parecería aumentar la hidratación de la superficie celular, aunque sólo se encontraron diferencias estadísticas para GH y EGH a 100 μM.

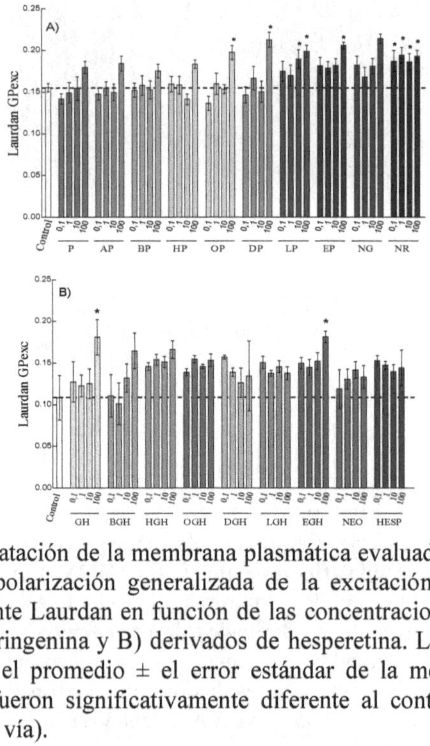

Figura 9.7 Hidratación de la membrana plasmática evaluada a partir de los cambios en la polarización generalizada de la excitación (GPexc) de la sonda fluorescente Laurdan en función de las concentraciones (μM) de A) derivados de naringenina y B) derivados de hesperetina. Los resultados se expresan como el promedio ± el error estándar de la media (n=8). Los valores con * fueron significativamente diferente al control (P < 0.05, ANOVA de una vía).

9.3.2d Evaluación de la fluidez de la membrana plasmática.

A fin de evaluar la fluidez de la membrana plasmática se utilizaron tres sondas fluorescentes que, como se explicara en el punto 9.2.7, sensan la fluidez a distintas profundidades de la bicapa (6-AS < 12-AS < 16-AP). Con ninguna de las sondas utilizadas se encontraron diferencias significativas en la fluidez de la membrana respecto de los valores control (Figura 9.8), lo cual sugiere que ni los flavonoides, ni los derivados esterificados modifican sustancialmente la movilidad de los lípidos de la membrana.

Tomados en conjunto, los resultados de efecto de los compuestos en el tamaño celular y las propiedades biofísicas de la membrana sugieren que la interacción de los ésteres de flavonoides (0,1-10 μM) con la membrana plasmática celular no modifica sustancialmente las propiedades biofísicas de las membranas plasmáticas. Sin embargo, a concentraciones mayores, los compuestos esterificados con cadenas alquílicas más larga mostraron un efecto tóxico sobre las células, afectando rápidamente su viabilidad.

9.3.3 Evaluación del comportamiento antioxidante de los compuestos.

Se determinó si los flavonoides bajo estudio previenen el daño oxidativo en la membrana plasmática en sí y/o a los componentes citosólicos de células de leucemia T humana (línea Jurkat), induciendo la oxidación con AAPH o con peróxido de hidrógeno. Este análisis se realizó a concentraciones menores a 100 μM a fin de maximizar la supervivencia celular en el periodo ensayado.

9.3.3a Evaluación del daño oxidativo inducido por AAPH.

Los resultados obtenidos empleando AAPH (Figura 9.8) mostraron que los compuestos no esterificados, tanto del Grupo 2 como del Grupo 3, no modificaron la oxidación generada por AAPH. Sin embargo las células tratadas con los ésteres con cadenas de 4 átomos de carbono o más sufrieron oxidación, determinándose en algunos casos niveles incluso mayores a la de sistemas que poseían sólo el oxidante.

Figura 9.7 Fluidez de la membrana plasmática evaluada por cambios en la polarización de fluorescencia de las sondas 6-AS (arriba), 12-AS (centro) y 16-AP (abajo) en función de las concentraciones (μM) de A) derivados de naringenina y B) derivados de hesperetina. Los resultados se expresan como el promedio ± el error estándar de la media (n=8).

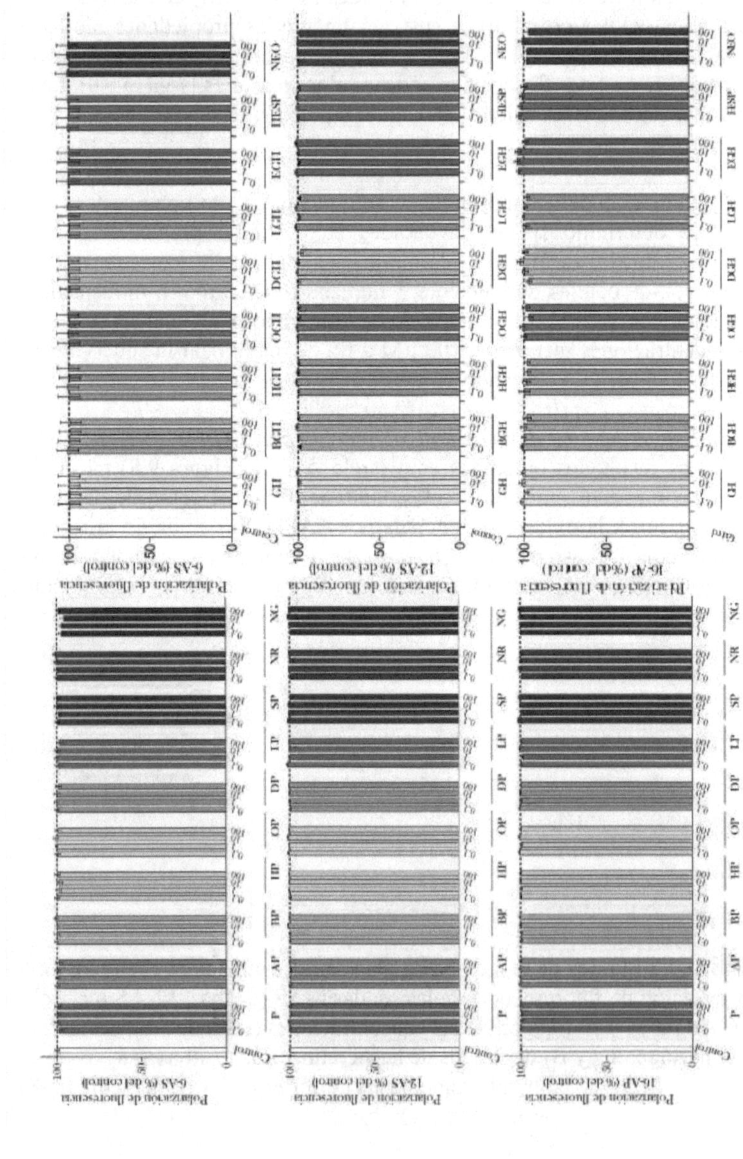
Polarización de fluorescencia 6-AS (% del control)
Polarización de fluorescencia 12-AS (% del control)
Polarización de fluorescencia 16-AP (% del control)
100
50
0
Control
P
AP
BP
HP
OP
DP
LP
SP
NR
NG
GH
BGH
HGH
OGH
DGH
LGH
EGH
HESP
NEO
0.1
1
10
100

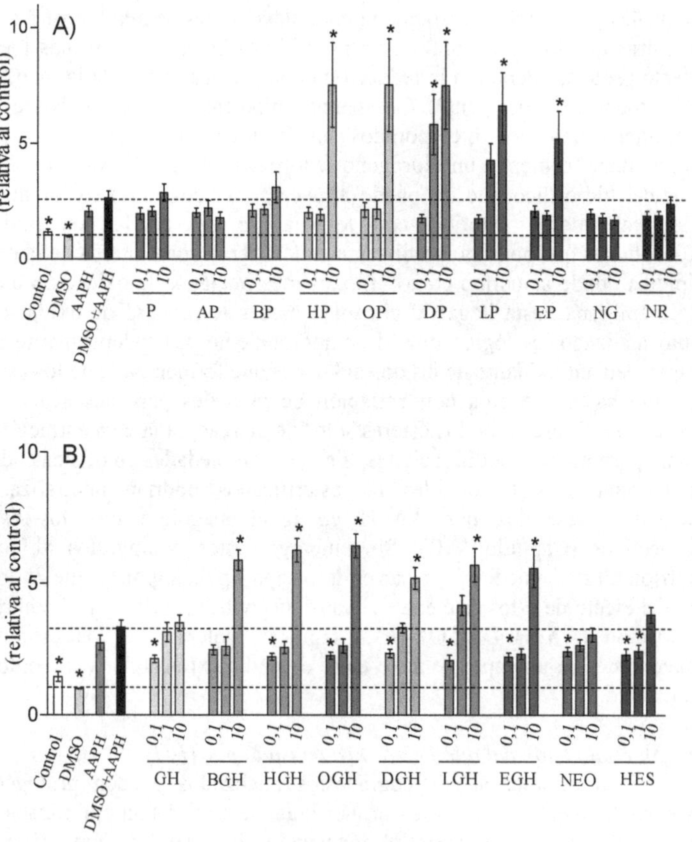

Figura 9.8 Oxidación relativa al control causada por el agente oxidante AAPH en función de las concentraciones (μM) de A) derivados de naringenina y B) derivados de hesperetina. Los resultados se expresan como el promedio ± el error estándar de la media (n=8). Los valores con * fueron significativamente diferente a DMSO+AAPH ($P < 0.05$, ANOVA de una vía).

La marcada diferencia entre los compuestos esterificados y no esterificados de ambos grupos puede justificarse por dos hipótesis. La primera es que los ésteres incorporados en la membrana generen de manera transitoria poros inespecífico que permitan el ingreso del radical a la célula o salida de contenido citosólico (sonda fluorescente y otras moléculas pequeñas), tal como lo realizan algunos flavonoides de alta hidrofobicidad, mientras que los flavonoides de mayor hidrofilicidad causen más bien un efecto protector debido a la reducción de la permeabilidad de la membrana (Verstraeten y cols., 2009). La segunda hipótesis es que los ésteres más lipofílicos una vez incorporados en la membrana ejerzan su poder antioxidante cediendo un hidrógeno fenólico al radical derivado de AAPH (radical hidrofílico que no puede atravesar la membrana) en la interfase membrana-medio exterior, con lo cual se convertirían en radicales liposolubles que podrían movilizarse y alcanzar la zona interna de la bicapa lipídica donde actuarían como prooxidantes iniciando la oxidación a nivel de membrana hasta llegar al citosol. Como este proceso de oxidación es autocatalizado, es lógico que el comportamiento sea independiente de la capacidad antioxidante de las dos agliconas que forman parte de los ésteres, ya que basta una baja concentración de radicales para desencadenar la oxidación. El efecto de los ésteres sólo fue marcado a la concentración a la cual pesentaron modificaciones de las propiedades biofísicas de la membrana. Los flavonoides no esterificados podrían neutralizar los radicales generados por AAPH en igual magnitud que los ésteres respectivos (Capítulo VIII). Sin embargo, estos compuestos al no ser liposolubles no pueden ingresar en la bicapa lipídica, por lo que es lógico que el efecto de éstos esté entre el valor de control (DMSO) y el control de oxidación (AAPH+DMSO). Esta hipótesis colocaría a los ésteres de flavonoides en un papel de nexo entre el medio extracelular y el contenido citosólico.

9.3.3b Evaluación del daño oxidativo causado por H_2O_2.

Para estudiar si los compuestos analizados pueden proteger las células del efecto de H_2O_2, en primer lugar se realizó una optimización de las condiciones del método incubando las células con diferentes concentraciones agregadas de H_2O_2 e incubando tiempos variables. Los resultados se presentan a continuación en la Figura 9.9.

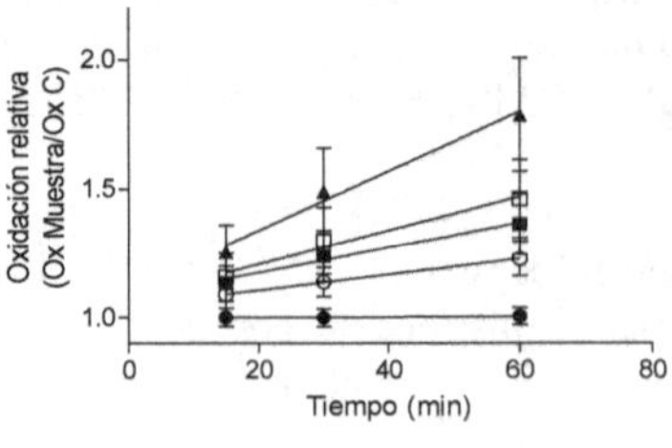

Figura 9.9 Oxidación relativa al control causada por el agente oxidante H_2O_2 en función de su concentración y del tiempo de exposición. •) control, ○) 0,25 mM, ■) 0,50 mM, □) 1,0 mM y ▲) 2,0 mM. Los resultados se expresan como el promedio ± el error estándar de la media (n=10).

En base a estos resultados, se decidió trabajar a una concentración de H_2O_2 1 mM incubando las células 1 h. En estas condiciones se analizó el efecto de los flavonoides como posibles agentes protectores de la oxidación causada por H_2O_2. Los resultados se presentan en la Figuras 9.10.

Los resultados de oxidación con H_2O_2 parecerían mostrar diferencias entre los dos grupos de flavonoides estudiados. Por un lado, los compuestos del Grupo 2 (derivados de naringenina) causaron una oxidación que se encontró entre el valor del control sin oxidante (DMSO) y el control de oxidación (H_2O_2+DMSO) aunque para algunos ésteres la oxidación fue mayor a la del control de oxidación, lo que indicaría una acción prooxidante de los compuestos. Por otra parte, los compuestos del Grupo 3 (derivados de hesperetina) parecerían neutralizar totalmente la oxidación inducida, presentando valores menores que los del control de oxidación y próximos al de las células en ausencia del oxidante. La excepción a la regla fue el éster butirato de glucósido de hesperetina (BGH) a 100 µM, el cual se encontró al nivel de las células tratadas sólo con el oxidante, sin que llegue a ser estadísticamente significativa su diferencia con el control. El efecto protector del grupo derivado de hesperetina se condice con la mayor capacidad antioxidante de esta aglicona comparada con naringenina (Capítulo VIII).

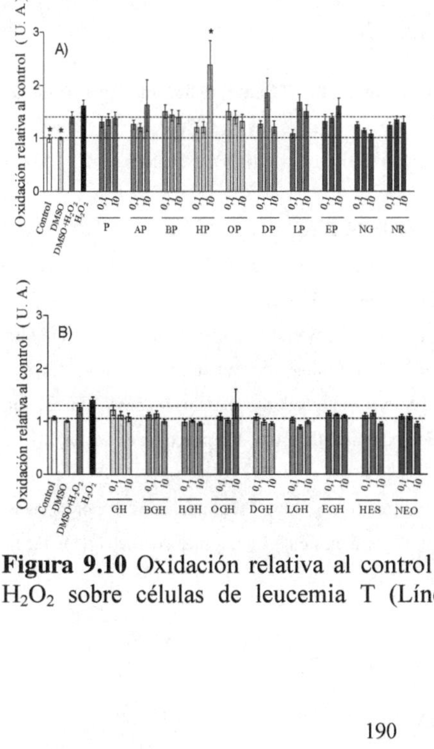

Figura 9.10 Oxidación relativa al control causada por el agente oxidante H_2O_2 sobre células de leucemia T (Línea Jurkat) pre-tratadas con A)

derivados de naringenina o B) derivados de hesperetina. Los resultados se expresan como el promedio ± el error estándar de la media (n=10). Los valores con * fueron significativamente diferente a DMSO+H_2O_2 ($P < 0.05$, ANOVA de una vía).

9.4 CONCLUSIONES

Los resultados obtenidos hasta el momento muestran que los derivados acilados de entre 4 y 12 átomos de carbono resultan tóxicos para las células de leucemia (línea Jurkat) cuando se las expone a concentraciones de los mismos100 µM. Esta toxicidad no puede deberse a la cadena hidrocarbonada *per se*, ya que el efecto presentado por los ácidos grasos no fue similar. Los compuestos no acilados (naringina, naringenina, prunina, neohesperidina, hesperidina y glucósido de hesperetina) no mostraron toxicidad celular en el rango de concentraciones ensayado.

Estos son los primeros estudios de citotoxicidad realizados a ésteres alquílicos de flavonoides de *Citrus* en busca de elucidar si esta clase de compuestos son o no tóxicos para células humanas y si serán inocuos para organismos animales.

9.5 REFERENCIAS – CAPÍTULO IX

Abrams, F.S., Chattopadhyay, A. y London, E. (1992). "Determination of the location of fluorescent probes attached to fatty acids using parallax analysis of fluorescence quenching: effect of carboxyl ionization state and environment on depth." Biochemistry 31(23): 5322-5327.

Bass, D.A., Parce, J.W., Dechatelet, L.R., Szejda, P., Seeds, M.C. y Thomas, M. (1983). "Flow cytometric studies of oxidative product formation by neutrophils: a graded response to membrane stimulation." The Journal of Immunology 130(4): 1910-1917.

Erlejman, A.G., Fraga, C.G. y Oteiza, P.I. (2006). "Procyanidins protect Caco-2 cells from bile acid- and oxidant-induced damage." Free Radical Biology and Medicine 41(8): 1247-1256.

Hendrich, A.B. (2006). "Flavonoid-membrane interactions: possible consequences for biological effects of some polyphenolic compounds1." Acta Pharmacologica Sinica 27(1): 27-40.

Huh, N.W., Porter, N.A., Mcintosh, T.J. y Simon, S.A. (1996). "The interaction of polyphenols with bilayers: conditions for increasing bilayer adhesion." Biophysical Journal 71(6): 3261-3277.

López-Revuelta, A., Sánchez-Gallego, J.I., Hernández-Hernández, A., Sánchez-Yagüe, J. y Llanillo, M. (2006). "Membrane cholesterol contents influence the protective effects of quercetin and rutin in erythrocytes damaged by oxidative stress." Chemico-Biological Interactions 161(1): 79-91.

Morris, M.E. y Zhang, S. (2006). "Flavonoid–drug interactions: Effects of flavonoids on ABC transporters." Life Sciences 78(18): 2116-2130.

Mosmann, T. (1983). "Rapid colorimetric assay for cellular growth and survival: Application to proliferation and cytotoxicity assays." Journal of Immunological Methods 65(1-2): 55-63.

Pietta, P.-G. (2000). "Flavonoids as Antioxidants." Journal of Natural Products 63(7): 1035-1042.

Rice-Evans, C. (2001). "Flavonoid Antioxidants." Current Medicinal Chemistry 8(7): 797-807.

Rojas Wahl, R., Zeng, L., Madison, S., Depinto, R. y Shay, B. (1998). "Mechanistic studies on the decomposition of water soluble azo-radical-initiators." Journal of the Chemical Society, Perkin Transactions 2(9): 2009-2018.

Rojkind, M., Domínguez-Rosales, J.A., Nieto, N. y Greenwel, P. (2002). "Role of hydrogen peroxide and oxidative stress in healing responses." Cellular and Molecular Life Sciences 59(11): 1872-1891.

Verstraeten, S.V. (2006). "Relationship between thallium(I)-mediated plasma membrane fluidification and cell oxidants production in Jurkat T cells." Toxicology 222(1-2): 95-102.

Verstraeten, S.V., Fraga, C.G. y Oteiza, P.I. (2009). Flavonoid-Membrane Interactions: Consequences for Biological Actions. En: Plant Phenolics and Human Health, John Wiley & Sons, Inc.: 107-135.

Verstraeten, S.V., Hammerstone, J.F., Keen, C.L., Fraga, C.G. y Oteiza, P.I. (2005). "Antioxidant and Membrane Effects of Procyanidin Dimers and Trimers Isolated from Peanut and Cocoa." Journal of Agricultural and Food Chemistry 53(12): 5041-5048.

Verstraeten, S.V., Keen, C.L., Schmitz, H.H., Fraga, C.G. y Oteiza, P.I. (2003). "Flavan-3-ols and procyanidins protect liposomes against lipid oxidation and disruption of the bilayer structure." Free Radical Biology and Medicine 34(1): 84-92.

Verstraeten, S.V., Mackenzie, G.G., Oteiza, P.I. y Fraga, C.G. (2008). "(-)-Epicatechin and related procyanidins modulate intracellular calcium and prevent oxidation in Jurkat T cells." Free Radical Research 42(10): 864-872.

Verstraeten, S.V. y Oteiza, P.I. (2000). "Effects of Al3+ and Related Metals on Membrane Phase State and Hydration: Correlation with Lipid Oxidation." Archives of Biochemistry and Biophysics 375(2): 340-346.

Verstraeten, S.V. y Oteiza, P.I. (2002). "Al3+-mediated changes in membrane physical properties participate in the inhibition of polyphosphoinositide hydrolysis." Archives of Biochemistry and Biophysics 408(2): 263-271.

ANEXO I - ESTRUCTURA Y PROPIEDADES DE LOS FLAVONOIDES DE CITRUS EMPLEADOS Y DE ALGUNOS DERIVADOS REPRESENTATIVOS.

Estructura y propiedades de los flavonoides de *Citrus* empleados y de algunos derivados representativos.

Naringina Cas Nº 10236472	- Peso molecular: 580.5. - Pureza por HPLC ≥ 95 %. - Alta solubilidad en etanol, DMF o DMSO y agua hirviente (100 mg/mL). -Actividad óptica: -80±10º (1 % en etanol a 25 ºC). - Polvo blanco opaco.	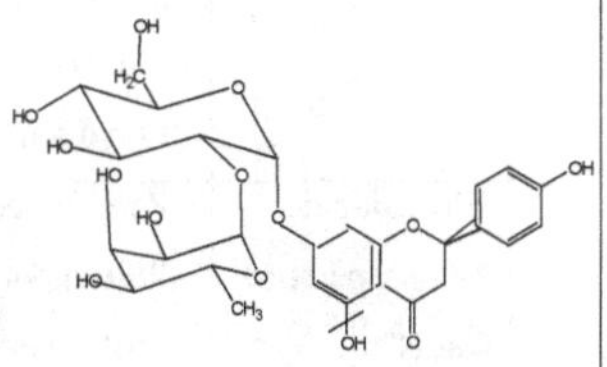
Neohesperidina Cas Nº 13241333	- Peso molecular: 610.6. - Pureza por HPLC ≥ 99 %. - Alta solubilidad en etanol, DMF o DMSO y soluble en agua a 20 ºC (16 mg/mL). - Actividad óptica: -103±5º (0.05% en etanol a 25 ºC) - Polvo amarillo verdoso pálido.	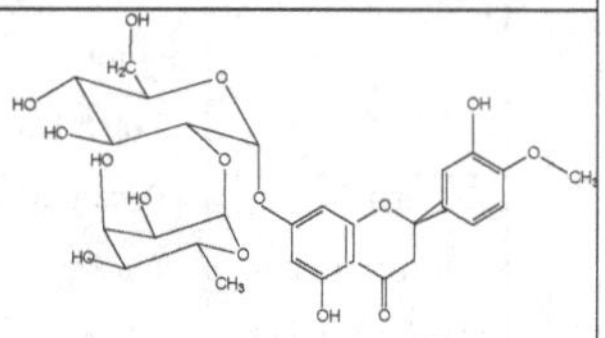
Hesperidina Cas Nº 520263	- Peso molecular: 610.6. - Pureza por HPLC ≥ 95 %. - Soluble en DMF o DMSO. Solubilidad en agua ≤ 20 mg/L (a 20 ºC). Soluble en metanol y ácido acético glacial caliente. Poco soluble en acetona, benceno y cloroformo. - Actividad óptica: -75±5º (2% en piridina). - Polvo blanco amarillento pálido.	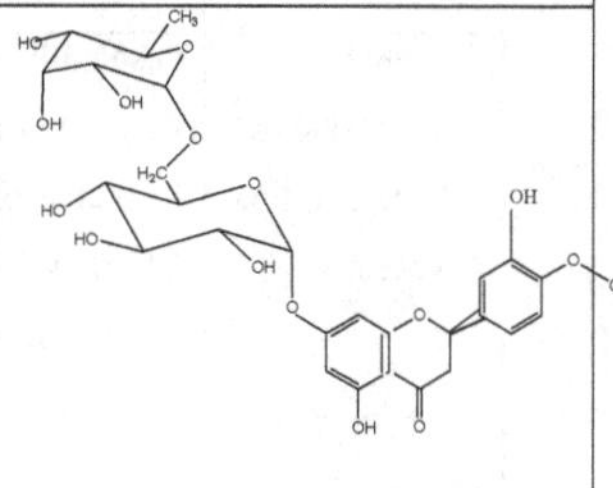

Eriocitrina Cas Nº 13463280	- Peso molecular: 596. - Pureza por HPLC ≥ 99 %. - Solubilidad en agua ≤ 20 mg/L (a 20 ºC.). Soluble en DMF o DMSO. Algo soluble en metanol y ácido acético glacial caliente, en acetona, benceno y cloroformo. - Actividad óptica: -74±5º (2% en piridina). - Polvo amarillento opaco.	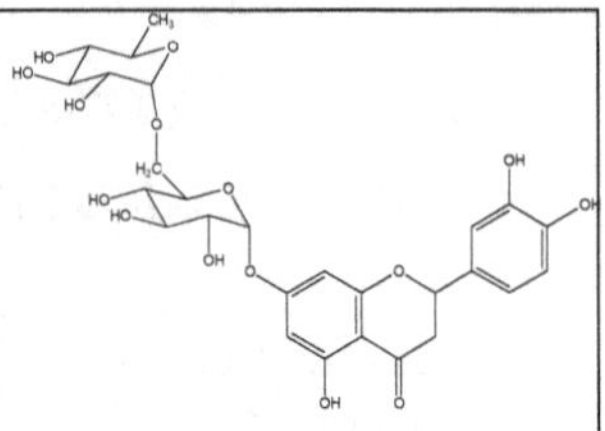
Glucósido de 7-O-hesperetina. Cas Nº 31712499	- Peso molecular: 464. - Pureza por HPLC ≥ 99 %. - Alta solubilidad en etanol, DMF o DMSO. Solubilidad en agua ≥ 0,5 mg/mL. - Polvo blanco-verdoso opaco.	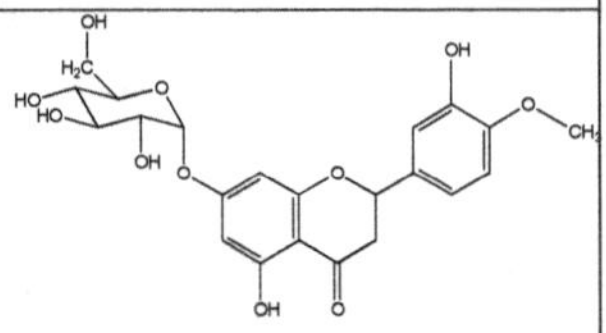
Prunina (glucósido de 7-O-naringenina). Cas Nº 529555	- Peso molecular: 434. - Pureza por HPLC ≥ 99%. - Alta solubilidad en etanol, DMF o DMSO. Solubilidad en agua 0,46 mg/ml. - Polvo blanco amarillento pálido.	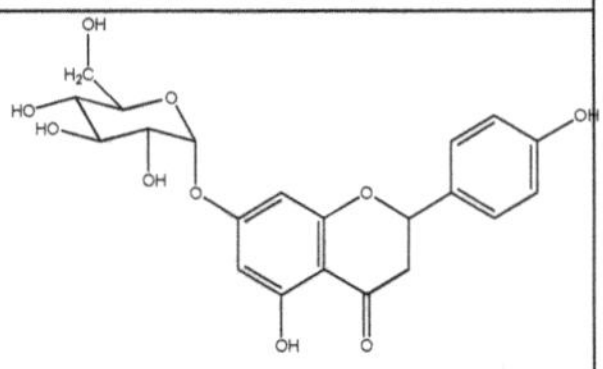
Laurato de 6''-O-glucósido de 7-O-hesperetina. No posee Cas Nº.	Peso molecular: 646. Pureza por HPLC ≥ 98%. Insoluble en agua. Muy soluble en DMF, DMSO y 1-octanol (46 mg/mL a 20 ºC). Polvo blanco verdoso.	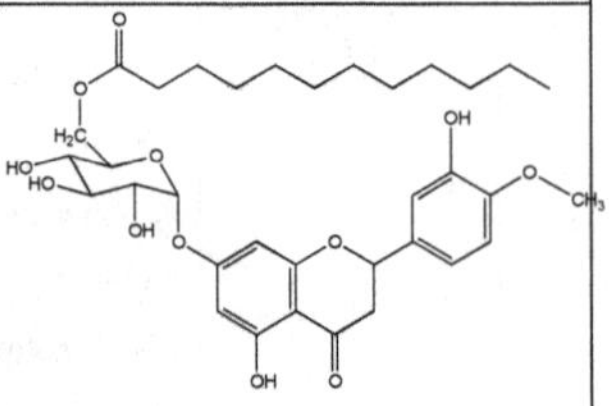
Butirato de 6''O-prunina. No posee Cas Nº.	Peso molecular: 504. Pureza por HPLC ≥ 96 %. Solubilidad en agua = 0,3 mg/mL. Muy soluble en DMF, DMSO y 1-octanol (13 mg/mL a 20 ºC). Polvo opaco amarronado.	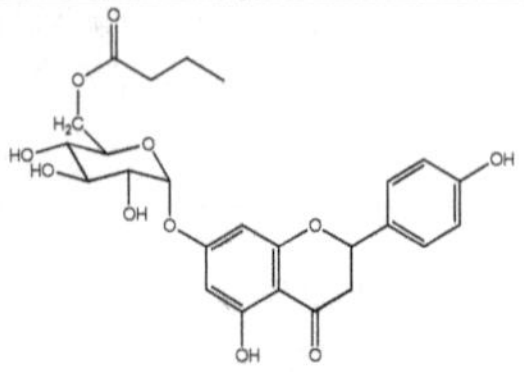

Decanoato de 6''-O-prunina. No posee Cas N°.	Peso molecular: 588. Pureza por HPLC ≥ 95%. Insoluble en agua. Muy soluble en DMF, DMSO y 1-octanol (38 mg/mL a 20 °C). Polvo cristalino amarillo amarronado.	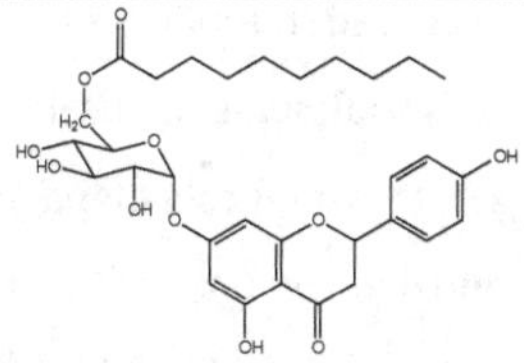
Laurato de 6''-O- prunina. No posee Cas N°.	Peso molecular 616,4 Pureza por HPLC ≥ 98%. Insoluble en agua. Muy soluble en DMF, DMSO y 1-octanol (41 mg/mL a 20 °C). Polvo cristalino amarillo.	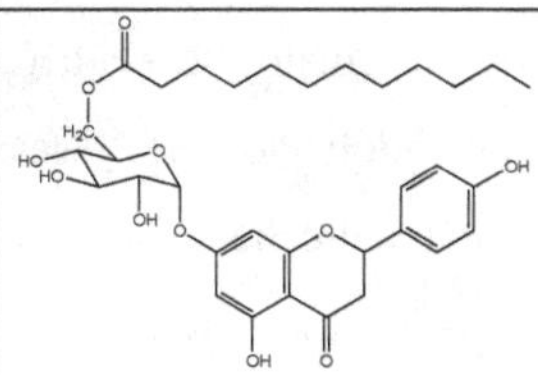
Estearato de 6''-O-prunina. No posee Cas N°.	Peso molecular 700,5. Pureza por HPLC ≥ 95%. Insoluble en agua. Muy soluble en DMF, DMSO y 1-octanol (81 mg/mL a 20 °C). Polvo cristalino amarillo.	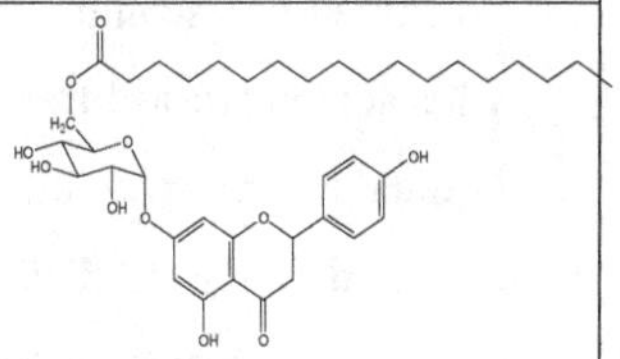

ANEXO II - EXTRACCIÓN DE ACEITE DE GIRASOL.

Se partió de una masa de 500 g de semillas de girasol sin descascarar.

Las semillas se trituraron con multiprocesadora o molinillo. El triturado se colocó en un vaso de 4 L y se le agregó 1 L se hexanos P. A. (Cicarelli, Argentina). Se dejó actuar bajo campana 2 h, agitando manualmente con varilla de vidrio de vez en cuando. La mezcla se dispuso en un recipiente colador de acero inoxidable apto para realizar el prensado de la torta y de esta forma maximizar la extracción del líquido del sistema. El filtrado se pasó por papel de filtro N° 01. Aquí se retuvo principalmente la harina de las almendras. La solución obtenida tuvo un aspecto ligeramente turbio y amarillo cristalino. El hexano se recuperó de esta solución con un evaporador rotatorio (30 °C). La evaporación se realizó hasta comprobar sensorialmente la ausencia de hexano (aproximadamente 2 h). El aceite que se obtuvo en esta etapa (125 mL) fue amarillo intenso y turbio. El aceite se purificó en una primera etapa agregando 10 mL de solución NaOH de sodio al 5 % (p/p), agitando vigorosamente 2 min y dejando reposar una hora. Luego, se centrifugó a 8500 rpm durante 10 min. Esto causó la aparición de tres fases: una líquida superior (amarilla suave y casi totalmente traslúcida), una líquida inferior (amarilla intensa y totalmente traslúcida) y una sólida (pegada al recipiente, amarilla muy fuerte). Aquí se precipitan y descomponen las materias albuminoideas, pectinas, colorantes y los ácidos grasas libres que impurifican al aceite. Se recuperó solo la fase líquida superior (aceite). El aceite se colocó en una ampolla y se lavó con 50 mL de agua destilada dos veces para eliminar el NaOH residual. Este aceite está bastante puro pero todavía posee un tono amarillo y humedad de la etapa anterior. El aceite se deshidrató y decoloró. Para ello se agregando en una misma etapa cloruro de calcio (2 g) y carbón activado (2 g). El sistema se agito suavemente, se dejó en reposo una hora, se centrifugó igual que antes y se filtró por membrana de acetato de celulosa de 0,45 μm.

Se obtuvieron unos 100 mL de aceite. Este aceite empleó para determinar la solubilidad de los compuestos en aceite comestible.

Bibliografía:

Charles J. Winton. Aceites vegetales, Editorial Pan América, Buenos Aires, 1947.

FSC
www.fsc.org
MIX
Papier | Fördert gute Waldnutzung
FSC® C083411

Kolibri 360 GmbH
Ferdinand-Jühlke-Straße 7
99095 Erfurt, Deutschland
produktsicherheit@kolibri360.de

Druck:
CPI Druckdienstleistungen GmbH
im Auftrag der
Kolibri 360 GmbH
Ferdinand-Jühlke-Str. 7
99095 Erfurt